Halbleiter-Elektronik

Herausgegeben von W. Heywang und R. Müller

Band 8

G. Kesel · J. Hammerschmitt · E. Lange

Signalverarbeitende Dioden

Mit 113 Abbildungen

Springer-Verlag
Berlin · Heidelberg · New York 1982

Dr. rer. nat. GÜNTHER KESEL
Wissenschaftlicher Hauptreferent der Siemens AG, München

Dipl.-Phys. JÜRGEN HAMMERSCHMITT
Vertriebsleiter Mikrowellenhalbleiter der Siemens AG, München

Dipl.-Ing. ECKHARD LANGE
Oberingenieur am Lehrstuhl für Technische Elektronik
der Technischen Universität München

Dr. rer. nat. WALTER HEYWANG
Leiter der Zentralen Forschung und Entwicklung der Siemens AG,
München
Professor an der Technischen Universität München

Dr. techn. RUDOLF MÜLLER
Professor, Inhaber des Lehrstuhls für Technische Elektronik
der Technischen Universität München

CIP-Kurztitelaufnahme der Deutschen Bibliothek

Halbleiter-Elektronik
Hrsg. von W. Heywang u. R. Muller. –
Berlin ; Heidelberg ; New York : Springer
NE: Heywang, Walter [Hrsg.]
Bd. 8. → Kesel, Günther: Signalverarbeitende Dioden

Kesel, Günther.
Signalverarbeitende Dioden / G. Kesel ; J. Hammerschmitt ; E. Lange. –
Berlin ; Heidelberg ; New York : Springer, 1982.
(Halbleiter-Elektronik ; Bd. 8)
NE: Hammerschmitt, Jürgen; Lange, Eckhard

ISBN-13: 978-3-540-11144-3   e-ISBN-13: 978-3-642-45531-5
DOI: 10.1007/978-3-642-45531-5

Das Werk ist urheberrechtlich geschützt. Die dadurch begründeten Rechte, insbesondere die der Übersetzung, des Nachdrucks, der Entnahme von Abbildungen, der Funksendung, der Wiedergabe auf photomechanischem oder ähnlichem Wege und der Speicherung in Datenverarbeitungsanlagen bleiben, auch bei nur auszugsweiser Verwertung, vorbehalten. Die Vergütungsansprüche des § 54, Abs. 2 UrhG werden durch die ‚Verwertungsgesellschaft Wort‘, München, wahrgenommen.

© Springer-Verlag Berlin, Heidelberg 1982

Die Wiedergabe von Gebrauchsnamen, Handelsnamen, Warenzeichen usw. in diesem Buch berechtigt auch ohne besondere Kennzeichnung nicht zu der Annahme, daß solche Namen im Sinne der Warenzeichen- und Markenschutzgesetzgebung als frei zu betrachten wären und daher von jedermann benutzt werden durften.

Satz-,: Graph. Betrieb Konrad Triltsch, Würzburg
2362/3020-543210

Vorwort

Der hiermit vorliegende Band 8 der Buchreihe „Halbleiter-Elektronik" mit dem Titel „Signalverarbeitende Dioden" soll der Verknüpfung zwischen physikalischer Wirkungsweise dieser Diodenart und ihrer elektrotechnischen Zielsetzung dienen. Aus der Übersicht über die Konzeption dieser Buchreihe auf der dritten Umschlagseite geht hervor, daß diesem Band fünf Grundlagenbände vorangegangen sind. Deshalb können sich die Autoren ohne Umschweife den speziellen Problemen der nachfolgend genannten Dioden widmen: PIN-Diode, Speichervaraktor, Sperrschichtvaraktor, MIS-Varaktor, Schottky-Diode, Zener- und Lawinendiode (Z-Dioden). Obwohl bei allgemeinen physikalischen Problemen auf die Grundlagenbände verwiesen wird, ist darauf geachtet worden, daß dieses Buch als Einzeldarstellung lesbar bleibt.

Bei jeder aufgeführten Diodenart wird der spezielle Wirkungsmechanismus herausgestellt, so daß nicht nur eine Anwendung dargestellt, sondern ein physikalischer Effekt erläutert wird. In der Einführung sind entsprechende Hinweise enthalten. Dieser Band kann also, trotz der speziellen Diodenarten, die beschrieben werden, auch als Halbleiter-Lehrbuch gelten, da die Darstellung mit den Phänomenen der Transportphysik erläutert wird. Beim „Device-Modelling" kann man deshalb auf die geschilderten Zusammenhänge zurückgreifen. Insgesamt wird die Physik des pn-Überganges behandelt, seine vielfältigen Möglichkeiten werden im einzelnen geschildert. Dabei wird natürlich die schaltungstechnische Umgebung, soweit es für das Diodenverständnis erforderlich ist, mitberücksichtigt.

Außer der Befruchtung der IC-Technologie und Mikroelektronik durch die Methodik, die sich beim Einzelhalbleiter beim Gang zu höheren Frequenzen bewährt hat, muß auf die eigenständigen Aufgaben der Einzelhalbleiter bei der zukünftigen Sensorik und Aktorik – auch in der Peripherie von Mikroprozessoren – hingewiesen werden. In diesem Sinne enthält der Band 8 sicherlich Informationen, die – speziell bei zukünftig noch wachsenden Arbeitsfrequenzen im IC-Sektor – weit über die Einsatzmöglichkeiten der einzelnen Diodentypen hinaus aussagekräftig sind.

Den drei Autoren dieses Bandes sind folgende Abschnitte bzw. Arbeiten speziell zugeordnet: Kesel: Kapitel 1, Abschnitte 2.31, 2.4, 3.2.2, Kapitel 4, 5, 6, 7, 8; Hammerschmitt: Kapitel 2, 3; Lange: Gesamtüberarbeitung.

Unseren Ehefrauen danken wir für Mithilfe und Verständnis bei der Erstellung des Buches. Dem Springer-Verlag sei für die Betreuung während der Manuskriptphase sowie für die Sorgfalt bei der Drucklegung des Buches Dank gesagt.

München, im März 1982   G. Kesel, J. Hammerschmitt, E. Lange

Inhaltsverzeichnis

Symbolverzeichnis

Physikalische oder technische Größen

a	Profilfaktor
A	Fläche
B	Bandbreite
C	Kapazität
D	Diffusionskonstante
E	Energie, Energieniveau, Feldstärke
f	Frequenz, Transmissionskoeffizient
F	Rauschzahl
g	Verstärkungsfaktor, Quelleninduktanz
G	Leitwert
i	Stromdichte
I	Strom
k	Konstante
l	Stoßlänge
L	Wegstrecke, Diffusionslänge, Konversionsverlust, Induktivität
m^*	effektive Masse
M	Modenzahl, Multiplikationsfaktor
n	Elektronendichte, Vervielfachungszahl
N	Dotierungsdichte, Zustandsdichte
NF	Rauschzahl
p	Löcherdichte
P	Leistung, Pegel
Q	Ladung
r	Ausbreitungswiderstand, Wechselstromwiderstand
R	Widerstand, Impedanz, thermischer Widerstand
S	Rekombinationsgeschwindigkeit, quantenmechanische Transmissionsdichte
t	Zeit, Zeitkonstante, äquivalenter Rauschfaktor
T	Periodendauer, Temperatur, Rauschtemperatur, Tunnelwahrscheinlichkeit
TK	Temperaturkoeffizient
TS	tangentiale Empfindlichkeit
u	Wechselspannung
U	Spannung, Nettorekombinationsrate
v	Geschwindigkeit
V	Potential
w	Weite
x	Weite
X	Elektronenaffinität, Blindwiderstand
Z	Impedanz

α	Dämpfung, Ionisationskoeffizient, Temperaturkoeffizient
β	relativer Temperaturkoeffizient, Stromempfindlichkeit
γ	Spannungsempfindlichkeit
δ	Weite
Δ	Differenz, Variation
$\varepsilon = \varepsilon_r \cdot \varepsilon_0$	Dielektrizitätskonstante
η	Wirkungsgrad
λ	Störungsparameter
μ	Ladungsträgerbeweglichkeit
σ	Einfangquerschnitt
τ	Lebensdauer, Zeitkonstante
φ	Stromflußwinkel
$e \cdot \Phi$	Barrierenhöhe, Austrittsarbeit
ω	Kreisfrequenz

Physikalische Konstanten

m_0	Ruhemasse des Elektrons
e	Elementarladung
k	Boltzmann-Konstante
h	Plancksche Konstante ($h = \hbar/2\pi$)
ε_0	Vakuum-Dielektrizitätskonstante

1 Einführung

Der vorliegende Band 8 der Buchreihe „Halbleiter-Elektronik" behandelt Halbleiterdioden (PIN-, Schottky- und Zener-Dioden, Speicher- und Sperrschichtvaraktoren) unter dem Aspekt der elektronischen Wechselwirkung mit der Schaltungsumgebung. Die optoelektronische Seite dieses Bauelementetyps wird in den Bänden 10 und 11 dargestellt.

1.1 Der Begriff „Halbleiterdiode" (Gliederung)

Der Begriff „Diode" ist gekennzeichnet durch die Identität von Ein- und Ausgangsklemme: Aktion und Reaktion werden an derselben Stelle überlagert meßtechnisch erfaßt. Ein wesentliches äußeres Merkmal der Halbleiterbauelemente sind ihre bereichsweise nichtlinearen Strom-Spannungs-Zusammenhänge. Halbleiterdioden sind deshalb imstande, in sehr unterschiedlicher Weise auf einlaufende Signale zu „reagieren".

Ihr erster technischer Einsatz dürfte mit dem Braunschen Kristalldetektor 1874 erfolgreich durchgeführt worden sein. Bereits damals wurde die Möglichkeit genutzt, daß die nichtlineare Reaktion der Halbleiterdiode an den Klemmen vom Eingangssignal separiert werden kann: Der gleichgerichtete Detektorstrom wurde, vom RF-Eingang getrennt, einer Anzeige zugeführt. Aus der „Diode" entsteht so eine mehr als zweipolige Netzwerkanordnung.

Die heute zur Verfügung stehende Baugruppentechnik bietet zahlreiche weitere Mittel, Ein- und Ausgangssignal an den Diodenklemmen phasen-, frequenz- und amplitudenbezogen zu trennen. Dazu zählen vor allem nichtreziproke Baugruppen wie Zirkulatoren und Richtleitungen. Mit diesen Hilfsmitteln wird der Halbleiterzweipol zur Netzwerkanordnung mit getrennten Ein- und Ausgängen.

Bild 1.1 gibt einen Überblick über die vielschichtigen Einsatzmöglichkeiten von Halbleiterzweipolen. Man sieht, daß aus dem Diodendetektor heute ein Bauelement geworden ist, das in seiner Einsatzvielfalt dem Transistor in keiner Weise nachsteht. Insbesondere bei hohen und höchsten Frequenzen erfüllen Halbleiterzweipole Funktionen, die bei tieferen Frequenzen dem bipolaren Transistor überlassen bleiben. Zwei Gründe sind dafür maßgebend: Die mit wachsender Frequenz (> 1 GHz) notwendige Verkleinerung der Systemgeometrie schafft bei einem Bauelement mit einer zusätzlichen herausgeführten Elektrode (Transistor) zusätzliche Probleme (Strukturauflösungen im 0,1 μm-

Anwendung		Injizierend				Nicht injizierend							
		PIN-Diode	lange PIN-Diode	Speichervaraktor (SRD)	BARITT-Diode	Sperrschichtvaraktor	Oberflächenvaraktor	Schottky-Diode	Tunneldiode	IMPATT-Diode	Gunn-Element	Zener-Diode	Lawinendiode
		\[Diodenbegriff\]											
		\[Struktur\]											
		pin kurz	pin lang	psn kurz	p^+np^+	$p^+n'p^+$	MIS	Mnn^+	p^+n^+	$p^+n'nn^+$ / $p^+p'nn^+$	n^+nn^+	pn / p^+nn^+	pn / psn
Hochspannung	Gleichrichter	●	○										
Leistung	Gleichrichter	●	○					●					
Varistor		●											
Impedanzschalter		●											
Amplituden-	Modulator	●											
Frequenz-	Modulator	●				○	○	○					
Phasen-	Modulator	●				○	○						
Schaltdiode		○		●				○					
Pulsformer				●									
Begrenzer		●										●	
Tuner/Abstimmung						●	○						
Frequenzumsetzer				○		○	○	●					
PARAMP				○		●		○					
Frequenz-Vervielfacher				●		○	○						
Kammgenerator				●		○	○						
RF-	Detektor							●					
Nullpunkt-	Detektor							●					
Rückwärts-	Detektor								●				
Mischer								●					
selbstschwingender Mischer											●		
Oszillator (synchron)					○				○	○	●		
Oszillator (getriggert)									●	○	○		
IMPATT	Leistungsoszillator									●			
TRAPATT	Leistungsoszillator									●			
Gunn	Leistungsoszillator										●		
LSA	Leistungsoszillator										●		
Kleinsignal-	Verstärker								●				
Leistungs-	Verstärker									●	○		
Puls-	Verstärker			○					○	●	○		
Z-Diode												●	●

Bild 1.1. Übersicht über Wirkungsweise, Strukturen und Anwendungen von Halbleiterdioden; ● speziell, ○ zusätzlich möglich

14

Bereich). Die innere Rückwirkung von Vierpolhalbleitern wächst mit der Frequenz ebenfalls, so daß der Vorteil des entkoppelten Ein- und Ausganges sich bei sehr hohen Frequenzen nicht mehr voll auswirkt.

Andererseits führte die mangelnde Flexibilität der Halbleiterdiode, Matrixelemente eines Vierpolnetzwerkes durch Änderung der technologischen Systemproportionen „gegeneinander auszuspielen", zu einer intensiven Untersuchung der physikalischen Möglichkeiten außerhalb des zunächst verfolgten bipolaren Konzeptes. Dabei trat schon bald die Gruppe der majoritätsträgerbestimmten Halbleiterdioden gleichberechtigt neben die der minoritätsträgerbestimmten. Heute hat sich sogar die erstgenannte in den Vordergrund des Interesses geschoben. Das ist bedingt durch die Einsatzmöglichkeiten, die Schottky-Dioden und neue Laufzeit-Bauelemente wie IMPATT-Diode und Gunn-Element im Mikrowellenbereich erschließen. Andererseits ist ein majoritätsträgerbestimmter Halbleitervierpol auf dem Vormarsch in den 30-GHz-Bereich: der Schottky-Gate-GaAs-Feldeffekttransistor.

Der Vielfalt von Einsatzmöglichkeiten steht bei den Halbleiterdioden eine gut überschaubare Anzahl von physikalischen Wirkungsmechanismen und Strukturunterscheidungen in Form von „echten Diodenbegriffen" gegenüber (Bild 1.1).

Man sieht, daß für ein und denselben Dioden-Einsatzbegriff häufig mehr als eine physikalische Struktur möglich ist. Deshalb orientiert sich die Gliederung dieses Buches nicht an den Einsatzbegriffen, sondern an den Diodenbegriffen in Bild 1.1. Jedem Diodenbegriff ist der am häufigsten angewandte Strukturaufbau zugeordnet. Strukturfolgen werden kleingeschrieben: pin(-Struktur). Geht eine Strukturenfolge in einen Diodenbegriff als direkte Kennzeichnung ein, so wird sie großgeschrieben: PIN(-Diode). Diese Unterscheidung ist notwendig, weil die pin-Struktur nicht nur zur Darstellung der PIN-Diode verwendet wird, die ja zusätzlich oft identifiziert wird mit dem speziellen Einsatzbegriff der Varistordiode (Abschn. 2.2.1).

Da die „kurze" psn-Struktur charakteristisch für Speichervaraktor und Speicherschaltdiode (Step-recovery-Diode) ist, wird die psn-Struktur als Modifikation der pin-Struktur (Kap. 2) im Kap. 3 behandelt, nicht wiederholend, sondern fortgeschrieben für den jeweils behandelten Fall.

Es ist überraschend, aber konsequent, daß bei solch einer Gliederung zentrale Bauelemente wie Schaltdiode, Gleichrichterdiode oder der RF-Detektor nicht mehr als Dioden-, sondern als Einsatzbegriffe erscheinen. Bild 1.1 zeigt, daß diese Dioden in sehr unterschiedlicher physikalischer Struktur dargestellt werden können.

Der vorliegende Band 8 behandelt die „klassischen" Dreischichtstrukturen psn, teilweise unter Einbeziehung der Übergangszonen. Band 9 enthält fortführend die „Lauf-, Zeit-, Raum"-Bauelemente wie IMPATT-Diode und Gunn-Element mit den zugehörigen Betriebsarten wie TRAPPAT- bzw. LSA-Moden. Entsprechend dieser Einteilung sind mehr als dreischichtige Strukturfolgen dort zu finden.

1.2 Die Gruppe der injizierenden Dioden

Eine der wichtigsten Folgerungen aus der Shockleyschen Theorie des pn-Überganges führt zur Leitfähigkeitsmodulation an sich hochohmiger Basiszonen durch Minoritätsträgerinjektion. Die technische Bedeutung dieser Erkenntnis liegt in der Realisierung hoher Sperrspannungen und hoher Flußstromdichten über ein und denselben pn-Übergang. Die Weite der hochohmigen Zone, die durch Injektion überbrückt werden kann, ist allerdings durch die Diffusionslänge der injizierten Ladungsträger in dem Halbleitermaterial der Basiszone begrenzt. Die wichtigste Schichtfolge für injizierende Dioden ist die p^+in^+-Struktur. Die Technologie hat vielfältige Verfahren zu ihrer Erzeugung zur Hand: Epitaxie, Diffusion, Ionenimplantation, Neutroneneinstrahlung. Bei fehlender Injektion kann die i-Zone aufgefaßt werden als halbleitendes Dielektrikum, das den pn-Übergang in einen pi- und einen in-Übergang auftrennt. Bei Flußpolung beteiligen sich an der Trägerinjektion in die i-Zone sowohl Defektelektronen aus dem p^+-Kontakt als auch Elektronen aus dem n^+-Kontakt (Hochstrominjektion, Abschn. 2.2.1).

Bezüglich der neutralen i-Zone mit dem Gleichgewichtswert $p = n = n_i$ sind beide injizierten Ladungsträgerarten gleichberechtigte Überschußladungen. Die Bezeichnung „Minoritätsträger" verliert deshalb bezüglich der Leitungsmechanismen in der i-Zone ihre Bedeutung. Erst wenn die injizierten Elektronen und Löcher den jeweils gegenüberliegenden Kontakt erreicht haben und mit der dort vorherrschenden entgegengesetzten Ladungsträgerart rekombinieren, ist der Begriff des injizierten Minoritätsträgers wieder sinnvoll zu interpretieren (Abschn. 2.4). Dazu ist aber notwendig, daß die Ausdehnung w der i-Zone kleiner als die Diffusionslänge L_D der injizierten Exzeßladungsträger ist. Andernfalls finden die Rekombinationsvorgänge in der i-Zone selbst statt, was eine sehr unterschiedliche Konzentrationsverteilung zur „kurzen" i-Zone zur Folge hat (Abschn. 2.2.1).

1.3 Die Gruppe der nichtinjizierenden Dioden

Bild 1.1 zeigt, daß bereits heute die Gruppe der nichtinjizierenden Dioden in der technischen Vielfalt der Anwendungsmöglichkeiten den injizierenden Dioden nicht nachsteht. Der Grund ist in einigen technischen Vorteilen zu sehen, die nichtinjizierende Halbleiterstrukturen physikalisch darzubieten haben: Es sind die trägheitsloser ablaufenden, majoritätsträgerbestimmten Mechanismen für die Ladungsträgererzeugung und -verteilung. Die Ladungsträger müssen nicht erst in einen fast isolierenden Laufzeitraum injiziert werden wie bei der Leitfähigkeitsmodulation der pin-Struktur. Sie sind entweder im quasistationären Gleichgewicht bereits vorhanden (Schottky-Diode, FET), oder werden durch Feldemission (Tunneldiode) bzw. Stoßionisation (Lawinenlaufzeitdiode) in der Übergangszone erzeugt.

Auch beim Gunn-Element ist eine Art Trägergeneration vorhanden: Ab einer kritischen Feldstärke wechselt die Besetzungsdichte der Elektronen im Leitungsband ihre Position (k-Vektor) und damit auch den Leitfähigkeitscharakter (Beweglichkeit).

Je nach Art der Raumladungsverteilung in der Feldzone sind auch bei nicht-injizierenden Dioden verschiedene Trägheitsmechanismen möglich, die in den einzelnen Abschnitten beschrieben werden.

Eine limitierende Zeitkonstante ist jedoch immer vorhanden, die dielektrische Relaxationszeit

$$\tau_d = \varepsilon_H \, \varrho_H . \tag{1.1}$$

τ_d liegt an der Entartungsgrenze der Dotierung üblicher Halbleiter bei Raumtemperatur unter 10^{-13} s. Eine örtliche elektrische Störung kann sich also als fortlaufende Welle ausbreiten, während der Ursprung der Störung mit τ_d wieder in den stationären Zustand zurückfällt. Im allgemeinen liegt τ_d weit unterhalb der Zeitkonstanten, die durch sonstige elektrische Ersatzbildgrößen eingebracht werden. Dieser fast trägheitslose Ausbreitungsmechanismus der Majoritäts-trägeranordnungen wird allerdings erkauft durch den Verzicht auf die Leit-fähigkeitsmodulation durch Minoritätsträger. Das führt dazu, daß Dioden mit hohem spezifischem Widerstand in der Basiszone zwar entsprechend hohe Sperrspannungen aufweisen können, die Flußwiderstände aber auch entspre-chend hoch sind. Schottky-Dioden (Kap. 6) sind deshalb meist höher dotierte Anordnungen mit nicht allzu hohen Sperrspannungen.

Dieser eben erwähnte Nachteil tritt dann nicht direkt in Erscheinung, wenn die Zone geringer Leitfähigkeit nur als Dielektrikum einer Sperrschichtkapazi-tät und nicht als Leitfähigkeitszone benutzt wird. Deshalb ist der Sperrschicht-varaktor (Kap. 4) die klassische nichtinjizierende Majoritätsträgeranordnung. Da die Sperrschichtweite spannungsabhängig „atmet", beeinflußt allerdings auch hier ein Serienwiderstand, von der nicht ausgeräumten Basiszone stam-mend, den Gütewert der Kapazität.

Eine solche Verarmungszone − unter der Feldelektrode einer oberflächen-nahen Halbleiterschicht − erzeugt auch beim MIS-Varaktor (Kap. 5) die Kapa-zitätsvariation. Solange man bei der MIS-Diode von einem extremen thermi-schen Nichtgleichgewicht (höhere Frequenzen) ausgeht, ist sie deshalb den Majoritätsträgerbauelementen zuzuordnen.

Allerdings ist die nichtinjizierende Klasse von Halbleiterdioden wegen der fehlenden Leitfähigkeitsmodulation keineswegs auf kapazitive Wirkungen be-schränkt. In Zonen niedriger Leitfähigkeit steht ein Trägererzeugungsmechanis-mus zur Verfügung, der sehr wohl imstande ist, diese Zonen auch ohne Injek-tion hoch leitfähig zu gestalten: die Lawinenmultiplikation. Diese Lawinen-dioden bilden zusammen mit den Zener-Dioden eine ganze Anwendungsfami-lie, die Z-Dioden (Kap. 7).

Als typischer Vertreter einer weiteren Diodenklasse mit Stoßionisationspro-zessen ist die IMPATT-Diode zu nennen (Band 9). Die erzeugten Träger wan-dern im sperrenden Feld des pn-Überganges ab, und zwar in Richtung der je-weiligen Majoritätsgebiete. Das erinnert an den raumladungsbegrenzten Rück-zug der Ladungsträger beim Speichervaraktor (pin-Struktur, Abschn. 2.4.1), ob-

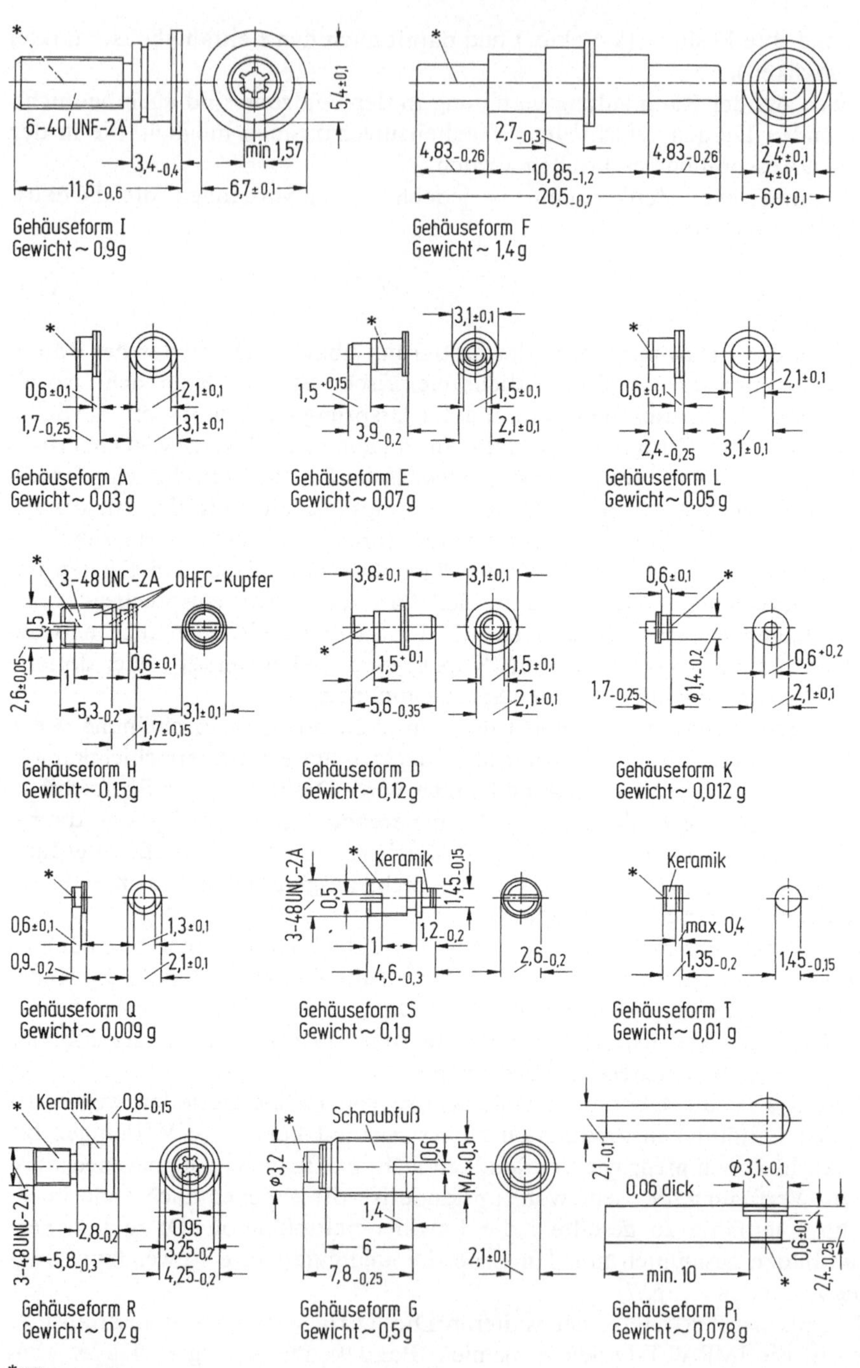

Bild 1.2. Gehäusebauformen von Mikrowellendioden. Beam-lead-Dioden und gehäuselose Bauformen werden im Mikrowellenbereich ebenfalls eingesetzt. Alle Maße in mm

18

wohl die Erzeugungsmechanismen für die Träger (Stoßionisation bzw. Injektion) grundverschieden sind.

Von besonderer Bedeutung ist bei Dioden, die im Mikrowellenbereich eingesetzt werden, der Einbau in die sie umgebende Schaltung — sei es im Gehäuse oder als gehäuselose Bauform. Bild 1.2 zeigt eine Übersicht über die wichtigsten Gehäusebauformen, wie sie bei Mikrowellendioden verwendet werden.

2 Die PIN-Diode

2.1 Einleitung

PIN-Dioden sind Bauelemente mit einer Dreischichtstruktur, gekennzeichnet durch eine möglichst undotierte (intrinsic: i) Mittelzone sowie zwei hochdotierte Kontaktzonen (p^+, n^+) unterschiedlichen Leitungstyps (pin-Struktur). Dieser Aufbau erzeugt ein Bauelement mit hoher Impedanzvariation zwischen Fluß- und Sperrbetrieb. Die PIN-Diode kann durch geeignete Parameterwahl (Breite und Dotierung der i-Zone, Geometrie und Ladungsträgerlebensdauer) in einer Vielzahl von Anwendungen eingesetzt werden: Gleichrichter, RF-Schalter, variabler RF-Widerstand, Modulator, Begrenzer und Frequenzvervielfacher werden bevorzugt mit Bauelementen der pin-Struktur realisiert.

Das physikalische Verhalten wird in Flußrichtung geprägt von der Ladungsträgerinjektion aus den hochdotierten Kontaktgebieten p^+, n^+ in die i-Zone und der daraus resultierenden Leitfähigkeitsmodulation (stromgesteuerte Resistenz). Die Rekombinationsverhältnisse in der i-Zone − also energetische Lage und Dichte der Rekombinationszentren − beeinflussen die Ladungsträgerverteilung. Die hieraus resultierende Diffusionslänge L der Minoritätsträger (in einer fiktiv ins Unendliche ausgedehnten i-Zone) relativ zur Basisweite w dient zur Definition der kurzen und langen PIN-Diode gemäß

$$\text{kurz: } w \ll L \ll w \text{: lang.} \tag{2.1}$$

Für fast alle Anwendungen wird der Fall der kurzen PIN-Diode angestrebt, um den Spannungsabfall über der i-Zone und damit die Verluste in Flußrichtung klein zu halten. Bei dem heutigen Stand der Materialtechnologie ist dies bei Si bis zu Basisweiten $w \approx 300\,\mu m$, bei GaAs nur bis $w \approx 1\,\mu m$ der Fall. PIN-Dioden sind heute überwiegend Silizium-Bauelemente mit Durchbruchspannungen bis über 2000 V.

Die Mittelzone besitzt oft eine schwache (s) Dotierung, bei Si z. B. von mehr als 10^{12} Fremdatomen/cm³: Wir sprechen dann von einer psn-Struktur. Bild 2.1 verdeutlicht ihren Schichtaufbau.

Die im folgenden für eine schwach n-leitende Mittelzone hergeleiteten Zusammenhänge (p^+nn^+) lassen sich entsprechend auf den Fall der inversen n^+pp^+-Struktur übertragen.

Im Abschn. 2.2 sei allgemein vorausgesetzt:

a) Alle Dotierungsübergänge sind abrupt.
b) Beweglichkeit und Lebensdauer der Ladungsträger sind in der betreffenden Schicht unabhängig von Stromdichte und Ort (diese Annahme gilt nur für niedrige Stromdichten und niedrige Ladungsträgerkonzentrationen [2.1]).
c) Es treten nur kleine Abweichungen vom Boltzmann-Gleichgewicht (8.1) auf.
d) Die Ladungsträgerrekombination in den Übergangszonen sei vernachlässigbar.
e) Die Weite w der aktiven Zone sei klein gegen den Diodendurchmesser (eindimensionale Betrachtung).
f) Die Störstellenatome seien vollständig ionisiert ($N_D = n_0$, $N_A = p_0$).
g) Wir beschränken uns auf Halbleiter, welche der Shockleyschen Rekombinationsfunktion für indirekte Rekombination folgen (8.11) (Si, Ge, nicht aber GaAs).
h) Die Energieniveaus der Rekombinationszentren liegen in unmittelbarer Nähe der Bandmitte; es soll die Rekombination über *ein* Zentrum $E_t \approx E_i$ erfolgen.

2.2 Statische Kennlinie

2.2.1 Flußcharakteristik der psn-Struktur

Bei Aussteuerung der psn-Struktur in Flußrichtung werden Ladungsträger beiderlei Vorzeichens aus den hochdotierten Bahngebieten in die Basiszone injiziert. Die Stromspannungscharakteristik wird dabei wesentlich durch die Lebensdauer und die Dichte der injizierten Ladungsträger in der Basiszone und in den angrenzenden Bahngebieten bestimmt. Wegen der Abhängigkeit der Ladungsträgerbeweglichkeit von der Teilchendichte treten bei hohen Stromdichten aufgrund von Ladungsträger-Ladungsträger-Streuungen Begrenzungseffekte ein [2.1, 2.2].

Nach Shields [2.3] läßt sich die Flußcharakteristik einer psn-Struktur nach dem Verhältnis der Gleichgewichtskonzentrationen in den Bahngebieten und der Basiszone zur Konzentration der injizierten Ladungsträger in drei Bereiche aufteilen (Bild 2.1, 2.2, 2.3):

1. Gebiet schwacher Injektion

$$p_2(x) < N_{2D}^+ \ll N_{1A}^-, N_{3D}^+, \tag{2.2}$$

2. Gebiet starker Injektion

$$N_{1A}^-, N_{3D}^+ > n_2(x) = p_2(x) \geqq N_{2D}^+, \tag{2.3}$$

3. Hochstrominjektion

$$n_2(x) = p_2(x) \geqq N_{1A}^-; N_{3D}^+ \gg N_{2D}^+. \tag{2.4}$$

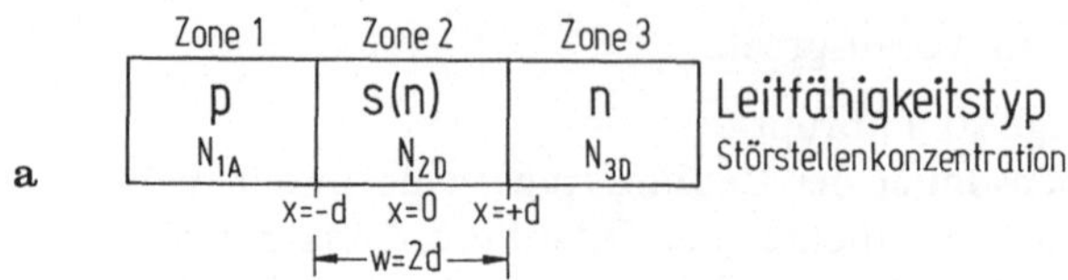

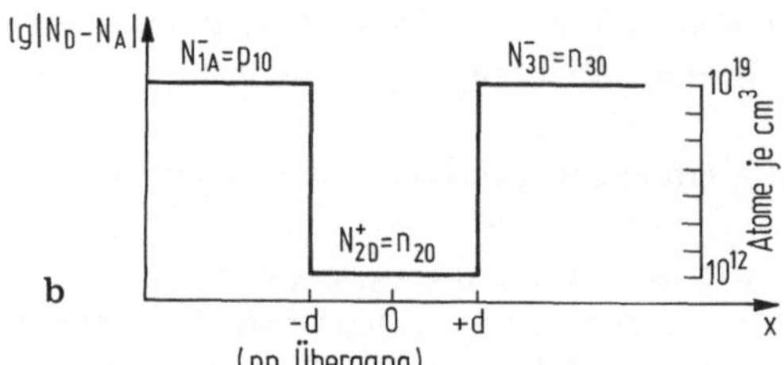

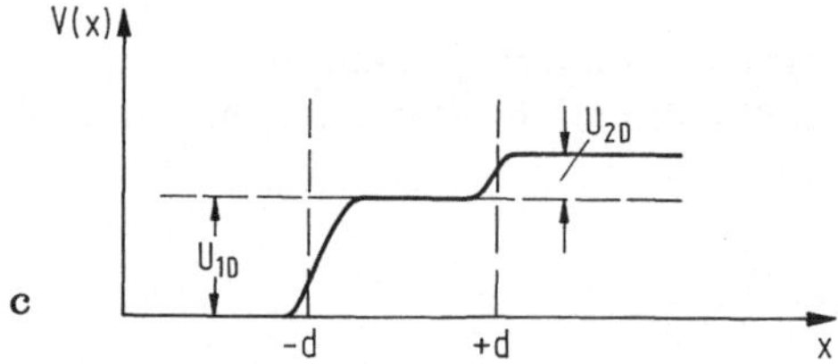

Bild 2.1. Die symmetrische psn-(p⁺nn⁺-)Struktur;
a) Schichtaufbau,
b) Dotierungsverlauf,
c) Potentialverlauf ohne Vorspannung

Schwache Injektion

Bild 2.2a zeigt die Ladungsträgerverteilung in einer p⁺nn⁺-Struktur bei schwacher Injektion. Zur Gewinnung der Kennliniengleichung ist die Kenntnis der räumlichen Verteilung der Ladungsträger erforderlich. Aus ihr lassen sich nach Shockley und Read [2.4] die Ladungsträgeränderungen infolge Rekombination gemäß (8.11) herleiten.

Aus den Kontinuitätsgleichungen für Elektronen und Löcher (8.10a) und den Gleichungen für den Konvektionsstrom (8.10b) folgt für den stationären Fall ($\partial p/\partial t = \partial n/\partial t = 0$) unter der Annahme, daß mit Ausnahme der Übergangszonen Feldfreiheit angenommen wird ($e\,\mu_n\,E = 0 = e\,\mu_p\,E$):

$$\frac{1}{e}\frac{\partial i_n}{\partial x} = R - G \qquad\qquad i_n = e\,D_n\frac{\partial n}{\partial x}\,,$$

$$\frac{1}{e}\frac{\partial i_p}{\partial x} = -(R - G) \qquad i_p = -e\,D_p\frac{\partial p}{\partial x}\,. \tag{2.5}$$

Die Integration des Gleichungssystems (2.5) liefert bei bekanntem Verlauf $n = n\,(x)$, $p = p\,(x)$ die Diffusionsapproximation der Diodenkennlinie.

Für den Fall schwacher Injektion läßt sich die Rekombinationsfunktion (8.11) vereinfachen:

a) für die p⁺-Zone

$$R_1 - G_1 = \frac{n_1\,(x) - n_{10}}{\tau_n} = \frac{n_{1e}\,(x)}{\tau_n}\,,\quad p\,(x) = p_{10} \gg n_1(x), \tag{2.6}$$

22

b) für die n-Zone

$$R_2 - G_2 = \frac{p_2(x) - p_{20}}{\tau_p} = \frac{p_{2e}(x)}{\tau_p}, \quad n(x) = n_{10} > p_2(x). \tag{2.7}$$

Einsetzen der Rekombinationsfunktion in (2.5) ergibt:

$$\frac{\partial^2 p_{2e}(x)}{\partial x^2} - \frac{p_{2e}(x)}{L_{2p}} = 0 \quad \text{für das n-Gebiet,} \tag{2.8}$$

$$\frac{\partial^2 n_{1e}}{\partial x^2} - \frac{n_{1e}}{L_{1n}} = 0 \quad \text{für das p-Gebiet.} \tag{2.9}$$

Die Lösung beider Differentialgleichungen besitzt die allgemeine Form

$$n(x), p(x) = A \exp \frac{-x}{L} + B \exp \frac{x}{L}. \tag{2.10}$$

Durch Festlegung der Randbedingungen lassen sich die Konstanten A und B bestimmen.

Nach Bild 2.2 gilt für die Exzeß-Defektelektronenkonzentration am Rand der Mittelzone unter Annahme des Boltzmann-Gleichgewichtes (Band 1):

$$p_{2e}(-d^-) = p_{20}\left(\exp \frac{U_F}{U_T} - 1\right), \quad p_{1e}(+d^+) = 0. \tag{2.11}$$

Hierbei wurde vorausgesetzt, daß die angelegte Flußspannung U_F allein am pn-Übergang abfällt. Diese Annahme ist zulässig, da die Exzeßkonzentration in der Mittelzone vergleichbar klein gegen die Dichte der Donatoratome sein soll und damit am nn^+-Sprung keine Ladungsträgeranhebung erfolgt, die gleichbedeutend mit einem Spannungsabfall wäre.

Einsetzen in (2.10) liefert die gesuchte Ortsabhängigkeit

$$p_{2e}(x) = p_{20}\left(\exp \frac{U_F}{U_T} - 1\right) \text{sh} \frac{d-x}{L_{2p}} \bigg/ \text{sh} \frac{2d}{L_{2p}} \tag{2.12}$$

mit $d^- \approx d$. Die Integration von (2.12) liefert die Löcherstromdichte im Mittelgebiet:

$$i_{2p} = \frac{e\,L_{2p}}{\tau_{2p}} p_{20}\left(\exp \frac{U_F}{U_T} - 1\right) \text{th} \frac{d}{L_{2p}}. \tag{2.13}$$

Wegen $i = i_n + i_p$ ist noch die Auswertung des Rekombinationsintegrals der Exzeßelektronen im p^+-Kontaktgebiet durchzuführen. Unter der Annahme, daß die Länge der p-Zone groß gegen die Diffusionslänge der Elektronen gewählt wird, darf man die Lösung des Shockleyschen Falles beim abrupten pn-Übergang direkt übernehmen (Band 1) und erhält für den Fall schwacher Injektion bei der langen pin-Struktur:

$$i_F = e \underbrace{\left(\frac{n_{10}\,L_{1n}}{\tau_{1n}} + \frac{p_{20}\,L_{2p}}{\tau_{2p}} \text{th} \frac{w}{2\,L_{2p}}\right)}_{i_s}\left(\exp \frac{U_F}{U_T} - 1\right). \tag{2.14}$$

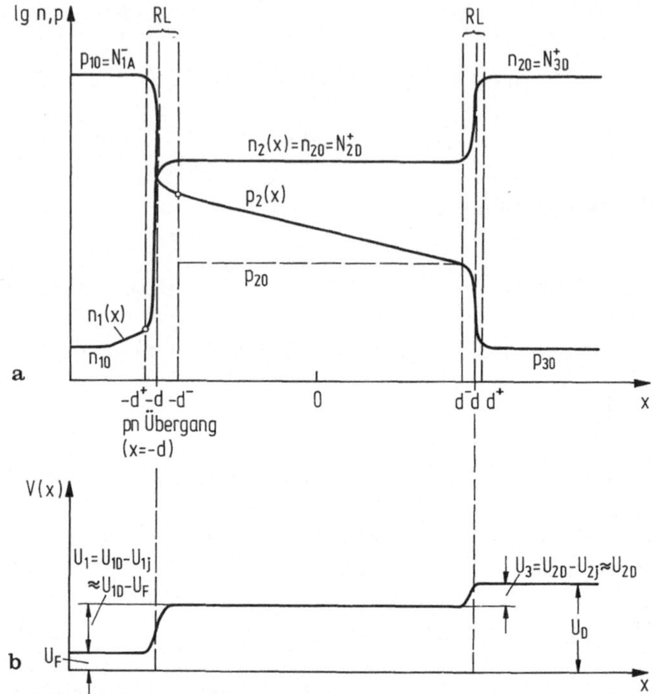

Bild 2.2. Symmetrische psn-Struktur bei schwacher Injektion; **a)** Ladungsträgerverteilung (RL: Raumladungszone), **b)** Potentialverlauf ($U_{2j} \approx 0$)

Bei fehlender Rekombination in der Mittelzone wird der 2. Summand in der Klammer Null. Die Defektelektronen rekombinieren in der n^+-Zone, so daß die Lösung für die kurze p^+nn^+-Struktur lautet:

$$i_F = e \underbrace{\left(\frac{n_{10} L_{1n}}{\tau_{1n}} + \frac{p_{30} L_{3p}}{\tau_{3p}} \right)}_{i_S} \left(\exp \frac{U_F}{U_T} - 1 \right). \tag{2.15}$$

(2.14) und (2.15) sind ohne Berücksichtigung des Rekombinationsstromes in der Raumladungszone des pn-Überganges gewonnen. Nach (2.5) darf dieser für $U_F \gg U_T$ vernachlässigt werden.

Starke Injektion

Mit steigender Flußspannung erzeugt die Injektion von Defektelektronen und Elektronen in die Basiszone ein quasistationäres Ladungsträgergleichgewicht in der n-Zone, dessen räumliche Verteilung wiederum von der Rekombination und dem Beweglichkeitsverhältnis bestimmt wird. An jedem Punkt der Mittelzone gilt nach (2.3) definitionsgemäß (Bild 2.3):

$$p_2(x) = n_2(x) > N_{2D}^+.$$

24

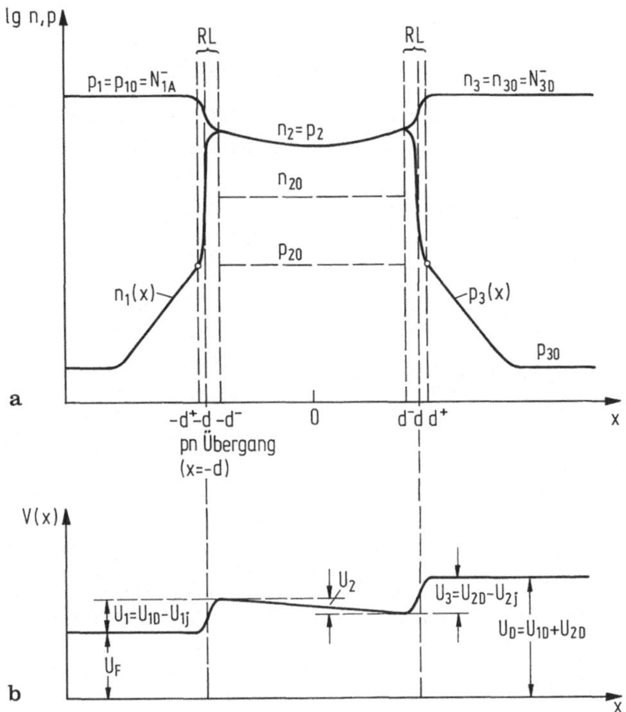

Bild 2.3. Symmetrische psn-Struktur bei starker Injektion; **a)** Ladungsträgerverteilung, **b)** Potentialverlauf

Die Rekombinationsfunktion (8.11) läßt sich dann mit $E_t \approx E_i$ für die n-Zone umschreiben in

$$R_2 - G_2 = \frac{p_2(x) - n_i}{\tau_{2p} + \tau_{2n}}. \tag{2.16}$$

Führen wir mit $\tau_{2p} + \tau_{2n} = \tau_{eff}$ die effektive Ladungsträgerlebensdauer der Elektronen und Defektelektronen in der Basiszone ein, so hat die Rekombinationsfunktion das gleiche formale Aussehen wie für den Fall schwacher Injektion (2.7).

Die angelegte Flußspannung fällt nun über drei Zonen ab:

$$U_F = U_{1j} + U_2 + U_{2j}, \tag{2.17}$$

nämlich über beiden Raumladungszonen an den Dotierungsübergängen (U_{1j}, U_{2j}) und über die Mittelzone (U_2). Bild 2.3 verdeutlicht die Zusammenhänge. Der Fall schwacher Injektion gilt nur noch in den Kontaktzonen. Die Randdotierung in der Mittelzone läßt sich daher auch nicht mehr aus der Gleichgewichtskonzentration (2.11) errechnen. Vielmehr gilt

$$p_2(-d^-)^2 = n_2(-d^-)^2 = n_1(-d^+)\,p_1(-d^+) \tag{2.18}$$

25

und

$$n_2 \, (+ \, d^-)^2 = p_2 \, (+ \, d^-)^2 = n_3 \, (d^+) \, p_3 \, (d^+) \qquad (2.19)$$

wiederum unter der Annahme des Boltzmann-Gleichgewichtes. Hieraus läßt sich eine Näherung für den Fall $N_{1A} = N_{3D}$ herleiten. Wegen

$$n_1 \, (-d^+) = n_{10} \, \exp \frac{U_{1j}}{U_T} \qquad (2.20)$$

und

$$p_3 \, (d^+) = p_{30} \, \exp \frac{U_{2j}}{U_T} \qquad (2.21)$$

folgt mit (2.18) und (2.19):

$$n_2 \, (- \, d^-) = n_2 \, (d^-), \qquad (2.22)$$

$$U_{1j} = U_{2j} = 2 \, U_T \, \ln \frac{n_2 \, (- \, d^-)}{n_i} \, . \qquad (2.23)$$

Die um U_2 verminderte Spannung teilt sich zu gleichen Teilen auf die Raumladungszone der Dotierungsübergänge auf. Somit gilt für die Differenz der Spannungsabfälle über den Raumladungszonen (Bild 2.3 b)

$$U_1 - U_3 = U_{1D} - U_{2D} = 2 \, U_T \, \ln \frac{N_{2D}}{n_i} \, . \qquad (2.24)$$

Damit gilt mit (2.17) die Ungleichung

$$U_F > 2 \, U_T \, \ln \frac{N_{2D}}{n_i} = U_S \, . \qquad (2.25)$$

Die angelegte Spannung muß für den Fall der starken Injektion stets oberhalb einer Schwellenspannung U_S liegen, die mit steigender Basisdotierung mit N_{2D} größer wird. Diese Bedingung steht im Einklang zu der Definition (2.3), daß die Exzeßdichte der Minoritätsträger die Dotierung der Basiszone überschreiten soll, je höher N_{2D} (die Basisdotierung) ist, um so höher ist die Schwellenspannung. Mit $U_{1j} = U_{3j}$ gilt $U_{1j} = (U_F - U_2)/2$.

Die Randbedingungen in der Mittelzone ergeben sich nun unter Benutzung von (2.23) bis (2.19) zu

$$n_2^2 \, (- \, d^-) = p_2^2 \, (- \, d^-) = n_i \, \exp \frac{U_F - U_2}{2 \, U_T} = n_2^2 \, (d^-) = p_2^2 \, (d^-) \, . \qquad (2.26)$$

Eingesetzt in die allgemeine Lösung (2.10) der Differentialgleichungen (2.8) und (2.9) folgt die Konzentrationsverteilung

$$n_{2e} = p_{2e} = n_i \, \exp \left(\frac{U_F - U_2}{2 \, U_T} \right) \, \operatorname{ch} \frac{x}{L} \Big/ \operatorname{ch} \frac{d}{L} \qquad (2.27)$$

für die Konzentrationsverteilung der Elektronen und Löcher im Falle symmetrischer Ladungsträgerverteilung um den Nullpunkt ($N_{1A}^- = N_{3D}^+$, $\mu_n = \mu_p$). Die

26

Integration der Rekombinationsfunktion läßt sich dann durchführen und ergibt

$$i_{2p} = \frac{e\, n_i\, L_2}{\tau_{eff}} \left(\mathrm{th}\,\frac{d}{L}\right)\left(\exp\left(\frac{U_F - U_2}{2\,U_T}\right) - 1\right) \qquad (2.28)$$

mit

$$L_2 = \sqrt{D\,\tau_{eff}}.$$

Der Beitrag des Elektronenstromes $A\, i_{2n}$ ist gleich groß, so daß der Gesamtstrom wiederum unter Annahme schwacher Injektion in den hochdotierten Randgebieten

$$i_F\, A = A\, (i_{1n} + i_{2p} + i_{2n} + i_{2p}), \qquad (2.29)$$

$$i_F = e\left[\frac{2\, n_i\, L_2}{\tau_{eff}}\left(\mathrm{th}\,\frac{w}{2\,L}\right)\left(\exp\left(\frac{U_F - U_2}{2\,U_T}\right) - 1\right)\right]$$

$$+\, e\left[\left(\frac{p_{30}\, L_{3p}}{\tau_{3p}} + \frac{n_{10}\, L_{1n}}{\tau_{1n}}\right)\left(\exp\left(\frac{U_F - U_2}{U_T}\right) - 1\right)\right]$$

ist. (2.29) läßt sich wiederum für zwei Extremfälle vereinfachen. Im Fall der langen pin-Struktur mit vorwiegender Rekombination in der Basiszone spielt die Rekombination in den Bahngebieten eine untergeordnete Rolle. Dieser Grenzfall mit unendlicher Rekombination im Übergangsbereich („blocking contacts") wurde erstmals von Hall beschrieben:

$$i_F = i_{F1} = e\,\frac{2\, n_i\, L}{\tau_{eff}}\left(\mathrm{th}\,\frac{d}{L}\right)\left(\exp\left(\frac{U_F - U_2}{2\,U_T}\right) - 1\right). \qquad (2.30)$$

Hierbei nimmt die Steigung der im logarithmischen Maßstab aufgetragenen $I(U)$ Kennlinie gegenüber dem Fall schwacher Injektion auf den halben Wert ab. Im Fall fehlender oder vernachlässigbarer Rekombination in der Basiszone gilt für die kurze psn-Struktur

$$i_F = i_{F2} = e\left(\frac{n_{10}\, L_{1n}}{\tau_{1n}} + \frac{p_{30}\, L_{3p}}{\tau_{3p}}\right)\left(\exp\left(\frac{U_F - U_2}{U_T}\right) - 1\right). \qquad (2.31)$$

Die kurze pin-Diode ändert ihre Kennliniensteigung beim Übergang von schwacher zu starker Injektion nicht.

Der Spannungsabfall über die Basiszone U_2 ist in (2.29) bis (2.31) allein noch nicht durch die Halbleiterkonstanten ausgedrückt. Er errechnet sich aus der Feldverteilung in der Mittelzone

$$i_F = e\,(\mu_{2n}\, n_2\,(x) + \mu_{2p}\, n_2\,(x))\, E\,(x),$$

$$\approx 2\,e\,\mu\, n_2\,(x)\, E\,(x) \qquad (2.32)$$

und

$$U_2 = \int_{-d}^{+d} E\, dx = \int_{-d^-}^{d^-} \frac{i_{F1}\, dx}{2\,e\,\mu\, n_2\,(x)} - \int_{-d^-}^{d^-} \frac{i_{F2}\, dx}{2\,e\,\mu\, n_2\,(x)}.$$

Die Integration liefert

$$U_2(i_{F1}) = 2\,U_T\,\mathrm{sh}\,\frac{w}{2\,L}\left[2\arctan\left(\exp\frac{w}{2\,L}\right) - \frac{\pi}{2}\right],$$

$$U_2(i_{F2}) = \frac{w}{2\,e\,\mu\,n_i}\left(\frac{e\,n_{10}\,L_{1n}}{\tau_{1n}} + \frac{e\,p_{30}\,L_{3p}}{\tau_{3p}}\right)^{1/2}\sqrt{i_{F2}}\,. \qquad (2.33)$$

Für die lange pin-Struktur gilt angenähert $U_2 = U_2(i_{F1})$, während der Spannungsabfall über die Mittelzone für die kurze pin-Struktur durch $U_2 = U(i_{F2})$ gegeben ist.

Hochstrominjektion

Mit steigender Flußstromdichte werden die Minoritätsträgerkonzentrationen in der Basiszone mit den Majoritätsträgerdichten der Bahngebiete (Zone 1 und 2 in Bild 2.1) vergleichbar hoch. Mit den Voraussetzungen der Definition (2.4) ist dies der Bereich der Hochstrominjektion ($U_F \approx U_D$). Der Strom in den Bahngebieten − bisher als reiner Diffusionsstrom geführt − kann nur durch eine zusätzliche Feldstromkomponente aufrechterhalten werden. Damit wird ein Teil der angelegten Spannung über den Bahngebieten abfallen. Die Diffusionsapproximation (2.8) und (2.9) verliert auch in den Bahngebieten ihre Gültigkeit, die Flußkennlinie muß unter Berücksichtigung des Feldstromes durch Lösung des Gleichungssystemes (8.10a) gewonnen werden. Die Anhebung der Minoritätsträgerdichten in den Bahngebieten über die durch die Dotierungspegel bestimmte Gleichgewichtskonzentrationen p_{10} und n_{30} der Majoritätsträger hat auch deren Anhebung zur Folge. Nicht nur in der Mittelzone, auch in den Bahngebieten erfolgt eine Leitfähigkeitsmodulation.

Die Lösung des Gleichungssystems (8.10a) ist aufwendig. Die Rechnung ist z. B. in [2.6] durchgeführt. Sie liefert eine quadratische I-U-Kennlinie der Form

$$I_F = I_S\left(\frac{U_F - U_D}{U_T}\right)^2. \qquad (2.34)$$

Der Übergang zwischen den einzelnen Injektionsbereichen (schwache, starke Hochstrominjektion) wird stark vom Aufbau der psn-Struktur (Länge, Dotierungspegel, Ladungsträgerlebensdauer) bestimmt. Die Hochstrominjektion erfordert typische Stromdichten von 100 bis 1000 A/cm². Sie ist daher bei Leistungsbauelementen (Speichervaraktoren, PIN-Gleichrichter) die Regel.

2.2.2 Sperrkennline der psn-Struktur

Die Sperrkennlinie der psn-Struktur wird beschrieben durch den Sperrstrom I_R und die Durchbruchspannung U_B.

Der Sperrstrom

Die psn-Struktur mit schwach dotierter Basiszone verhält sich in Sperrichtung wie ein unsymmetrisch dotierter abrupter pn-Übergang. Bei angelegter Sperrspannung U_R wird am pn-Übergang die Raumladung aufgeweitet (Abschn. 2.3.2). Für die Minoritätsträgerrandkonzentrationen gilt (Bild 2.4)

$$p_2\,(-\,d^-) = p_{20}\,\exp\frac{-\,U_R}{U_T}\,,$$

$$n_1\,(-\,d^+) = n_{10}\,\exp\frac{-\,U_R}{U_T}\,. \qquad (2.35)$$

Im Gegensatz zur Flußpolung weist die gesperrte Diode eine sehr breite Raumladungszone am pn-Übergang auf. Im Bereich der Raumladungszone gilt wegen der aus (2.35) ersichtlichen Minoritätsträgerabsenkung stets $p\,(x)\,n\,(x) < n_i^2$, so daß die Shockley-Readsche Rekombinationsfunktion (8.10e) eine Nettogeneration $(G > R)$ ergibt gemäß

$$R - G = \frac{-\,n_i}{\tau_p + \tau_n}\,.$$

Ihre Integration liefert den Sperrstromanteil der Raumladungszone

$$i_G = -\,e\int\limits_{-d^+}^{-d^-} (R - G)\,dx = \frac{e\,n_i\,w_R}{\tau_{\text{eff}}} \qquad (2.36)$$

mit $\tau_{\text{eff}} = \tau_p + \tau_n$. Die Raumladungsweite w_R (Bild 2.4) ist als Funktion der Sperrspannung (bei abruptem Dotierungsverlauf) gegeben durch

$$w_R \sim \sqrt{U_R + U_D}\,,$$

so daß

$$i_G \sim (U_R + U_D)^{1/2} \qquad (2.37)$$

gilt. Für den Diffusionsstromanteil der Bahngebiete gelten die gleichen Überlegungen wie im Falle schwacher Injektion gemäß (2.15) mit $U_F \rightarrow -\,U_R$.

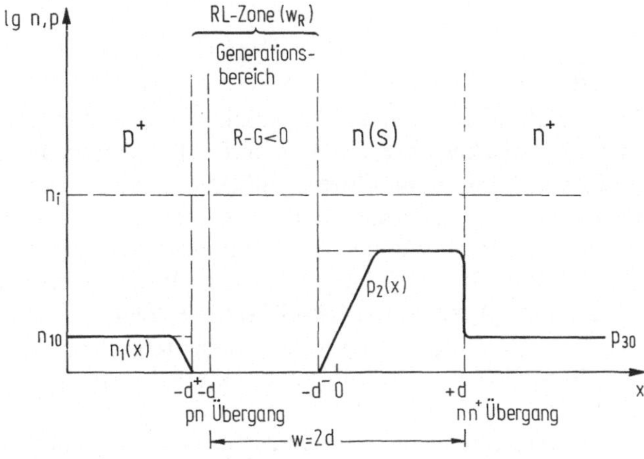

Bild 2.4. Ladungsträgerverteilung bei gesperrter psn-Struktur ($w_R < 2\,d = w$)

Bereits bei Vorspannungen von unter 100 mV wird der zweite Klammerausdruck (2.15) nahezu -1, so daß der Diffusionsstromanteil einem vorspannungsunabhängigen Sättigungswert (Sättigungsstrom I_S) zustrebt mit

$$i_S = - e \left(\frac{n_{10}\, L_{1n}}{\tau_{1n}} + \frac{p_{20}\, L_{2p}}{\tau_{2p}} \right). \tag{2.38}$$

Der Gesamtsperrstrom I_R der psn-Struktur wird damit

$$I_R = A\, (i_G + i_S).$$

Der Sättigungssperrstrom liegt je nach Herstellverfahren für Si zwischen 10^{-10} und $10^{-14}\,\text{Acm}^{-2}$. Nur mit speziellen Passivierungsverfahren ist es möglich, den Oberflächensperrstrom in gleiche Größenordnungen herabzusetzen. Im allgemeinen ist der Sperrstrom bei Si-Bauelementen ein Oberflächenstrom, hervorgerufen durch Verunreinigung und Grenzflächen-Rekombinationszentren, die während der Bauelementeherstellung erzeugt wurden.

Demgegenüber zeigen Ge-Dioden wegen des geringeren Bandabstandes von $E_g = 0{,}67$ eV ($n_i = 2{,}5 \cdot 10^{13}$) das in (2.38) ausgedrückte Sättigungsstromverhalten.

Die Temperaturabhängigkeit des Sperrstromes wird wesentlich von n_i bestimmt. So ist z. B. in (2.38)

$$\frac{n_{10}\, L_{1n}}{\tau_{1n}} = \frac{L_{1n}}{\tau_{1n}\, p_{10}}\, n_i^2$$

und

$$n_i = \sqrt{N_C \cdot N_V}\, \exp \frac{-E_g}{2\,k\,T} \approx T^3 \exp \frac{-E_g}{k\,T}.$$

Wegen $I_S \approx n_i^2$ überwiegt bei hohen Temperaturen der Diffusionsstrom, während mit Si bei Zimmertemperatur $I_G > I_S$ gilt [2.5, 2.7].

Durchbruchspannung

Mit zunehmender Feldstärke nehmen die Elektronen eine höhere kinetische Energie zwischen zwei Stößen auf. Die Wahrscheinlichkeit, daß bei einem Stoßprozeß mit dem Gitter genügend Energie zur Ionisation (Abgabe eines Elektrons) zur Verfügung steht, wird größer. Bei Erreichen der kritischen Feldstärke E_k nimmt infolge des Stoßionisationsprozesses der Strom lawinenartig zu, die Durchbruchspannung U_B der Diode ist erreicht. In fast allen Anwendungsfällen (Ausnahme IMPATT-Diode, Zener-Diode, Avalanche-Diode) stellt die Durchbruchspannung eine Aussteuergrenze bei Halbleiterbauelementen dar. Bezüglich der Durchbrucheffekte vgl. z. B. Kap. 7 des Bandes 1 oder Sze [2.7].

Zur Berechnung der Durchbruchspannung genügt oft die Kenntnis der kritischen Feldstärke des Feldverlaufes und der Basisweite.

a) Einseitig abrupter pn-Übergang mit konstanter Dotierung:

$$U_B = \frac{E_k \, w_B}{2} = \frac{\varepsilon}{2\,e} \frac{E_k^2}{N_{eff}} \,. \tag{2.39a}$$

w_B: Breite der Raumladungszone bei U_B und „unendlich" ausgedehnten Halb-
leiterzonen ($w > w_B$), N_{eff}: effektive Störstellenkonzentration.

b) psn-Struktur mit Basisweite $w < w_B$:

$$U_B = \frac{E_k \, w}{2} \left(2 - \frac{w}{w_B} \right). \tag{2.39b}$$

Die kritische Feldstärke E_k ist dotierungsabhängig [2.7]. Bei Si-Dioden liegt
die Sperrspannung zwischen 10 und 20 V/μm Basisweite für kurze psn-Strukturen.

2.3 Kleinsignalaussteuerung

2.3.1 Kleinsignalimpedanz in Flußrichtung

Die Flußadmittanz eines injizierenden pn-Überganges ist nach Shockley [2.8]
gegeben zu

$$G_p + j\,B_p = \left(\frac{e}{k\,T} i_{ps} \right) (1 + j\,\omega\,\tau_p)^{1/2} \exp\left(\frac{e\,U_F}{k\,T} \right),$$

$$G_n + j\,B_n = \left(\frac{e}{k\,T} i_{ns} \right) (1 + j\,\omega\,\tau_n)^{1/2} \exp\left(\frac{e\,U_F}{k\,T} \right), \tag{2.40}$$

wobei die Indizes p, n auf die entsprechenden Löcher- bzw. Elektronenadmit-
tanz im n- bzw. p-Gebiet hinweisen. τ_n, τ_p sind die effektiven Lebensdauern der
injizierten Exzeßladungsträger, i_{ps}, i_{ns} die Sättigungsströme der Shockleyschen
Theorie. U_F ist die von außen anliegende Flußspannung. Man sieht aus (2.40),
daß eine Frequenzabhängigkeit der Admittanz mit $(1 + j\,\omega\,\tau)^{1/2}$ gegeben ist.
Für höchste Frequenzen ($\omega\,\tau \gg 1$) vereinfacht sich die Frequenzabhängigkeit
für Real- und Imaginärteil zu

$$G = B \approx k \left(\frac{\omega\,\tau}{2} \right)^{1/2}. \tag{2.41}$$

Die Gültigkeit von (2.41) beschränkt sich auf den Fall der Kleinsignalaussteuerung. Diese liegt vor, wenn die aussteuernde Wechselspannung $\tilde{u}$ so klein
ist, daß sie als lineare „Störung" der Gleichvorspannung U_F überlagert werden
darf

$$U = U_F + \tilde{u}. \tag{2.42}$$

Eine einfache Näherungslösung für die Wechselstromimpedanz einer psn-
Struktur (unser Beispiel: p^+nn^+) bei Kleinsignalaussteuerung ergibt sich [2.9],

wenn die Rekombinationsgeschwindigkeit am nn^+-Übergang vernachlässigt werden kann. Man spricht dann von einer p^+nn^+-Struktur mit einem blockierenden nn^+-Übergang (blocking junction [2.10]). „Blockierend" ist nicht so zu verstehen, daß einer über den Gleichgewichtsfall erhöhten Defektelektronenkonzentration der Übertritt in das n^+-Kontaktgebiet verwehrt wird, sondern daß diese Konzentration spätestens am nn^+-Übergang die thermische Gleichgewichtskonzentration wieder erreicht hat. Der rekombinierende Löcherstrom wird in der n-Zone „mühelos" von der vorhandenen Gleichgewichts-Elektronenkonzentration übernommen.

Die Modellvorstellung der „blocking junction" hat den Vorteil, daß die Gleichgewichtskonzentration der Minoritätsträger in den Kontaktzonen während des Flußstromfalles nicht verändert werden: Über den p^+n-Übergang fließt außer den thermischen Gleichgewichtsströmen nur ein injizierender Defektelektronenstrom; über den nn^+-Übergang nur ein erhöhter Elektronenstrom. Varshney et al. [2.9] haben theoretisch nachgewiesen, daß der Fall „blocking junction" bei typischen Si-PIN-Dioden bis zu Durchlaßspannungen von ca. 1 V Gültigkeit hat, so daß der Bereich mittlerer Injektionsdichten von dieser Theorie abgedeckt ist.

Die Defektelektronenkonzentration im n-Gebiet ist gegeben [2.9] zu

$$p\,(X) = \frac{i_F\,L_p}{e\,D_p}\,\frac{ch\,(W - X)}{sh\,(W)} + p_{20} \tag{2.43}$$

mit i_F als konstantem Flußstrom über die Diode, wobei X und W auf die Diffusionslänge L_p im n-Gebiet normierte Größen sind

$$X = \frac{x + d}{L_{p2}}\,, \qquad W = \frac{w}{L_p} = \frac{2\,d}{L_{p2}}\,. \tag{2.44}$$

(Bezeichnungen nach Bild 2.1). Die Löcherkonzentration p (0) am Rand der n-Zone bei $X = 0$ erhält man aus (2.11) mit $x = -\,d^-$ zu

$$p\,(0) = p_{20}\,\exp\left(\frac{U_F}{U_T}\right). \tag{2.45}$$

Nach den Methoden der Kleinsignalanalyse kann eine Dichteschwankung $\tilde{p}\,(X)$, die durch eine Kleinsignal-Wechselstromamplitude verursacht wird, der konstanten Gleichstromdichteverteilung p (X) linear überlagert werden

$$p\,(X, t) = p\,(X) + \tilde{p}\,(X, t). \tag{2.46}$$

Damit ergibt sich aus (2.45)

$$p\,(0) + \tilde{p}\,(0) = p_{20}\,\exp\left(\frac{U_F + \tilde{u}}{U_T}\right). \tag{2.47}$$

Die Reihenentwicklung des Kleinsignalterms $\exp\,(\tilde{u}/U_T)$ ergibt aus (2.47)

$$p\,(0) + \tilde{p}\,(0) = \left[p_{20}\,\exp\left(\frac{U_F}{U_T}\right)\right]\left[1 + \frac{\tilde{u}}{U_T}\right]. \tag{2.48}$$

Mit (2.45) ergibt sich aus (2.48)

$$\frac{\tilde{p}(0)}{p(0)} = \frac{\tilde{u}}{U_T}. \tag{2.49}$$

Aufgrund von (2.48) kann (2.43) auch für die Dichtemodulation $\tilde{p}$ herangezogen werden; nur ist zu berücksichtigen, daß zuvor für Wechselstromgrößen eine komplexe Diffusionslänge

$$\tilde{L}_p = \frac{L_p}{(1 + j\,\omega\,\tau_p)^{1/2}}, \qquad \tilde{W} = W\,\frac{L_p}{\tilde{L}_p} \tag{2.50}$$

in Ansatz gebracht wird [2.9], von der auch die normierte Basisweite W beeinflußt wird.

Aus (2.43) ergibt sich dann für die Dichtemodulation $\tilde{p}(0)$ der Dichte $p(0)$ mit $X = 0$

$$\tilde{p}(0) = \frac{\tilde{i}\,\tilde{L}_p}{e\,D_p}\,\frac{1}{\mathrm{th}(\tilde{W})}. \tag{2.51}$$

(2.43) und (2.51) eingesetzt in (2.49) ergibt für $X = 0$

$$Z = \frac{\tilde{u}}{\tilde{i}} = \frac{U_T}{\tilde{i}}\,\frac{\tilde{p}(0)}{p(0)}, \tag{2.52}$$

$$= U_T\,\frac{\tilde{L}_p}{L_p\,i_F + e\,D_p\,p_{20}\,\mathrm{th}(W)}\,\frac{\mathrm{th}(W)}{\mathrm{th}(\tilde{W})}. \tag{2.53}$$

Für $\omega \to 0$ folgt aus (2.53)

$$Z_0 = \frac{U_T}{i_F + i_{ps}} \tag{2.54}$$

mit

$$i_{ps} = \frac{e\,D_p}{L_p}\,p_{20}\,\mathrm{th}(W). \tag{2.55}$$

Nach (2.55) bietet die p^+nn^+-Struktur bei der Frequenz 0 einen reellen differentiellen Kennlinienwiderstand Z_0 an, der beim Strom $i_F = 0$ aufgrund des Sättigungsstromes i_{ps} bei endlichen Temperaturen einen endlichen Nullpunktwiderstand aufweist.

Mit wachsenden Flußstromdichten $i_F \gg i_{ps}$ vereinfacht sich (2.53) mit (2.50) und (2.54) zu einer normierten Kleinsignalimpedanz für die p^+nn^+-Struktur

$$Z_N = \frac{Z}{Z_0} = \frac{\mathrm{th}(W)}{\mathrm{th}(\tilde{W})}\,\frac{1}{(1 + j\,\omega\,\tau_p)^{1/2}}. \tag{2.56}$$

Die Auswertung dieses Impedanzverlaufes ist noch nicht möglich, da der letzte Term $(1 + j\,\omega\,\tau)^{-1/2}$ in seiner konformen Abbildung zu einem negativen Realteil führen kann. Das Verhalten von $\mathrm{th}(\tilde{W})$ ist deshalb von ausschlaggebender Bedeutung. Bei einer Reihenentwicklung von $\mathrm{sh}(\tilde{W})$ mit $\tilde{W} = (1 + j\,\omega\,\tau)^{1/2} \cdot W$

für $W \ll 1$ gilt

$$\text{sh}\,(W\,(1 + j\,\omega\,\tau)^{1/2}) \approx \frac{(1 + j\,\omega\,\tau)^{1/2}}{(j\,\omega\,\tau)^{1/2}}\,\text{sh}\,(W\,(j\,\omega\,\tau)^{1/2}).$$

Ein ähnlicher Ausdruck gilt nach Varshney [2.9] für

$$\text{ch}\,(W\,(1 + j\,\omega\,\tau)^{1/2}) \approx \text{ch}\,(W\,(j\,\omega\,\tau)^{1/2}).$$

Aus dem Impedanzausdruck (2.56) wird damit für $W \ll 1$ (kurze psn-Struktur)

$$Z_N = \frac{Z}{Z_0} \approx \frac{(j\,\omega\,\tau_p)^{1/2}\,\text{th}\,(W)}{\text{th}\,(W\,(j\,\omega\,\tau_p)^{1/2}}\,(1 + j\,\omega\,\tau_p)^{-1}. \tag{2.57}$$

$(j\,\omega\,\tau)^{1/2}$ ist eine konforme Abbildung der positiven Imaginärachse $j\,\omega\,\tau$ an den oberen Rand der negativen reellen Achse (mit $\omega\,\tau = 0$ als singulärem Punkt). $\text{th}\,(W\,(j\,\omega\,\tau)^{1/2})$ im Nenner von (2.57) führt deshalb für $\omega\,\tau > 0$ zu einem negativen reellen Funktionswert, was auch für $(j\,\omega\,\tau)^{1/2}$ im Zähler (2.57) gilt. Der erste Faktor in (2.57) stellt deshalb einen positiven reellen Wert dar.

Andererseits ist die Funktion $(1 + j\,\omega\,\tau)^{-1}$ zu verstehen als eine konforme Abbildung durch reziproke Radien am Einheitskreis unter Winkelumlegung (Spiegelung an der reellen Achse). Die Gerade $1 + j\,\omega\,\tau$ im 1. Quadranten geht deshalb über in einen Halbkreis im 4. Quadranten. Damit ist der Funktionsverlauf von (2.57) als Halbkreis, der für $\omega\,\tau \to \infty$ den Nullpunkt vom 4. Quadranten her annähert, beschrieben. Bild 2.5 zeigt in Kurve 1 die Kleinsignalimpedanz einer PIN-Diode mit $W \ll 1$ (kurze pin-Struktur). Im Ersatzschaltbild ist dieser Impedanzverlauf zu erklären als Parallelschaltung eines konstanten Widerstandes R_p mit einer konstanten Kapazität C_p: konforme Abbildung einer Geraden (Serienkapazität mit konstantem Serienwiderstand) parallel zur Imaginärachse in einem Kreis, der den Nullpunkt schneidet.

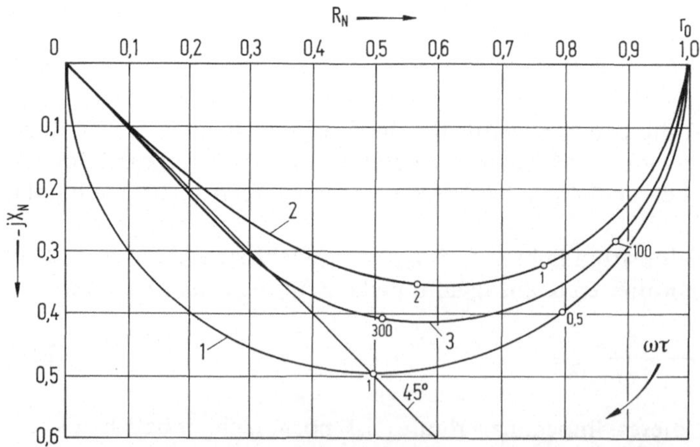

Bild 2.5. Normierte Kleinsignalimpedanz von psn-Strukturen nach (2.56) [2.9]. 1: „kurze" pin-Struktur (W $\ll$ 1, PIN-Diode), 2: „lange" pin- und „lange" psn-Struktur (W $\gg$ 1), 3: „kurze" psn-Struktur des Typs p^+nn^+ (W $\ll$ 1)

Bei Kurve 1 ist noch zu beachten, daß sich die PIN-Diode von der hier behandelten p^+nn^+-Struktur dadurch unterscheidet, daß die Minoritätsträgerinjektion bei symmetrischem Aufbau von beiden Seiten erfolgt. Die PIN-Diode kann also theoretisch als Serienschaltung von zwei psn-Strukturen [2.9] verstanden werden (p^+nn^+ und p^+pn^+).

Aus dem ebengenannten Grunde deckt sich die normierte Impedanzkurve der pin-Struktur mit $W \gg 1$ (Kurve 2) mit derjenigen für die lange Basis $W \gg 1$ der Struktur p^+nn^+, wenn man das W der p^+nn^+-Struktur durch $W/2$ bei der pin-Struktur ersetzt. Der normierte Impedanzverlauf der p^+nn^+-Struktur mit $W \ll 1$ (Bild 2.5, Kurve 3) liegt zwischen der kurzen pin-Struktur und den Dioden mit langer Basis. Das ist durch Extrapolation der erwähnten „Hilfsvorstellung-Serienschaltung" von Löcher- und Elektroneninjektion auf kurze Basisweiten verständlich.

Bild 2.5 zeigt normierte Impedanzverläufe. Die nichtnormierten Impedanzen der erwähnten Diodentypen können sich beträchtlich voneinander unterscheiden, auch bei gleicher Fläche. Das ist verständlich, denn das Z_0 von (2.54) kann durch unterschiedliche Sättigungsströme und Flußkennlinien bei den einzelnen Strukturen sehr unterschiedlich sein.

Die PIN-Varistordiode

Für den Einsatz der psn-Struktur als regelbarer HF-Widerstand greifen wir auf die allgemeinere Gleichung (2.53) zurück. Die größte Steuerwirkung des Flußstromes i_F auf die Impedanz Z ergibt sich, wenn der vorstromunabhängige Summand im Nenner von (2.53) so klein als möglich ist. Als beeinflußbare Größen stehen dazu die normierte Basisweite W und die Gleichgewichts-Löcherkonzentration p_{20} zur Verfügung. Wie bereits erwähnt, wird eine pin/psn-Struktur nach unserer Modellvorstellung dargestellt durch die Serienschaltung einer p^+nn^+- mit einer p^+pn^+-Struktur. (2.53) ist also zweimal — für Löcher und Elektronen — anzusetzen. Unter der Vereinfachung, daß D und L für Elektronen und Löcher gleich sind, ergibt sich bei gleichem W eine Symmetrierung der Serienschaltung, wenn die für beide Strukturen kleinstmögliche Gleichgewichtskonzentration ($p_{20} = n_{20} = n_i$) angewendet wird. Wie aus (2.53) ersichtlich, sollte außerdem $W \ll 1$ sein.

Man kann also feststellen, daß die Varistordiode eine kurze (undotierte) pin-Struktur vorweisen sollte. Die PIN-Varistordiode liefert den höchsten reellen Widerstandshub bezogen auf eine gleiche Vorstromaussteuerung.

Zur Ermittlung des frequenzabhängigen Verhaltens der PIN-Varistordiode können mit $W \ll 1$ die Näherungslösungen (2.56) und (2.57) herangezogen werden. Aus (2.57) ist zu entnehmen, daß für reelle Impedanzwerte Z der PIN-Varistordiode

$$W \ll 1, \quad \omega\tau \ll 1 \tag{2.58}$$

erfüllt sein muß mit $\tilde{W} = W$ und $\tilde{L} = L$. Dann ergibt sich aus (2.56) mit (2.54)

$$Z = Z_0. \tag{2.59}$$

Die PIN-Varistordiode ist also ein linearer HF-Widerstand, der durch einen überlagerten Gleichstrom variiert werden kann.

Die PIN-Reaktanzdiode

Diese Diodenart hat als steuerbare Reaktanz bei kleinen Signalen nur geringe Bedeutung, da der Sperrschichtvaraktor (Kap. 4) als variable Kapazität hoher Güte hierfür zur Verfügung steht. Dagegen erlangt die „Reaktanzdiode" bei der Großsignalaussteuerung in Form des Speichervaraktors (Kap. 3) um so größere Bedeutung.

Die Diffusionskapazität der psn-Struktur kann auf die Schottkysche Diffusionsadmittanz zurückgeführt werden. Aus (2.56) erhält man den niederfrequenten ($\omega\,\tau \ll 1$) Admittanzverlauf unter Berücksichtigung von (2.54) zu

$$Y = \frac{1}{Z} \approx \frac{1 + j\,\omega\,\tau_p}{Z_0} = G + j\,B, \tag{2.60}$$

wobei

$$G = \frac{1}{Z_0} = \frac{i_F + i_{ps}}{U_T},$$

$$B = \frac{\omega\,\tau_p}{Z_0} = \omega\left(\frac{i_F + i_{ps}}{U_T}\,\tau_p\right) = \omega\,C_{diff}, \tag{2.61}$$

$$C_{diff} = \frac{i_F + i_{ps}}{U_T}\,\tau_p. \tag{2.62}$$

C_{diff} kann als „Diffusionskapazität" des Löcherstromes der „blocking junction" in das n-Gebiet bezeichnet werden. Aus dem Impedanzverlauf von (2.57) als genähertem Halbkreis in Bild 2.5 kann man ersehen, daß das Ersatzschaltbild einen konstanten Widerstand $R_p = G^{-1}$ mit einer parallelgeschalteten Kapazität $C_{diff} = B/\omega$ annähert. Das gilt bei der PIN-Diode auch für den Frequenzbereich $\omega\,\tau > 1$.

Die PIN-Diode

Sowohl PIN-Varistor- als auch PIN-Reaktanzdiode stellen (idealisierte) Zustände ein und derselben kurzen pin-Struktur, genannt PIN-Diode, dar. Sie unterscheiden sich in erster Näherung nur durch die Basisweite w und den verwendeten Frequenzbereich $\omega\,\tau \lessgtr 1$. Im Design kann man Varistor- oder Reaktanzeffekt durch Wahl spezieller Basisweiten hervorheben, wenn der Arbeitsfrequenzbereich bekannt ist. Beim Einsatz der PIN-Diode als variabler Widerstand wird im allgemeinen der Varistoreffekt betont werden.

Eine RF-Impedanzschalterdiode oder eine (Phasen)-Modulatordiode muß hingegen nicht in jedem Falle eine ideale Varistordiode sein. Eine zusätzliche kapazitive Überbrückung des verbleibenden endlichen Flußleitwertes kann sogar eine weitere Absenkung der Einfügungsdämpfung erbringen. Deshalb werden im allgemeinen PIN-Varistor- und PIN-Reaktanzdioden unter dem unverbindlicheren Begriff PIN-Diode zusammengefaßt. Bezüglich der unterschiedlichen Einsatzbereiche vgl. Abschn. 2.5.

2.3.2 Kleinsignalimpedanz in Sperrichtung

Die Impedanz der psn-Struktur in Sperrichtung wird wesentlich bestimmt von der vorspannungsabhängigen Sperrschichtkapazität C_j und ist damit frequenzabhängig. Wir setzen zunächst die ideale, d.h. im Dotierungsverlauf abrupte psn- oder pin-Struktur voraus. Das Ersatzschaltbild läßt sich dann darstellen als Serienschaltung der Impedanzen dreier Halbleiterbereiche: In Serie zur Sperrschichtkapazität der Raumladungszone des pn-Überganges (C_j) liegt die Impedanz der noch nicht ausgeräumten Basiszone ($C_B \parallel R_B$) und der Verlustwiderstand der hochdotierten Bahngebiete mit den Kontaktwiderständen R_K der Metallisierungen (Bild 2.6 a).

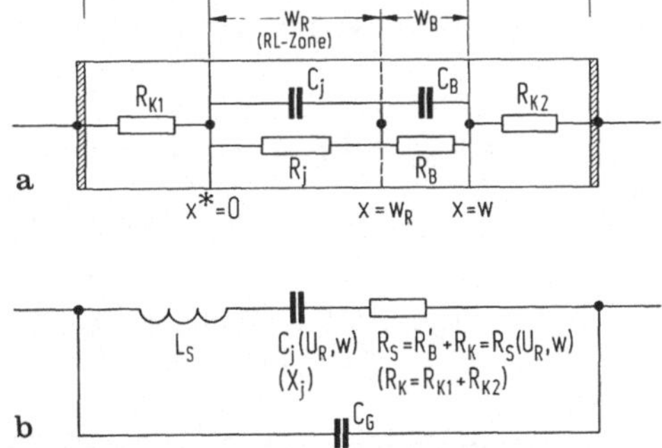

Bild 2.6. Ersatzschaltbild der PIN-Diode in Sperrichtung; **a)** Ersatzschaltbild des Halbleiterkristalls („Chip"), **b)** vereinfachtes Ersatzschaltbild der PIN-Diode unter Einschluß der Gehäusestreureaktanzen (Serieninduktivität L_S der Zuleitungen zum Chip, Gehäuseparallelkapazität C_G)

Die angelegte Sperrspannung fällt wesentlich über der Raumladungszone ab ($R_j \gg R_S, R_B$). Wir können deshalb außerhalb w_R Feldfreiheit annehmen.

Für den einseitig abrupten pn-Übergang liefert die Lösung der Poisson-Gleichung für die Raumladungsweite

$$w_R = \left(\frac{2\,\varepsilon}{e} \, \frac{1}{N_{eff}} \, (U_R + U_D) \right)^{1/2}. \tag{2.63}$$

Die Sperrschichtkapazität C_j ergibt sich zu

$$C_j = \varepsilon \, \frac{A}{w_R} \tag{2.64}$$

und analog die Kapazität C_B der noch nicht ausgeräumten Basiszone $w - w_R$ zu

$$C_B = \varepsilon \, \frac{A}{w - w_R}. \tag{2.65}$$

Im Gegensatz zum Parallelwiderstand der Raumladungszone (im vereinfachten Ersatzschaltbild 2.6 b gegen C_j vernachlässigt) ist der Widerstandsanteil R_B

der restlichen Basiszone gegenüber C_B nicht vernachlässigbar:

$$R_B = \varrho \, \frac{w - w_R}{A} \qquad (2.66)$$

mit

$$\varrho = \frac{1}{\mu_{2n} \, n_2} = \frac{1}{\mu_{2n} \, N_{2D}} . \qquad (2.67)$$

Bei schwach dotierter Basiszone wird bereits bei Sperrspannungen weit unterhalb der Durchbruchspannung die Raumladungszone w_R die gesamte Basiszone w erfassen. Ab dieser Durchreichspannung U_{po} (punch on voltage) wird der Serienwiderstandsanteil R_B zu Null: U_{po} folgt aus (2.63) für $w_R = w$ zu

$$U_{po} = \frac{e \, w^2}{2 \, \varepsilon} \, N_{2D} - U_D . \qquad (2.68)$$

Für $U_R \gtrless U_{po}$ wird die Sperrimpedanz der psn-Struktur repräsentiert durch die Serienschaltung der Sperrschichtkapazität mit dem Serienwiderstand der Kontakte:

$$R_S = R_{K1} + R_{K2} = R_K , \qquad Z = R_S + j \, X_j = R_K - j \, \frac{w}{\omega \, \varepsilon \, A} . \qquad (2.69)$$

Für $U_R < U_{po}$ gilt gemäß Bild 2.6 und 2.7

$$Z = R_K + j \left(X_j + \frac{X_B \cdot R_B}{R_B + j \, X_B} \right) = R_S + j \, X. \qquad (2.70)$$

Unter Verwendung von (2.63) bis (2.67) erhält man

$$R_S = \frac{\varrho \, (w - w_R)}{A \, (\varrho^2 \, \omega^2 \, \varepsilon^2 + 1)} + R_K = R_B' + R_K ;$$

$$X = - \frac{\varrho^2 \, \omega \, \varepsilon}{A \, (\varrho^2 \, \omega^2 \, \varepsilon^2 + 1)} \left(w + \frac{w_R}{\varrho^2 \, \omega^2 \, \varepsilon^2} \right) . \qquad (2.71)$$

Der Serienwiderstand R_S ist bei nicht ausgeräumter Basiszone ($w_R < w$) frequenz- und vorspannungsabhängig. Er sinkt proportional zu ω^{-2} auf den Bahnwiderstand R_K ab. Für $\varrho \, \omega \, \varepsilon \gg 1$ ist nur noch der konstante Kontaktwiderstand in Serie zum kapazitiven Blindwiderstand wirksam, der sich dem Minimalwert entsprechend dem Fall ausgeräumter Basiszone annähert. Grund für das Verschwinden des Impedanzanteils der nicht ausgeräumten Basiszone ist das Unterschreiten der dielektrischen Relaxationszeit $\tau_d = \varrho \, \varepsilon$. Sie stellt die „RC"-Zeitkonstante des Halbleitermaterials dar, mit der die Majoritätsträger in der neutralen Basiszone auf eine Feldänderung reagieren.

Bild 2.7 zeigt den vorspannungsabhängigen Verlauf von Serienwiderstand und Diodenkapazität für eine PIN-Diode mit $\varrho \, \varepsilon \, \omega \gg 1$. Bereits bei $f > 100\,\text{MHz}$ wird die Diodenkapazität vorspannungsunabhängig, wie dies (2.71) vorhersagt. Der Serienwiderstand variiert dagegen stark bis zur „punch on"-

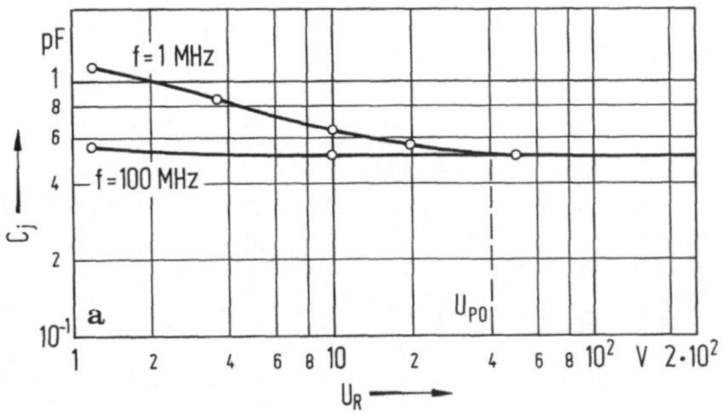

Bild 2.7 a. Verlauf der Sperrschichtkapazität über der Sperrspannung bei $f = 1\,\text{MHz}$ und bei $f = 100\,\text{MHz}$ (PIN-Diode BXY 59 D; Siemens AG); $U_B = 700\,\text{V}$; $\varrho > 1000\,\Omega\,\text{cm}$; $U_{po} = 40\,\text{V}$; $w \approx 70\,\mu\text{m}$

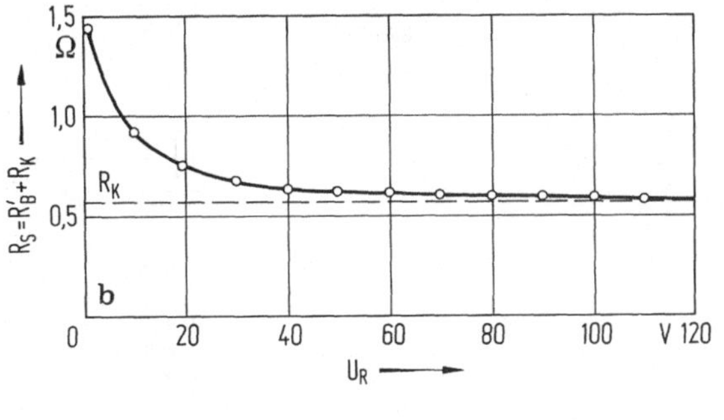

Bild 2.7 b. Verlauf des Diodenwiderstandes über der Sperrspannung bei einer Meßfrequenz von $f = 2{,}4\,\text{GHz}$ (PIN-Diode BXY 59 D; Siemens AG); $U_B = 700\,\text{V}$; $C_j = 0{,}52\,\text{pF}$

Spannung, was durch den Zähler im ersten Summanden in (2.71) erklärbar ist, solange bei der Meßfrequenz $R_B' \gtreqless R_K$ bleibt.

2.4 Großsignalaussteuerung

Bei der Großsignalaussteuerung wird die Ladungsträgerkonzentration und Verteilung in der PIN-Diode durch die Signalamplitude selbst grundlegend verändert. Im Gegensatz zur Kleinsignalaussteuerung (Abschn. 2.3) ist deshalb eine lineare Überlagerung der Signaländerungskonzentration $\tilde{p}$ über eine vorhandene Anfangsverteilung p nicht mehr möglich. Eine typische Großsignalaussteuerung ist bei einer PIN-Diode dann gegeben, wenn eine Signalwechselspannung den Kennlinienbereich der PIN-Diode in Fluß- und Sperrichtung weit aussteuert. In solch einem Fall werden in der Mittelzone der PIN-Diode nacheinander alle Raumladungskonfigurationen von der Verarmung über die verschiedenen Injektionszustände (Abschn. 2.2) dynamisch durchfahren. Als erster Schritt dazu wird der Speicherschalteffekt, d. h. die Umschaltung von Fluß- in Sperrichtung, aus einer quasistationären Gleichgewichtsverteilung heraus behandelt.

Das in diesem Abschnitt behandelte Modell einer Einteilcheninjektion (Bild 2.8) hat den Vorteil, daß die Rekombination der jeweils injizierten Ladungsträger am gegenüberliegenden Kontakt der psn-Struktur übersichtlich dargestellt werden kann. Rekombination unter Großsignalaussteuerung ist bei reaktiv wirkenden Speicherschaltdioden (Speichervaraktor, Kap. 3) unerwünscht. Die Vernichtung von injizierten Ladungsträgern bedeutet immer in irgendeiner Form

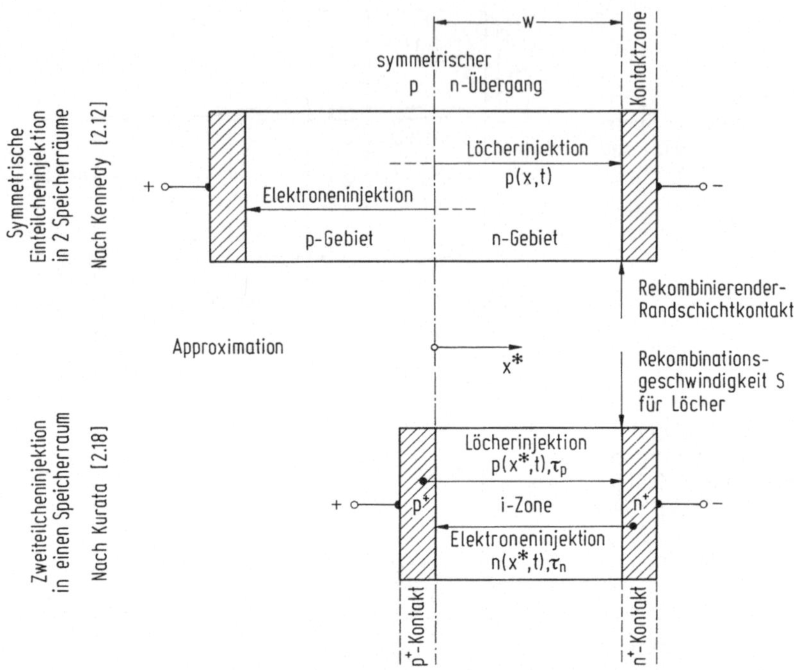

Bild 2.8. Injektionsmodelle nach Kennedy [2.12] bzw. nach Kurata [2.18]

einen dissipativen Verlust. Deshalb ist das nun folgende Einteilchenmodell mit Kontaktrekombination darauf ausgerichtet, die Beeinflussung des Stromverlaufes, nicht die der reaktiven Größe, als Funktion der Zeit zu schildern. Diese Form ist besonders gut geeignet, den Umschaltvorgang von psn-Schaltdioden darzustellen.

2.4.1 Speicherschalteffekt (Schaltdiode)

Schaltdioden sind gekennzeichnet durch zwei stabile Endzustände: einen hochleitfähigen und einen „sperrenden". Der hochleitfähige Zustand wird am einfachsten erzeugt durch Hochstrominjektion in Flußrichtung. Im Regelfall handelt es sich bei der Schaltdiode deshalb um eine psn-Diode. Das hervorragende Flußstromverhalten der psn-Struktur muß erkauft werden durch einen Trägheitseffekt beim Umpolen der Diode in Sperrichtung. Denn die Diode ist erst in der Lage in den sperrenden Zustand überzugehen, wenn die Minoritätsverteilungen in den Speicherzonen abgebaut sind (Bild 2.9, Phase 3).

Durch Eindiffusion von Rekombinationszentren (z.B. Gold [2.11]) in die Speicherzone kann die Speicherphase 2 bei Schaltdioden verkürzt werden. Da eine zu hohe Goldkonzentration den Generationsstrom während der Sperrphase anhebt und die Abschaltcharakteristik verrundet, wird auf diese Methode nur in Verbindung mit anderen Maßnahmen zurückgegriffen: Mit wachsender Goldkonzentration verkürzt man die Tiefe des Basisraumes zusätzlich, damit die Flußeigenschaften durch ein zu kleines L/w-Verhältnis nicht verschlechtert

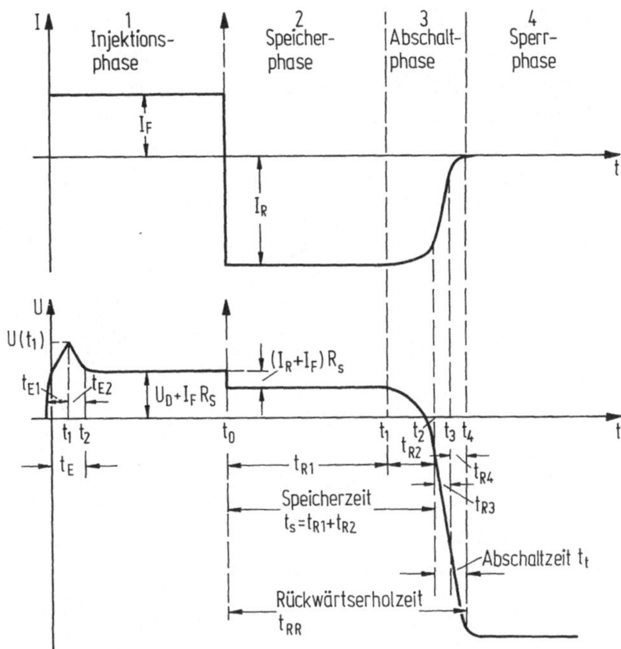

Bild 2.9. Schaltverhalten der kurzen pin-Struktur bei impulsförmiger Stromeinprägung: zeitlicher Verlauf von Diodenstrom und Diodenspannung

werden. Mit dieser Methode sind heute Hochstromschaltdioden mit Schaltzeiten im 100-ps-Bereich herstellbar.

Die Leitfähigkeitsphase einer flußgepolten Shockley-Diode muß aber nicht durch Rekombination allein beendet werden. Durch eine rasche Stromkommutierung in die Rückwärtsrichtung kann die in den Bahngebieten gespeicherte Ladung sehr wohl wiedergewonnen und zurückgeführt werden. Durch zusätzliche Dotierungsgradienten können „rücktreibende" Felder den Rückfluß, „eintreibende" Felder die Rekombination unterstützen.

Ist die Umschalt- und Rückflußphase in Bild 2.9 durch hohe eingeprägte Ströme kurz gegenüber der Lebensdauer der Minoritätsträger in den Bahngebieten, so wird praktisch die gesamte gespeicherte Ladung wieder zurückgeholt, und der Transportwirkungsgrad der vollen Zykluszeit geht gegen Eins (Step-recovery-Diode, Kap. 3 und Bild 3.13).

Analyse der Speicherschaltphasen

Zur analytischen Behandlung der aufeinanderfolgenden Stromphasen einer Speicherschaltdiode nach Bild 2.9 folgen wir einer Approximation nach Kennedy [2.12]. Die zeitabhängige Konzentrationsverteilung der Exzeßladungsträger (Defektelektronen p_e) eines symmetrischen pn-Überganges in der Speicherzone w wird angesetzt zu

$$\frac{\partial p_e}{\partial t} = D_p \frac{\partial^2 p_e}{\partial x^2} - F\,D_p \frac{\partial p_e}{\partial x} - \frac{p_e\,(x,\,t)}{\tau_p}\,. \tag{2.72}$$

41

D_p sei die Diffusionskonstante der Löcher. Der Feldparameter $F = e\,E/k\,T$ repräsentiert ein konstantes Driftfeld. F kann z. B. ausgelöst sein durch ein exponentielles Störstellenprofil von Donatoren im Bereich w. Auch die undotierte pin-Struktur $(F = 0)$ sei zugelassen. τ_p sei die Trägerlebensdauer der Löcher. (2.72) kann nach der Methode der Separation der Variablen gelöst werden, die in allgemeiner Form mit λ als Störungsparameter lautet [2.12]

$$p_e\,(x^*, t) = \exp\left(F\,\frac{x^*}{2}\right)\left\{\left[A_1\exp\left(\alpha\,\frac{x^*}{w}\right) + B_1\exp\left(-\alpha\,\frac{x^*}{w}\right)\right]\right.$$

$$\left. + \left[A_2\exp\left(\beta\,\frac{x^*}{w}\right) + B_2\exp\left(-\beta\,\frac{x^*}{w}\right)\right]\exp\left(\frac{\lambda^2 - 1}{\tau_p}\,t\right)\right\}, \tag{2.73}$$

$$\alpha^2 = \left(\frac{F\,w}{2}\right)^2 + \left(\frac{w}{L_p}\right)^2, \qquad \beta^2 = \left(\frac{F\,w}{2}\right)^2 + \left(\frac{\lambda\,w}{L_p}\right)^2. \tag{2.74}$$

Durch Festlegung der Rand- und Anfangswerte können mit (2.73) und (2.74) die Konzentrationsverteilung und damit der Stromverlauf während der einzelnen Umschaltphasen nach Bild 2.9 berechnet werden.

Quasistationäres Gleichgewicht der Injektionsphase

Die zeitunabhängige Lösung des Gleichungssystems (2.73) für das stationäre Gleichgewicht der Injektionsphase 1 in Bild 2.9 lautet mit $\lambda = 1$

$$p_1\,(x^*) = \left[A_1\exp\left(\alpha\,\frac{x^*}{w}\right) + B_1\exp\left(-\alpha\,\frac{x^*}{w}\right)\right]\exp\left(\frac{F\,x^*}{2}\right), \tag{2.75}$$

wobei folgende Randbedingungen vorliegen:

a) Die Löcherkonzentration auf der injizierenden Seite $x^* = 0$ (Bild 2.8) soll die Gleichgewichtskonzentration der injizierten Exzeßladungsträger sein

$$p_1\,(x^*, t) = p_e \quad \text{für} \quad x^* = 0, \ t < 0. \tag{2.76}$$

b) Am gegenüberliegenden rekombinierenden Kontakt $x^* = w$ soll die Konzentrationsänderung proportional der Feldeinwirkung F auf die vorhandene Trägerkonzentration $p\,(w)$ und proportional dem Vernichtungsterm S/D_p aufgrund der Randschicht-Rekombination S sein

$$\frac{\partial p_1}{\partial x} = \left(F - \frac{S}{D_p}\right)p_1\,(x^*) \quad \text{für} \quad x^* = w. \tag{2.77}$$

(2.75) und (2.76) in (2.77) eingesetzt, führt zu einer Lösung der Ladungsträgerkonzentration, die in Bild 2.10 dargestellt ist und zusammen mit dem Begriff der Randschichtrekombination im folgenden behandelt wird.

Der rekombinierende Randschichtkontakt und seine Wirkung
auf die Trägerkonzentration

In (2.77) stellt S die Randschicht-Rekombinationsgeschwindigkeit des Kontaktes dar, der im Abstand w von dem injizierenden Kontakt der Gegenseite die

Speicherzone w begrenzt (Bild 2.8). S hat die Dimension einer Geschwindigkeit und ist definiert als

$$S = \sigma_p\, v_{th}\, N_S\,.\tag{2.78}$$

N_S ist die Dichte der Rekombinationszentren in der Ebene des rekombinierenden Flächenkontaktes, σ ihr Einfangsquerschnitt, v_{th} die mittlere thermische Geschwindigkeit der Defektelektronen, σN_S die Flächendichte der „Billardlöcher" multipliziert mit ihrem Einfangquerschnitt, was dem Loch-Flächen-Verhältnis entspricht. Diese „Trefferwahrscheinlichkeit", multipliziert mit der thermischen Geschwindigkeit des Teilchens senkrecht auf die Fläche, ergibt seine wahrscheinliche Rekombinationsgeschwindigkeit.

Vergleicht man die Randschicht-Rekombinationsgeschwindigkeit S nach (2.78) mit der Volumenrekombination, so hat man von der Diffusionslänge L_p im feldfreien unendlich ausgedehnten homogenen Halbleitermaterial nach (2.1) auszugehen. Ein Minoritätsträger läuft aufgrund der heteropolaren Diffusionskonstante D über die mittlere Wegstrecke L in der Zeit (Lebensdauer) τ und verschwindet durch Rekombination.

In einer weit ausgedehnten Basiszone ($w \gg L$), die diesen „natürlichen" Prozeß nicht stört, kann man auch die flächenspezifische Denkweise nach (2.78) in (2.1) einführen: Man denke sich einen Flächenrekombinationskontakt fiktiv im Abstand L vom Teilchen entfernt, der mit der mittleren Diffusionsgeschwindigkeit (= Rekombinationsgeschwindigkeit)

$$S_0 = \frac{L_p}{\tau_p} = \left(\frac{D_p}{\tau_p}\right)^{1/2}\tag{2.79}$$

mit Teilchen beliefert wird. S_0 stellt somit eine minimale Basisrekombinationsgeschwindigkeit dar, die aufgrund der Materialauswahl für die Basiszone zu erwarten ist. Man kann S_0 zum relativen Bezugspunkt auswählen und in Relation zur wirklichen Kontaktrekombinationsgeschwindigkeit S nach (2.78) setzen

$$\frac{S}{S_0} = \frac{S}{\left(\dfrac{D_p}{\tau_p}\right)^{1/2}}\,.\tag{2.80}$$

Verkleinert man nun die Basisweite w in die Größenordnung der Diffusionslänge L oder darunter, so ist das Verhältnis S/S_0 nach (2.80) ein Maß für die zusätzliche Rekombination, die durch das Näherrücken eines rekombinierenden Flächenkontaktes an die vorhandene Trägerverteilung zustandekommt.

Daß durch ein zusätzlich in die Basis (Speicherraum) eingebautes Driftfeld in Richtung auf den rekombinierenden Flächenkontakt oder entgegengesetzt dazu die Flächenrekombinationsgeschwindigkeit erhöht oder erniedrigt werden kann, ist aus dem bisher Gesagten unmittelbar einzusehen. In (2.77) steht deshalb zur Festlegung des Randwertes an der Senke der Feldfaktor F als Summenglied zusätzlich neben der Rekombinationsgeschwindigkeit aufgrund thermischer Diffusion. Bild 2.10 gibt einen Überblick über die Einwirkung der Randschichtrekombination auf die Speicherladung einer psn-Diode mit und ohne Feldeinwirkung durch ein konstantes Driftfeld F.

Für große Basisweiten $w > 10\,L$ ist eine Beeinflussung der Speicherladung Q_S durch Driftfelder oder Kontaktrekombination praktisch nicht mehr gegeben, siehe auch Bild 2.10 mit $L/w < 10^{-1}$.

Kommt dagegen die Basisweite w in den Bereich der Diffusionslänge L, so ist die Speicherladung abhängig von inneren Driftfeldern F und von der Kontaktrekombinationsgeschwindigkeit S. Am stärksten nimmt die Speicherladung ab mit hoher Rekombination ($S/S_0 = 100$) und hohem eintreibenden Feld ($FL = +5$). Beide Maßnahmen zusammen können die Speicherladung Q_S auf unter 20% des ursprünglichen Wertes absinken lassen.

Sinkt die Basisweite w unter L ($L/w > 1$, Bild 2.10), so können die Minoritätsträger mit ihrer thermischen Geschwindigkeit den rekombinierenden Kontakt über eine so kurze Wegstrecke erreichen, daß die Driftfeldabhängigkeit der Speicherladung Q_S stetig kleiner wird.

In (2.75) ist die (von L/w unabhängige) konstante Randschicht-Rekombinationsgeschwindigkeit S explizit nicht vorhanden. S tritt nur in der Randbedingung (2.77) in Erscheinung. Trotzdem ist die starke Abnahme der gesamten Speicherladung Q_w als Funktion von L/w in dem Gebiet $L/w \gg 1$ recht plausibel: w ist definiert als der geometrische Abstand eines Kontaktes mit endlicher Rekombinationsgeschwindigkeit S, bis zu dem die Ladungsträgerkonzentration (2.75) integriert wird. Deshalb geht der Teil der Ladungsträger der Aufrechnung verloren, der durch die geometrische Verkleinerung der Integrations-

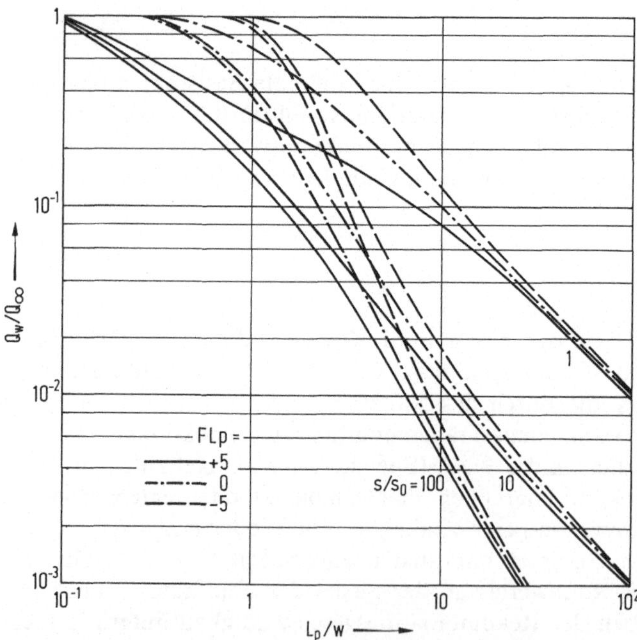

Bild 2.10. Speicherschaltdiode: Gespeicherte Injektionsladung als Funktion der Basisweite w bezogen auf die gespeicherte Ladung Q_∞ bei einer Basisweite $w \to \infty$ [2.12]. Parameter: Kontaktrekombination S/S_0 nach (2.79) und „eingebautes" Feld FL_p

grenze $w - \Delta w$ aus dem Integranden ausscheidet; als Konzentrationsverteilung hinter dem unvollständig rekombinierenden Kontakt jedoch bestehen bleibt. Nur für $S \to \infty$ würde die Exzeßträgerkonzentration bereits an der Kontaktstelle $x = w$ auf den Gleichgewichtswert p_0 absinken.

Hier haben wir den Fall vor uns, wo wegen unvollständiger Rekombination die Exzeßkonzentration sich in das Gebiet hinter dem Kontakt fortpflanzt. Man kann auch von einem Eindringvermögen der Exzeßladungsträger in den Kontakt sprechen. Diese „Basisaufweitung" der „kurzen" psn-Diode wird im Abschn. 2.4.2 behandelt. Für die Praxis ist wichtig anzumerken, daß die Verkleinerung der Basisweite bei endlicher Kontaktrekombination nicht beliebig weit getrieben werden kann. Insbesondere bei hohen Injektionsdichten ist ein „Überlaufeffekt" der Trägerkonzentration in die Kontaktgebiete möglich.

Ladungsrückzug während der Konstantstromphase

Die Konstantstromphase 2 in Bild 2.9 beginnt, nachdem die Stromkommutierung abgeschlossen ist, und endet, wenn der Stromgenerator im Außenkreis nicht mehr imstande ist, die Stromeinprägung aufrechtzuerhalten. Dieser Zeitpunkt t_s ist gekommen, wenn an der Stelle $x^* = 0$ (pn-Übergang) die Exzeßlöcherkonzentration p_e (t) auf den Gleichgewichtswert p_0 abgesunken ist, was auch bedeutet, daß das innere Potential der Übergangszone V_j (t) den Wert 0 erreicht hat. $t = t_s$ besagt noch nicht, daß alle injizierten Ladungsträger die Speicherzone verlassen haben. Die Leitfähigkeitsphase ist noch nicht abgeschlossen, sie steht nur vor dem Abschluß, da an bestimmten Stellen innerhalb w zu wenig Ladungsträger vorhanden sind, um den vollen Stromfluß über einen raumladungsbegrenzten Rückzug [2.13] aufrechtzuerhalten.

(2.73) ist wiederum die Lösungsgrundlage des nun zeitabhängigen Differentialgleichungssystems. Für die Speicherrückzugsphase 2 sollen folgende zeitabhängige Randbedingungen festgelegt werden (Bild 2.9):

a) Für $t = 0$ soll das Ende der Phase 1 mit dem Beginn der Phase 2 in der Konzentrationsverteilung der Speicherzone $0 < x^* < w$ übereinstimmen

$$p_1 (x^*) = p_2 (x^*, t) \quad \text{für} \quad t = 0. \tag{2.81}$$

b) Am rekombinierenden Kontakt $x^* = w$ soll die Konzentrationsänderung $\partial p / \partial x^*$ wie in Phase 1 proportional der Feldeinwirkung und der Einwirkung des Vernichtungsterms S/D (Randschichtrekombination) auf die Trägerkonzentration p sein

$$\frac{\partial p_2}{\partial x^*} = \left(F - \frac{S}{D_p} \right) p_2 (x^*, t). \tag{2.82}$$

c) Am injizierenden Kontakt $(x^* = 0)$ soll die Konzentrationsänderung $\partial p / \partial x^*$ proportional der Feldeinwirkung F auf die Trägerkonzentration p (0) und proportional der eingeprägten Rückwärtsstromdichte i_R sein.

Dann ist

$$e D_p \frac{\partial p_2}{\partial x^*} = e D_p F p_2 (x^*, t) + i_R. \tag{2.83}$$

Links steht in (2.83) der Diffusionsstrom, der sich zusätzlich zum „inneren"
Driftfeldstrom (1. Term rechts) und dem von außen eingeprägten Rückstrom i_R
am pn-Übergang $x = 0$ ausbildet, um die Rückführung der Speicherladung zu
gewährleisten. Bild 2.11 zeigt aus der Lösungsvielfalt (2.75) drei charakteristische Verteilungsabläufe der Konzentration $p(x^*, t)$ für die Speicherrückzugsphase 2 aus Bild 2.9.

Aus (2.83) ist ersichtlich, daß ohne inneres Feld F am pn-Übergang ($x^* = 0$)
aufgrund der eingeprägten Stromdichte i_R ein positiver Konzentrationsgradient
$+ \partial p/\partial x^*$ entsteht. Die Verarmung an Ladungsträgern, die während des Rückzuges in der Nähe der Übergangszone auftritt, wird durch einen zusätzlichen
Diffusionsstrom $+ e D_p \partial p/\partial x^*$ ausgeglichen, so daß der konstante Stromfluß
aufrechterhalten wird. Das geht allerdings nur so lange, bis die bei $x^* = 0$ auftretende Trägerdichte den Gleichgewichtswert p_0 erreicht hat. Dann ist die
Konstantstromphase beendet.

Bei einem „eintreibenden Feld" nach Bild 2.11 wird dieser Diffusionsstrom-
gradient noch verstärkt, da die Ladungsträger beim Rückzug durch das über-
lagerte „innere" Feld zusätzlich behindert werden.

Bei einem „rücktreibenden" Feld nach Bild 2.11 wirkt sich in (2.83) der erste
Term rechts so aus, daß ein negativer Konzentrationsgradient $- \partial p/\partial x^*$ während der Rückzugsphase erhalten bleibt. Denn das innere Feld unterstützt den
Rückfluß so stark, daß die Diffusionsstromkomponente nicht in Rückzugsrichtung liegen muß.

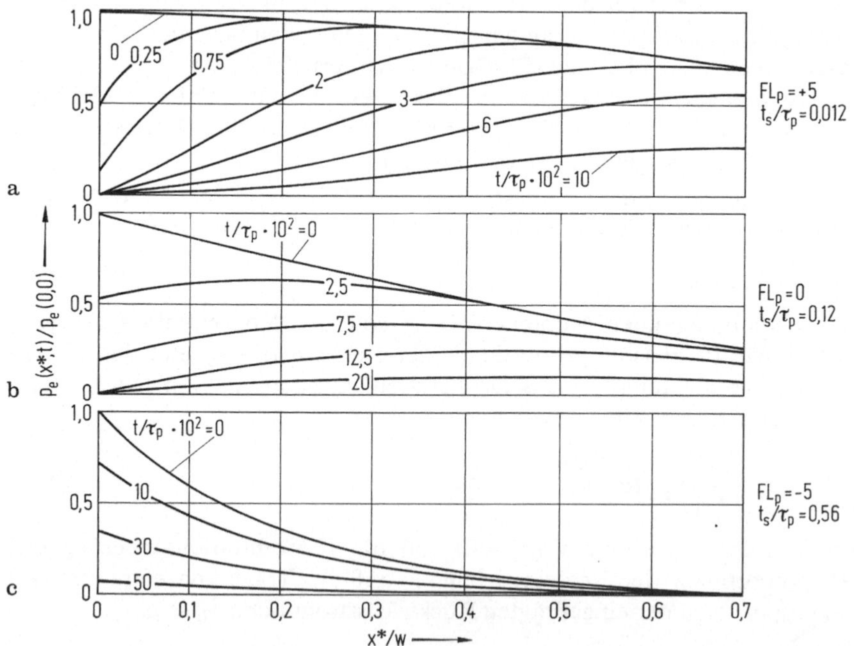

Bild 2.11. Speicherschaltdiode: Exzeß-Ladungsträgerverteilung im Speicherraum während der Rückzugsphasen [2.12]. Parameter: Zeit t; **a)** eintreibendes Feld $FL_p = +5$,
b) kein „eingebautes" Feld $FL_p = 0$, **c)** rücktreibendes Feld $FL_p = -5$

In Bild 2.11 sind zusätzlich die Speicherzeiten t_s/τ eingetragen, die die Dauer der Konstantstromphase wiedergeben. Man sieht, daß mit einem eintreibenden Feld t_s verkürzt werden kann. Der Grund ist in erster Linie darin zu suchen, daß durch das eintreibende Feld ein höherer Anteil der gespeicherten Ladung zum Zeitpunkt t_s in der Tiefe der Speicherzone zurückbleibt. Die Restladung Q_{RR} muß dann im Verlauf der Abschaltphase 3 von Bild 2.9 abgebaut werden. Das eintreibende Feld macht die Diode — bezogen auf die gesamte Schaltzeit — im allgemeinen nicht schneller. Andererseits ist mit einem rücktreibenden Feld nach Bild 2.11 die Möglichkeit gegeben, die Kontaktrekombination je Zeiteinheit niedriger zu halten. Dadurch werden sowohl die zurückgeholte Gesamtladung (Bild 2.10) als auch die Speicherzeit t_s erhöht.

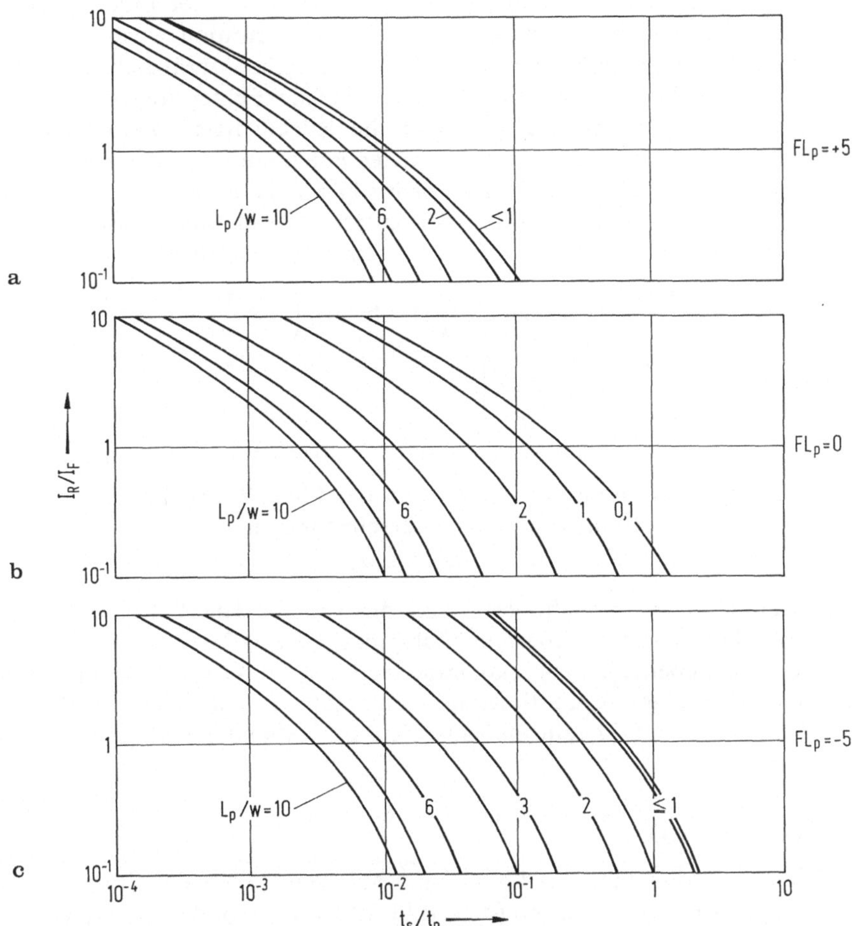

Bild 2.12. Speicherschaltdiode: Dauer der Konstantstromphase (Bild 2.9, Speicherzeit t_s) als Funktion des Schaltverhältnisses I_R/I_F [2.12]. Parameter: Basisfaktor L_p/w, Kontaktrekombination konstant $S/S_0 = 100$; **a)** eintreibendes Feld $FL_p = +5$, **b)** kein eingebautes Feld $FL_p = 0$, **c)** rücktreibendes Feld $FL_p = -5$

Eine Auswertung der Möglichkeiten, die Speicherzeit t_s durch Wahl der Stromverhältnisse I_R/I_F, des inneren Feldes FL und des Basisweitenfaktors L/w zu beeinflussen, zeigt Bild 2.12. Die Kontaktrekombinationsgeschwindigkeit ist auf dem relativ hohen Niveau $S/S_0 = 100$ festgehalten. Man sieht, daß die relativ größte Variation (drei Größenordnungen) der Speicherzeit t_s mit einem konstanten rücktreibenden Feld aufgrund einer Variation der Basisweite L/w erzielbar ist. Hingegen werden die absolut niedrigsten Speicherzeiten t_s mit eintreibendem Feld bei kleinsten Basisweiten w erreicht.

Restladungsrückzug während der Abschaltphase (Snap-off-Zeit)

Die Konstantstromphase 2 in Bild 2.9 ist beendet, wenn die injizierte Löcherkonzentration am pn-Übergang ($x^* = 0$) im Laufe des Rückzuges t_s den Wert $p_e\,(0, t_s) = 0$ erreicht hat. Damit ist bei $x^* = 0$ der vor der Flußbelastung vorhandene Gleichgewichtswert p_0 der Gesamtkonzentration wieder erreicht. Ab dem Zeitpunkt t_s schafft sich die Diode über einen zusätzlichen Spannungsbedarf selbst die Möglichkeit, durch zusätzliche Felder trägerverarmte Teilbereiche wieder aufzufüllen und/oder die Rückdriftgeschwindigkeit zu steigern. Der Rückstromfluß unter minimaler Potentialdifferenz an der Speicherzone ist damit beendet. Die Abschaltphase 3 hat begonnen.

Auch die spezielle Lösung der Abschaltphase 3 aus Bild 2.9 ist ableitbar aus der allgemeinen Lösung (2.73) durch Koeffizientenvergleich [2.12]

$$p_3\,(x^*, t) = \exp\left(\frac{F\,x^*}{2}\right)\left[A_3 \exp\left(\beta\,\frac{x^*}{w}\right) - B_3 \exp\left(-\beta\,\frac{x^*}{w}\right)\right]$$

$$\cdot \exp\left[(\lambda^2 - 1)\,\frac{t - t_s}{\tau_p}\right]. \tag{2.84}$$

Für (2.84) sind folgende Anfangs- und Randbedingungen festzulegen:

a) Die Trägerverteilung im Endstadium der Phase 2 aus Bild 2.9 soll mit der des Anfangsstadiums von Phase 3 übereinstimmen

$$p_3\,(x^*, t_s) = p_2\,(x^*, t_s) \quad \text{für} \quad 0 < x^* < w. \tag{2.85}$$

b) Während der Abschaltphase 3 soll die Exzeß-Löcherkonzentration p_3 am p^+n-Übergang $x^* = 0$ konstant Null sein: $p_3\,(0, t) = 0$.

c) Am gegenüberliegenden rekombinierenden Kontakt $x^* = w$ soll die Konzentrationsänderung proportional dem Feldfaktor F und proportional dem Vernichtungsterm S/D sein, der auf die dort vorhandene Trägerkonzentration einwirkt.

$$\frac{\partial p_3}{\partial x^*} = \left(F - \frac{S}{D_p}\right) p_3\,(x^*) \quad \text{für} \quad x^* = w. \tag{2.86}$$

Mit den Bedingungen a) bis c) kann aufgrund (2.84) der Stromverlauf der Abschaltphase 3 berechnet werden. Bild 2.13 zeigt typische Stromverläufe des Abschaltvorganges für die drei Driftfeldkonfigurationen. Die steilste Abschaltcharakteristik hat die Diode mit rücktreibendem Feld. Dieses sorgt nach Bild 2.11 für eine Konzentration der Ladungsträgerverteilung in der Nähe des p^+n-Überganges. Die Exzeßkonzentration an der Stelle $x^* = 0$ sinkt erst dann

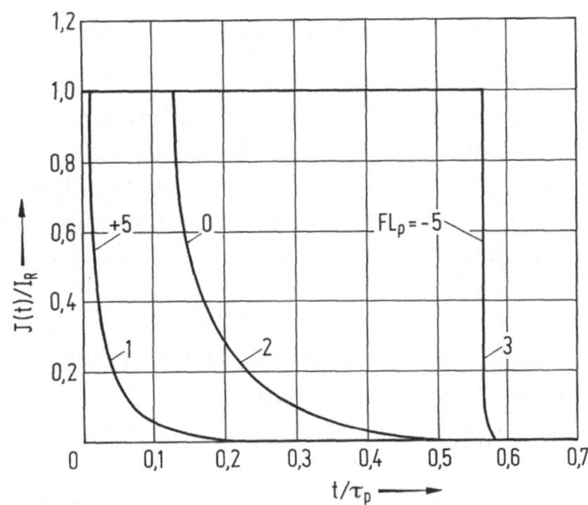

Bild 2.13. Speicherschaltdiode: Abschaltverhalten [2.12]. Parameter: eingebautes Feld: 1: eintreibendes Feld $FL_p = +5$, 2: kein eingebautes Feld $FL_p = 0$, 3: rücktreibendes Feld $FL_p = -5$; Umschaltverhältnis $I_R/I_F = 1$, Basisfaktor $L_p/w = 1$, Kontaktrekombination $S/S_0 = 100$

auf Null ab, wenn die weiter vom pn-Übergang entfernten Gebiete ausgeräumt sind, was den Abschaltvorgang entsprechend schnell macht.

Mit einem „eintreibenden" Driftfeld verkürzt sich nach Bild 2.13 die Konstantstromzeit t_s und verlängert sich die Abschaltzeit t_t. Wenn die Exzeßkonzentration bei $x^* = 0$ auf Null abgesunken ist ($t = t_s$), existiert wegen des positiven $\partial p/\partial x^*$ (an der Stelle $x^* = 0$) eine noch nicht abgebaute Exzeßkonzentration in den räumlich tieferliegenden Teilen der Speicherzone w, die erst während der Abschaltphase zurückgeführt wird und demgemäß die Abschaltcharakteristik verrundet. Dafür ist die Speicherphase kürzer geworden (Bild 2.9).

Zusammenfassend kann gesagt werden: Verlauf und Dauer sowohl der Konstantstromphase 2 als auch der Abschaltphase 3 werden wesentlich bestimmt von der am Phasenbeginn gespeicherten Ladungsdichte und ihrer räumlichen Verteilung. Die Phasen 2 und 3 in Bild 2.9 sind außerdem abhängig vom Stromverhältnis I_R/I_F, von der relativen Basisweite L/w und von eingebauten Driftfeldern F. Außerdem spielt die Rekombinationsgeschwindigkeit S des Kontaktes und seines Abstandes w vom p^+n-Übergang eine wichtige Rolle.

In diesem Zusammenhang sei nochmals darauf verwiesen, daß bei dem hier behandelten Modell einer Einteilcheninjektion auch ein wesentlicher physikalischer Inhalt verloren geht: die Ausbildung eines quasineutralen kompensierten Ladungsträgergleichgewichts $p_e = n_e$ in der Mittelzone während der quasistationären Gleichgewichtsphase. Dies kann zu Widersprüchen beim Einteilchenmodell führen. Das quasineutrale Ladungsträgergleichgewicht wird im Abschn. 3.2 als Zweiteilchenmodell behandelt.

Eine experimentell-heuristische Einführung der quasineutralen Ladungsträgerspeicherung wird bereits im nächsten Abschn. 2.4.2 bei der Behandlung der Basisaufweitung gegeben.

49

2.4.2 Quasineutrale Ladungsspeicherung

Bei einer Hochstrominjektion von Elektronen und Löchern in eine kurze pin-Struktur erreichen im quasistationären Gleichgewichtsfall praktisch alle Teilchen einer Seite den jeweils gegenüberliegenden Kontakt. Deshalb kann die Rekombination der strömenden Ladungsträger innerhalb der i-Zone vernachlässigt werden. Diese strömenden Ladungsträger stellen eine Speicherladung dar, die bei Umkehr der Stromrichtung teilweise oder ganz zurückgewonnen werden kann (Bild 2.9).

Im Gegensatz zum Abschn. 2.4.1 sei die Abschaltflanke t_t ähnlich Bild 2.13, Kurve 3, als unendlich steil angenommen. Die in Flußrichtung nach Bild 2.9 gespeicherte Ladung ist dann

$$Q_F = I_F \, \tau_F \, , \tag{2.87}$$

wobei τ_F die effektive mittlere Lebensdauer von Elektronen und Löchern in der Speicherzone (i-Gebiet) bedeutet.

Die unter dem konstanten Strom I_R in der Zeit t_s zurückgeholte Ladung Q_R ist

$$Q_R = \int_0^{t_s} i\,(t)\,dt = I_R \, t_s \, . \tag{2.88}$$

Unter der Voraussetzung, daß während der Zurückführung der Ladungsträger keine Rekombination auftritt (t_s klein gegenüber der Lebensdauer der Ladungsträger) kann die Speicherladung Q_F gleich der rückkehrenden Ladung Q_R gesetzt werden. Aus (2.87) und (2.88) ergibt sich dann

$$\tau_F = I_R \, t_s / I_F \, . \tag{2.89}$$

Bild 2.14 zeigt die zurückgeholte Ladung Q_R als Funktion des Rückholstromes I_R bei einer „kurzen" psn-Diode mit einer Basisweite $w = 2{,}8 \, \mu m$. Die epitaxiale Diode ist aufgebaut nach Bild 2.15 unten. Man sieht aus Bild 2.14, daß

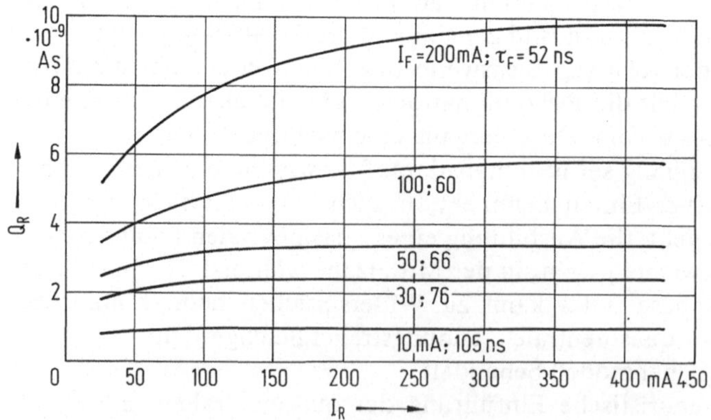

Bild 2.14. Zurückgeholte Ladung Q_R als Funktion des Rückholstromes I_R [2.14]. Parameter: Flußstrom I_F, p^+nn^+-Struktur, $w = 2{,}8 \, \mu m$

50

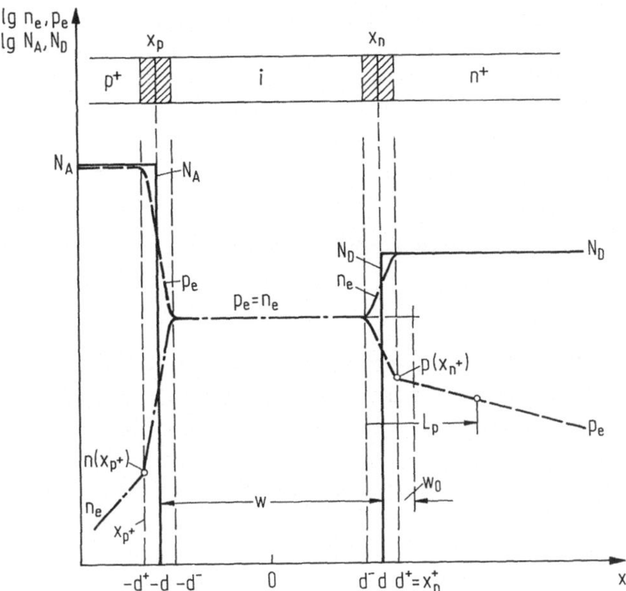

Bild 2.15. Minoritätsträgerspeicherung in den Kontaktzonen, Basisaufweitung einer $p^+ i n^+$-Struktur in das n^+-Substrat

mit steigendem Rückholstrom I_R (kürzeren Speicherzeiten t_s) die zurückgeholte Ladung Q_R konstant wird: Es treten keine Rekombinationsverluste mehr auf. Dieser Bereich konstanter Ladung Q_R ist der Gültigkeitsbereich für (2.89). Die danach errechneten τ_F-Werte sind in Bild 2.14 angegeben.

Trägt man die nach (2.89) gemessenen Lebensdauern als Funktion der Basisweite w der Dioden mit der Flußinjektionsdichte i_F als Parameter ab, so erhält man Bild 2.16. Man sieht, daß τ_F eine lineare Funktion der Basisweite w ist

$$\Delta \tau_F \sim \Delta w. \tag{2.90}$$

Diese lineare Abhängigkeit zeigt, daß keine Volumenrekombination innerhalb der Speicherzone w vorhanden ist. In diesem Falle nimmt die effektive Lebensdauer τ_F den Charakter einer mittleren Transitzeit T der Ladungsträger durch die Speicherzone w an.

Basisaufweitung [2.14]

Die Geraden in Bild 2.16 ergeben bei der Extrapolation auf den Nullpunkt zu einen negativen Achsenabschnitt auf der w-Achse und für $w = 0$ eine effektive Lebensdauer $\tau_F = T_0$. Die durch C-V-Messungen ermittelte Basisweite w ist also nicht identisch mit der effektiven Basisweite

$$w_{eff} = w + w_0. \tag{2.91}$$

Man kann diesen Effekt erklären als eine Basisaufweitung der (mittleren) Speicherzone in die seitlich anschließenden hochdotierten Kontaktgebiete hinein, wobei die Basisaufweitung w_0 mit steigender Injektionsdichte i_F größer wird. Die Steigung der Geraden in Bild 2.16 ergibt eine mittlere Transitgeschwindigkeit v_T über w_{eff}, so daß sich die Lebensdauer der Ladungsträger aufspalten läßt in eine Transitzeit T durch die eigentliche i- bzw. s-Zone sowie eine zusätzliche Transitzeit T_0

$$\tau_F = T + T_0 \, , \tag{2.92}$$

wobei die mittlere Transitgeschwindigkeit v_T gegeben ist durch

$$v_T = \frac{w_{eff}}{\tau_F} \, . \tag{2.93}$$

Bild 2.17 zeigt eine schematische Darstellung der Teilchenströmungen unter der Neutralbedingung des quasistationären Ladungsträgergleichgewichts. Der vom Stromgenerator in die Diode eingeprägte Strom I_F spaltet sich in der Nähe des n-n^+-Sprunges auf in einen injizierten Elektronenstrom vom n- zum p-Gebiet (I_{np}) und einen Rekombinationsanteil R_n, der den entgegenkommenden Defektelektronenstrom I_{pn} vom p- zum n-Gebiet übernimmt. In der Nähe des p^+n-Überganges rekombiniert der Elektronenstrom I_{np} vom n- zum p-Gebiet mit einem Defektelektronenanteil, während ein zusätzlicher Löcherstrom zur Injektion in das n-Gebiet fließt, um die Ladungsträgerneutralität $p = n$ in der

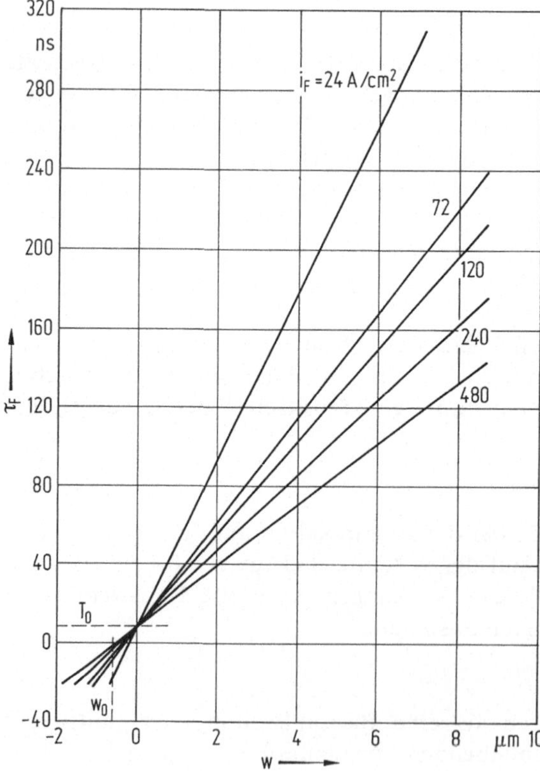

Bild 2.16. Effektive Lebensdauer τ_F als Funktion der Basisweite w [2.14], Basisaufweitung w_0

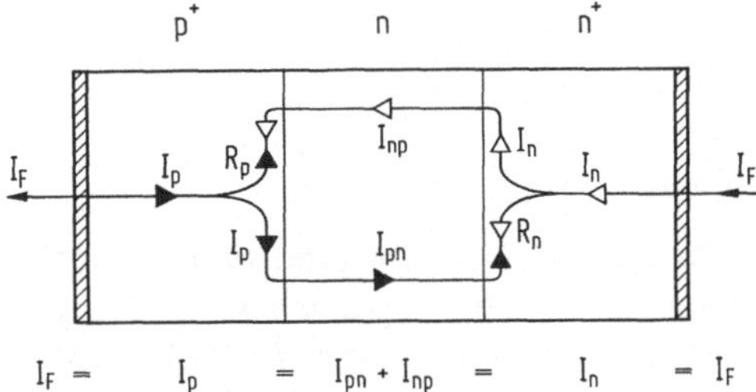

Bild 2.17. Stromaufteilung in einer psn-Struktur bei Hochstrominjektion I_F im quasistationären Gleichgewicht [2.14], $p_e = n_e$ und vernachlässigbarer Rekombination in der N-Zone

i- bzw. s-Zone aufrechtzuerhalten: Aus dem p^+-Kontakt fließt dann derselbe Strom I_F zurück. Über die geometrische Schichtfolge der Diode ergibt sich also

$$I_F = I_p = I_{np} + I_{pn} = I_n = I_F . \tag{2.94}$$

Berücksichtigt man die unterschiedliche Feldbeweglichkeit von Elektronen und Löchern mit $v_n = \alpha \, v_p$, so ergibt sich mit $p_e = n_e$ in der Speicherzone

$$I_F = I_{np} + I_{pn} = e \, v_p \, (1 + \alpha) \, p_e = e \, p_e \, v_T \tag{2.95}$$

mit

$$v_T = v_p \, (1 + \alpha) = \frac{w_{eff}}{\tau_F} .$$

Beide Ladungsträgersorten überqueren mit der mittleren Geschwindigkeit v_T die effektive Speicherzone der Länge w_{eff} in der Zeit τ_F.

Aus (2.87) und (2.94) ergibt sich dann die rückführbare Speicherladung $Q_s = Q_R = Q_F$ zu

$$Q_s = e \, F \, p_e \, w_{eff} . \tag{2.96}$$

Mit (2.91) spaltet (2.96) auf in einen Ladungsanteil, der in der i- bzw. s-Zone der Weite w gespeichert ist:

$$Q_w = e \, F \, p_e \, w , \tag{2.97}$$

und in einen Ladungsanteil, der durch Basisaufweitung in die Kontaktzonen eingedrungen ist:

$$Q_{w0} = e \, F \, p_e \, w_0 , \tag{2.98}$$

wobei

$$Q_s = Q_w + Q_{w0} .$$

Aufgrund des experimentellen Befundes (Bild 2.16) kann man sich die Basiszone w um w_0 in die Kontaktzonen hinein mit der dort virtuellen Konzentration $p_e = n_e$ verlängert vorstellen. Setzt man versuchsweise eine exponentielle Verteilung der Ladungsträger nach Boltzmann (8.1) in den Übergangszonen zu den Kontaktgebieten an, so ergibt sich

$$\frac{p_e}{p_{p^+}} = \frac{n \, (x_{p^+})}{n_e} \quad \text{und} \quad \frac{n_e}{n_{n^+}} = \frac{p \, (x_{n^+})}{p_e} . \tag{2.99}$$

$n_e = p_e$ ergibt in (2.99), daß sich die Ausgangskonzentration für die Kontaktspeicherung umgekehrt proportional zu der Dotierung der Kontaktgebiete verhält

$$\frac{p\,(x_{n+})}{n\,(x_{p+})} = \frac{p_{p+}}{n_{n+}}. \tag{2.100}$$

In Bild 2.15 wurde eine typische p^+in^+-Struktur dargestellt. Mit einem p^+-Kontakt von $N_A^- = p_{p+} \approx 10^{21}$ cm^{-3} und einem n^+-Kontakt von $N_D^+ = n_{n+} \approx 10^{19}$ cm^{-3} zeigt sich nach (2.100), daß man die Elektronenspeicherung im p^+-Kontakt gegenüber der Defektelektronenspeicherung im n^+-Kontakt vernachlässigen kann. Man setzt dabei voraus, daß die Lebensdauer der Minoritätsträger im höher dotierten Kontaktgebiet sicher nicht größer ist als im niedriger dotierten. Man kann jetzt annehmen, daß die Defektelektronenkonzentration mit L_p als Diffusionslänge im n^+-Gebiet exponentiell „versickert"

$$p\,(x) = p\,(x_{n+})\, \exp\left(\frac{x - x_{n+}}{L_p}\right). \qquad x \geqq x_{n+}. \tag{2.101}$$

Dann erhält man nach der Integration von (2.101) mit (2.100) einen Zusammenhang zwischen L_p und w_0 gemäß

$$L_p = \frac{p_e\,w_0}{p\,(x_{n+})}. \tag{2.102}$$

Für eine Hochstrominjektion von $p_e = n_e = 1 \cdot 10^{17}$ cm^{-3} ergibt sich bei einer Substratdotierung $N_D = 5 \cdot 10^{18}$ cm^{-3} nach (2.99) p $(x_{n+}) = 5 \cdot 10^{15}$ cm^{-3}.

Andererseits ist nach Bild 2.16 bei Stromdichten von mehreren 100 A cm^{-2} die Basisaufweitung w_0 in der Größenordnung von ca. 0,5 µm. Mit diesen Werten ergibt sich nach (2.102) eine Diffusionslänge von ca. 10 µm. In dieser Tiefe kann das hochdotierte Substrat einer epitaxialen psn-Speicherdiode durch „überlaufende" Minoritätsträger beeinflußt werden. Das ist im allgemeinen ein störender Effekt, insbesondere bei Basiszonen w, die selbst im Mikrometer-Gebiet liegen, um kurze Transitzeiten für Anwendungen im Mikrowellenbereich zu erschließen.

Das Eindringvermögen w_0 wird wesentlich beeinflußt von der Steilheit des Dotierungssprunges, nicht nur von dem Konzentrationsunterschied. Will man also die Speicherwirkung der Kontakte herabsetzen, so genügt nicht eine Erhöhung des Konzentrationssprunges zum Substrat. Man muß zumindest den höheren Konzentrationswechsel über dieselbe Wegstrecke erzeugen. Das ist ein wesentlicher Grund für die Tendenz, den Dotierungssprung zum Substrat immer steiler zu gestalten. In letzter Zeit sind epitaktische n/n^+-Übergänge bei Si-Silan-Epitaxie bekannt geworden, deren wesentlicher Konzentrationswechsel sich im Bereich von 0,1 µm abspielt [2.15].

2.5 Anwendungen der PIN-Diode

Die PIN-Diode ist das universell einsetzbare Halbleiterbauelement zur Steuerung und Kontrolle von Mikrowellenleistung in Schaltern, Phasenschiebern,

Dämpfungsgliedern, Modulatoren und Begrenzern. Der nutzbare Frequenzbereich von wenigen MHz bis zu 50 GHz und die beherrschbaren Leistungspegel von 100 mW bis zu Megawatt unterstreichen ihre weitgespannten Einsatzmöglichkeiten.

2.5.1 RF-Schalter

Die ideale PIN-Diode zeichnet sich durch einen extrem niederohmigen Zustand in Flußrichtung und eine sehr hohe Impedanz in Sperrichtung aus. Schaltet man die Diode in Serie oder parallel zu einer durchgehenden Leitung mit der charakteristischen Impedanz Z_0, so erhält man die beiden einfachsten Schalterkonfigurationen. Im Ein-Zustand soll hierbei die Einfügungsdämpfung (insertion loss) der Diode möglichst klein sein, im Aus-Zustand ein hoher Isolationsdämpfungswert (isolation) erzielt werden.

Die Dämpfung α wird definiert als das Verhältnis der an den Lastwiderstand mit eingebauter Diode abgegebenen Leistung (P_A) zur Leistung ohne PIN-Diode (P_E) in Dezibel

$$\alpha = 10 \ln \frac{P_A}{P_E}. \tag{2.103}$$

Für den Fall angepaßten Lastwiderstandes erhält man die Dämpfungswerte in Bild 2.18.

Abhängig vom Arbeitspunkt der PIN-Diode läßt sich die Diodendämpfung bestimmen. Für den Anwender ist die Angabe der im Extremfall möglichen Dämpfungswerte von besonderem Interesse. Ein Extremzustand wird eingestellt durch starke Flußpolung der PIN-Diode. Er stellt bei Serienschaltung den

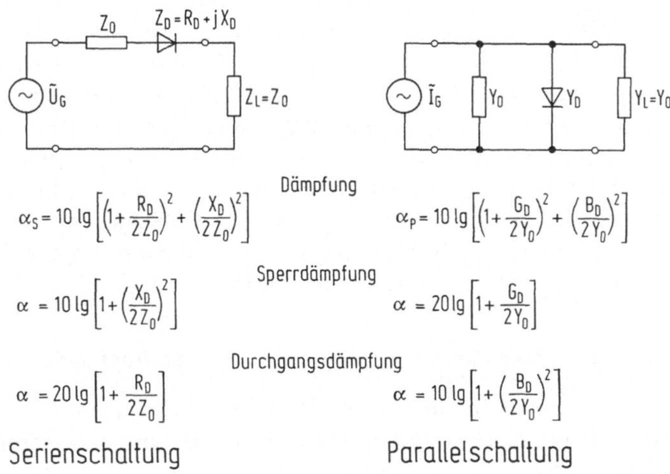

Bild 2.18. Anwendung der PIN-Diode in Serien-(transmission) und Parallel-(shunt) Schaltern (Grundtypen). Die Arbeitspunktregelung der Diode wird durch eine externe Ansteuerung durchgeführt (nicht eingezeichnet)

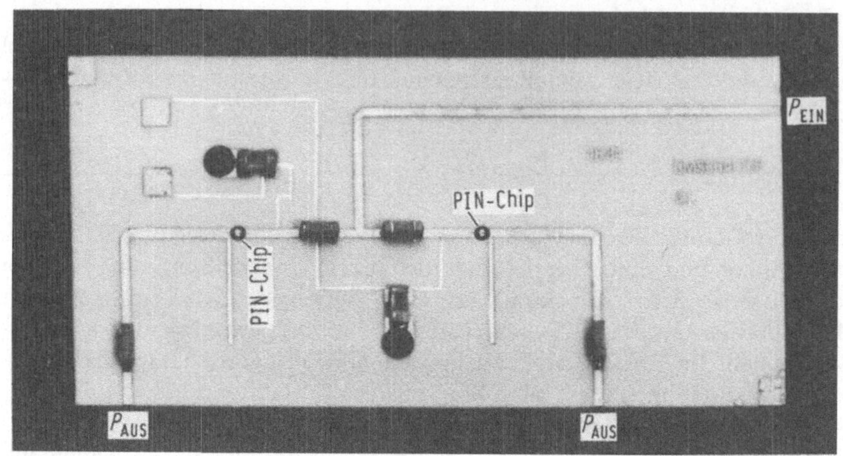

Bild 2.19. Aufbau eines PIN-Diodenumschalters (SPDT Typ: single pole double throw) auf Al_2O_3 Keramik (Werkfoto Siemens AG (W 74 FM 2442 A)) [2.19]. Die PIN-Dioden sind in Chipform eingebaut (BXY 43 C Siemens AG), ebenso die Kondensatoren zur Auftrennung der Gleichstromkreise. Arbeitsfrequenz: 3 bis 4 GHz, Isolation: 30 dB ($I_F = 5$ mA), Durchgangsdämpfung < 1 dB ($U_R = 24$ V)

Durchlaß, bei Parallelschaltung den Sperrfall des Schalters dar. Abhängig von der Geometrie der PIN-Diode genügen Ströme zwischen 10 und 100 mA, um den Gesamtwiderstand der PIN-Diode unter $R_D = 1\ \Omega$ abzusenken.

Der hochohmige Zustand des Serienschalters wird bei Sperrpolung der PIN-Diode über die „Punch-on"-Spannung hinaus erreicht. Beim Schalter mit „geshunteter" Diode entspricht dieser Diodenarbeitspunkt dem Durchlaßfall. Der Wert der Diodenkapazität bestimmt die Höhe der Dämpfung. Im Gigahertz-Bereich sollte C_D möglichst unter 0,1 pF liegen.

Mit PIN-Dioden lassen sich bei 50-Ω-Leitungswiderstand Einfügungsdämpfungen von unter 0,5 dB mit Isolationsdämpfungen von 25 dB bereits bei Eindioden-Schalterkonfiguration erreichen. Für höhere Isolationswerte können Mehrdiodenschalter aufgebaut werden [2.16]. Den Aufbau eines PIN-Diodenumschalters in Dünnfilmtechnologie auf Keramiksubstrat (MIC-Technologie) zeigt Bild 2.19. Je Diodenzweig erreicht die Schaltung eine Einfügungsdämpfung von < 1 dB ($U_R = 24$ V) und einen Isolationswert von ≥ 30 dB ($I_F = 5$ mA) im Frequenzbereich zwischen 3 und 4 GHz.

2.5.2 Variabler Hochfrequenzwiderstand (Varistor) und Modulator

Die bei eingeprägtem Strom I_F in Flußrichtung erforderliche mittlere Ladungsträgerdichte $\bar{n}_e$ (Exzeßdichte) errechnet sich im stationären Fall aus (2.87) und (2.95) zu

$$I_F = \frac{Q_F}{\tau_F} = \frac{e\,\bar{n}_e\,A\,w}{\tau_F}.$$

Andererseits gilt für den spezifischen Widerstand eines Halbleiterbereiches mit frei beweglichen Ladungsträgerdichten n, p

$$\varrho = \frac{1}{e\,(\mu_n\,n + \mu_p\,p)}\,. \tag{2.104}$$

Im Falle der idealen PIN-Diode mit undotierter Basiszone ist $n = n_e$ und $p = p_e$. Bei Si darf außerdem in guter Näherung $\mu_n = 3\,\mu_p$ gesetzt werden, so daß (2.104) umgeschrieben werden kann zu

$$\varrho_i = \frac{3}{4\,e\,\mu_n\,\bar{n}_e}\,.$$

Damit ergibt sich für den Flußwiderstand der PIN-Diode

$$R_F = \varrho_i\,\frac{w}{A} + R_S = \frac{3}{4}\,\frac{w^2}{\mu_n\,\tau_F\,I_F} + R_S \tag{2.105}$$

mit R_S als näherungsweise vorspannungsunabhängigem Widerstandsanteil der Kontaktzonen.

Durch Variation des Flußstromes kann der Serienwiderstand der PIN-Diode um mehrere Größenordnungen elektronisch variiert werden. Ein typisches Beispiel zeigt Bild 2.20. Die dargestellte Flußcharakteristik der PIN-Diode BA 379 zeigt eine Widerstandsänderung um 3 Größenordnungen zwischen $I_F = 10\,\mu A$ und 100 mA. Bild 2.21 gibt als typische Anwendung den Aufbau eines regelbaren Dämpfungsgliedes für Fernsehtuner wieder. Die Variation des Regelstromes zwischen 0 und 10 mA erlaubt einen Regelbereich von bis zu 34 dB.

Für ein hochfrequentes Signal kurzer Dauer stellt die PIN-Diode einen konstanten Serienwiderstand nur so lange dar, als die durch die Wechselstromansteuerung bewegte Ladungsmenge ΔQ klein gegen Q bleibt. Bei sinusförmigem RF-Strom

$$\tilde{I}_{RF} = \hat{I}\,\sin \omega\,t$$

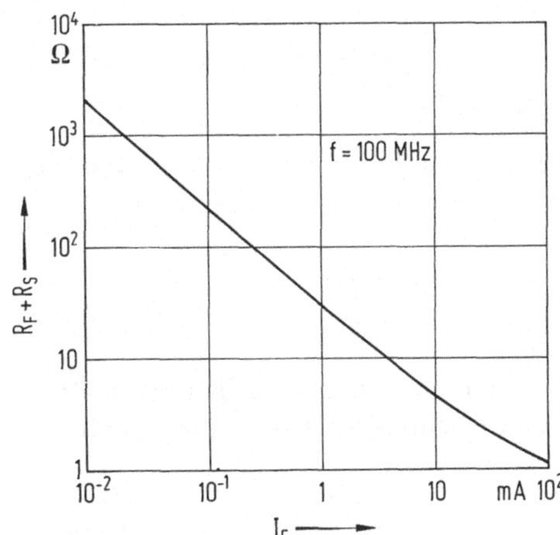

Bild 2.20. Der Flußwiderstand $R_F + R_S$ der PIN-Diode BA 379 in Abhängigkeit vom Flußstrom I_F bei einer Meßfrequenz von 100 MHz [2.20]

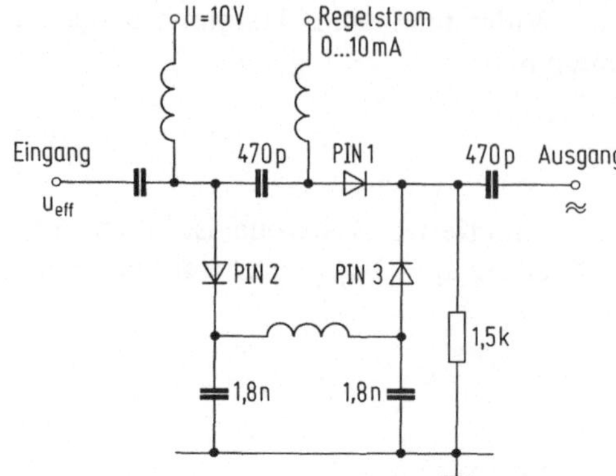

Bild 2.21. PIN-Dioden Dämpfungsglied für Fernsehtuner [2.20]; 50 bis 800 MHz, 60-Ω-Anschlüsse, Dämpfungsbereich $1 \leqq$ bis $\leqq 35$ dB, bei $U_{eff}=$ 1 V Kreuzmodulation $\leqq 1\%$; PIN-Dioden: $3 \times$BA 379

gilt für die Ladungsmenge, welche pro Halbperiode bewegt wird,

$$\Delta Q = \frac{2\,\hat{I}}{\omega} \quad \text{für} \quad \omega\,\tau_F \gg 1. \tag{2.106}$$

Solange die Ungleichung

$$\frac{\Delta Q}{Q_F} = \frac{\hat{I}}{I_F}\,\frac{2}{\omega\,\tau_F} \ll 1 \tag{2.107}$$

gilt, bleibt der vom Gleichstrom I_F eingestellte Flußwiderstand unabhängig vom RF-Signal. Bei $f = 10$ GHz und einer Ladungsträgerlebensdauer von $\tau_F = 1\,\mu$s kann $\hat{I} \geqq 300\,I_F$ sein, bis $\Delta Q = 0{,}01\,Q_F$ gilt. Bei einem Flußstrom von 100 mA kann damit ein RF-Strom von 30 A durch die Diode geführt werden, bei $I_F = 10\,\mu$A allerdings nur noch 3 mA. Solange (2.107) gilt, erhält man die Dämpfung einer in Serie oder parallel geschalteten Diode gemäß Bild 2.18. Die PIN-Diode stellt damit einen mit dem Flußstrom variierenden Hochfrequenzwiderstand dar. Diese Eigenschaft wird beim Einsatz in variablen Dämpfungsgliedern und bei der Amplitudenmodulation hochfrequenter Signale ausgenutzt. Hierbei kann die PIN-Diode jedoch nur solange verzerrungsfrei arbeiten, wie $\omega\,\tau_F \ll 1$ ist. Für diesen Fall geht (2.106) über in

$$\Delta Q = \hat{I}\,\tau_F\,.$$

Der Modulationsstrom $\hat{I}$ kann dann quasi als variable Gleichstromkomponente betrachtet werden, so daß aus (2.105)

$$R_F = \frac{\text{const}}{I_F + \hat{I}} + R_S \tag{2.108}$$

folgt.

Betrachtet man den in Bild 2.18a dargestellten Schaltungsaufbau, so gilt für den Hochfrequenzstrom durch den Lastwiderstand Z_0

$$\hat{I}_L = \frac{\tilde{U}_G}{2\,Z_0 + R_D} = \frac{\tilde{U}_G\,(I_F + \hat{I})}{2\,Z_0\,(I_F + \hat{I}) + \text{const}}\,.$$

Solange $2\,Z_0\,I_F + \text{const} \gg 2\,Z_0\,\hat{I}$ ist, besteht ein linearer Zusammenhang zwischen der Amplitude $\hat{I}$ des ansteuernden Signals und dem Ausgangssignal $\hat{I}_L$. Das Modulationssignal darf dabei die Diode nicht in den Sperrbereich aussteuern. Mit zunehmender Frequenz nimmt die Gleichrichterwirkung der PIN-Diode und damit ihre Modulationswirkung stark ab.

Bild 2.22 zeigt schematisch den Verlauf der gleichgerichteten Modulationsspannung am Lastwiderstand bei gleicher Modulationsamplitude und variabler Frequenz [2.17].

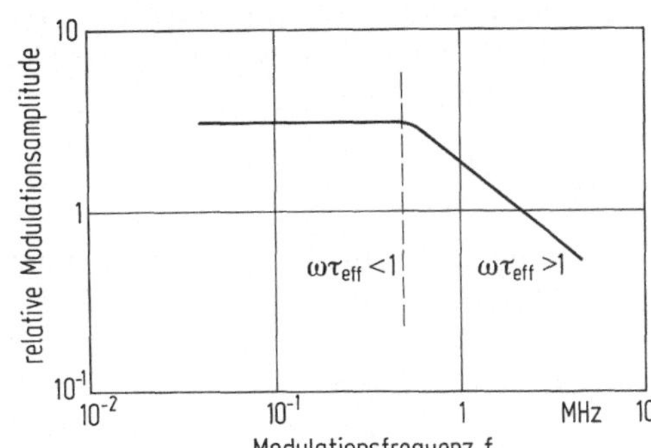

Bild 2.22. Gleichgerichtete Modulationsspannung als Funktion der Modulationsfrequenz für einen 10-GHz-Modulator [2.17]

2.5.3 Grenzleistungen der PIN-Diode

Die von PIN-Dioden übertragbare Leistung kann sowohl durch Überschreiten der Leistungsgrenze im Fluß- als auch im Sperrbereich der Kennlinie begrenzt werden.

Maximal zulässige Mikrowellenleistung

Sie wird bestimmt durch die Durchbruchspannung der Diode, welche im Betrieb nicht überschritten werden darf. Für die in Bild 2.18 b dargestellte und am häufigsten angewandte Schalterkonfiguration (Parallelschaltung) gilt für die maximale RF-Spannung an der Diode

$$\hat{U}_G \leqq U_B .$$

Unter Berücksichtigung einer Vorspannung U_R an der Diode muß dann für die Durchbruchspannung U_B der PIN-Diode

$$U_B > \hat{U}_G + U_R$$

sein. Nach Bild 2.18 b beträgt die maximal schaltbare Leistung

$$P_{E_{max}} = \frac{(U_B - U_R)^2}{2\,Z_0} , \qquad (2.109)$$

vorausgesetzt, die Impedanz der PIN-Diode in Sperrichtung ist groß verglichen mit der Leitungsimpedanz. Bei nicht angepaßter Last liegt bei gleicher Eingangsleistung im ungünstigsten Fall (Leerlauf) die doppelte Spannung an der

Diode, so daß nur ein Viertel der Leistung geschaltet werden kann. Dieser Fall tritt auch im Serienschalter bei gesperrter Diode auf; dort ist die maximal zulässige Gesamtleistung nur ein Viertel der Grenzleistung beim „shunt mode". Ein Schalter mit 50 Ω Eingangswiderstand kann mit einer 1000 V PIN-Diode maximal 10 kW schalten ($U_R = 0$).

Begrenzung durch die maximal zulässige Verlustleistung

Im Dauerbetrieb kann vor Erreichen der Aussteuergrenze der Kennlinie im Sperrbereich die thermische Belastungsgrenze der Diode im Flußbetrieb überschritten werden. Die ohmschen Verluste, hervorgerufen durch den Flußwiderstand R_F, führen zur Erwärmung der Diode. Demnach gilt für die dissipativen Verluste in der Diode

$$P_{D_{max}} = \frac{T_{j max} - T_u}{R_{th}}.$$

Die maximal zulässige Sperrschichttemperatur $T_{j max}$ beträgt im Betrieb je nach Diodentechnologie zwischen 150 und 200 °C. T_u bezeichnet die Temperatur der Diodenwärmesenke und R_{th} den thermischen Ableitwiderstand von der Sperrschicht zur Wärmesenke. Mit der Annahme $R_F \ll Z_0$ gilt für die Verlustleistung P_D in der Diode nach Bild 2.24 b für Parallelschaltung

$$P_D = \frac{\hat{I}_G^2 Z_0^2}{8 R_F}. \tag{2.110}$$

Die vom Generator maximal abgegebene Leistung bei Anpassung ist

$$P_E = \frac{\hat{I}_G^2 Z_0}{8}. \tag{2.111}$$

Damit wird bei vorgegebenem $P_{D_{max}}$ die maximal zulässige Eingangsleistung

$$P_{E_{max}} = P_D \frac{R_F}{Z_0}. \tag{2.112}$$

Die analoge Beziehung für die Serienschaltung nach Bild 2.24 a lautet

$$P_{E_{max}} = P_D \frac{Z_0}{R_F}. \tag{2.113}$$

Für kurzschlußfesten Betrieb muß zur Vermeidung thermischer Überlastung die Eingangsleistung für beide Schalterkonfigurationen um den Faktor 4 reduziert werden.

2.5.4 PIN-Dioden als passive Begrenzer

Unter dem Einsatzbegriff Begrenzerdiode versteht man alle Anwendungen der PIN-Diode zum Schutz empfindlicher Baugruppen (z. B. Schottky-Dioden) vor Leistungsüberlastung und zur Vermeidung von Leistungsschwankungen z. B. in einem Sender. Die Schutzfunktion der Begrenzerdiode wird meist durch eine Änderung des Arbeitspunktes aufgrund des empfangenen Signals erreicht (passiver Begrenzer). Kurze PIN-Dioden sind dazu besonders geeignet.

Bild 2.23 zeigt den grundsätzlichen Aufbau eines Begrenzers mit PIN-Diode und das typische Verhalten von in der Basisweite unterschiedlichen Dioden. Der Funktion des Begrenzers kommt die starke Änderung der Diodenimpedanz bei RF-Ansteuerung in Flußrichtung zugute. Bei kleinen Leistungen ist die PIN-Diode hochohmig, die Eingangsleistung wird um die geringe Einfügungsdämpfung von etwa 0,2 bis 0,5 dB vermindert an den Ausgang weitergegeben. Mit steigender RF-Amplitude erfolgt eine zunehmende Aussteuerung der Diode in Flußrichtung, die Diodenimpedanz sinkt. Die hieraus resultierende Fehlanpassung führt zu einer Leistungsreflexion, gleichzeitig steigt die Verlustleistung in der Diode an.

PIN-Dioden mit großer Basisweite zeigen diesen Effekt erst bei höherer Eingangsleistung als sehr kurze Strukturen. Bei festgehaltener Basiszone erfolgt die Begrenzung mit steigender Frequenz erst zu höheren Leistungen hin.

Entscheidend ist die während der RF-Periode gespeicherte Ladungsmenge pro Volumeneinheit im Gleichgewichtszustand nach mehreren RF-Perioden und die Weite der I-Zone. Durch Anlegen einer Hilfsspannung in Flußrichtung kann der Begrenzereffekt bei dann steigender Einfügungsdämpfung zu niedrigen Leistungen hin verschoben werden. Eine Verschiebung des Arbeitspunktes in Sperrichtung erniedrigt die Einfügungsdämpfung infolge der Vergrößerung der Raumladungsweite und setzt die Leistungsansprechgrenze hinauf.

Wünschenswert sind Begrenzer mit kurzer Einschaltzeit. Hierzu sind sehr kurze PIN-Dioden mit bis unter 1 µm dicker Basiszone von Vorteil (hier erfolgt der begriffsmäßige Übergang von der PIN-Diode zum Speichervaraktor). Bei hohen Eingangsleistungen sind sie jedoch wegen der erforderlichen kleinen Diodenflächen thermisch früh überlastet.

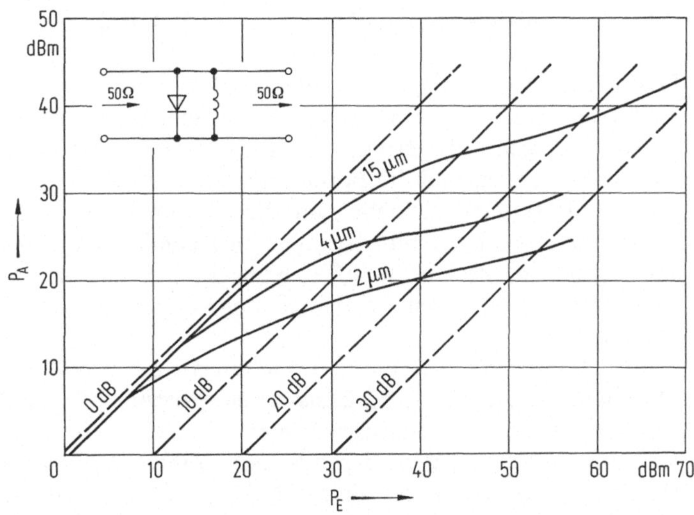

Bild 2.23. Begrenzer mit PIN-Diode [2.15]. Prinzipieller Aufbau eines Begrenzers mit PIN-Diodenchip und Gleichstromkreis, Ausgangsleistung in dBm als Funktion der Eingangsleistung für PIN-Dioden mit verschieden dicker Basiszone bei Impulsbetrieb

In praxi erfordert die Verknüpfung niedriger Ansprechzeiten im Nanosekun-
den-Gebiet und die Verarbeitung hoher Leistungen die Parallelschaltung mehrerer PIN-Dioden mit vom Eingang her fallender Basisweite. Die PIN-Diode mit
der niedrigsten Durchbruchspannung begrenzt dann zunächst (meist bereits im
ansteigenden Teil des Eingangsimpulses) die Leistung, bevor die höher sperrenden Dioden den niederohmigen Zustand erreicht haben.

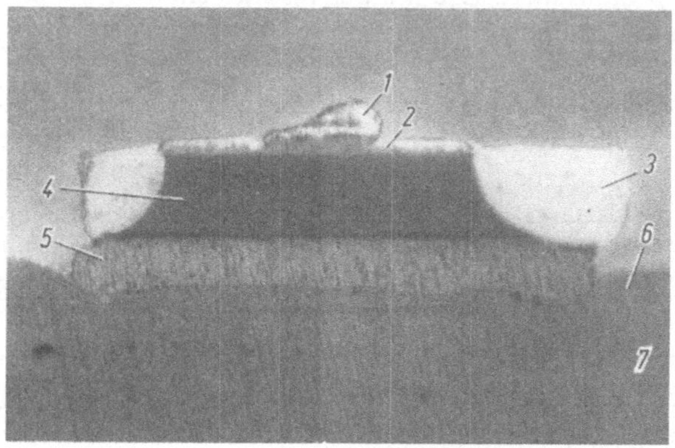

Bild 2.24. Schliffbild eines PIN-Dioden-Chips mit glasumhülltem Mesa auf Kupferträger
aufgelötet ($U_B = 800$ V, Werkfoto Siemens AG); 1: Au-Band, 2: Mesametallisierung (p-
Kontakt), 3: Glasumhüllung, 4: Si-Mesa (140 μm hoch), 5: Rückseitenmetallisierung (n-
Kontakt), 6: Lot (AuSn), 7: Kupferträger

2.6 Technologischer Aufbau von PIN-Dioden

Das breite Anwendungsspektrum der PIN-Diode erfordert unterschiedliche
Technologien zur Hervorhebung verschiedener Bauelementeeigenschaften.

Während generell geringe thermische und elektrische Serienwiderstände
angestrebt werden, sind die Forderungen hoher Leistungen und geringer Schaltzeiten widersprüchlich. Sieht man einmal vom Bereich der „general purpose"-
PIN-Diode ohne Extremforderungen an Kenndaten ab, so werden PIN-Dioden
vorwiegend in Mesatechnologie, nicht in der Planartechnik aufgebaut. Auf
beide Herstellverfahren wird bei der Varaktordiode (Kap. 3) näher eingegangen.

PIN-Dioden für Leistungsanwendungen oder bei Arbeitsfrequenzen im
Megahertz-Bereich besitzen Basisweiten zwischen 50 und 100 μm. Sie werden
vorzugsweise durch Eindiffusion der p- und n-leitenden Kontaktzonen aus
Vollmaterial gewonnen, da damit hohe Ladungsträgerlebensdauern und niedrige
Dotierungspegel erreichbar sind. PIN-Dioden für Leistungsanwendungen haben
Durchbruchspannungen bis 1,5 kV.

Die Passivierung der Halbleiteroberfläche ist ein technologisch wichtiger
Schritt. Hierzu sind dünne Oxidschichten von einigen Mikrometer Dicke nicht

mehr geeignet, da die Feldlinien bis an die Oberfläche reichen und damit Felddurchbrüche an der Oberfläche auftreten, noch ehe der Volumendurchbruch im Halbleiter einsetzt. Ein Lösungsweg besteht in der Beschichtung des Mesaberges mit einem Sinterglas, welches bei hohen Temperaturen (500 bis 700 °C) aufgeschmolzen wird.

Den Aufbau eines solchen PIN-Dioden-Chips zeigt Bild 2.24. Der Mesaberg hat eine Tiefe von 140 µm und ist völlig in ein Compositglas mit an Si angepaßten Ausdehnungskoeffizienten eingebettet. Die Glasschicht ersetzt weitgehend die Schutzfunktion des Gehäuses, so daß dieser PIN-Chip direkt in eine Schaltung integriert werden kann. Damit entfallen die Gehäusestreureaktanzen weitgehend, so daß breitbandige Schaltungsaufbauten realisierbar sind.

Demgegenüber ist eine PIN-Diode für schnelle digitale Schaltanwendungen in ihrem Durchbruchverhalten unkritisch. Bei ihr ist eine geringe Schaltzeit vom Ein- in den Aus-Zustand wesentlich. Sie besitzt daher eine sehr kurze Basiszone von nur wenigen Mikrometern und eine kleine Fläche von nur wenigen 10^{-5} cm². Dadurch werden Schaltzeiten im 1-ns-Gebiet realisiert.

Literatur zu Kapitel 2

2.1. Kao, Y. C.; Muss, D. R.: Solid State Electron. 13 (1970) 825
2.2. Fletcher, N. H.: Proc. IRE 54 (1957) 862
2.3. Shields, J.: Inst. Electr. Eng. 1959, Paper 2938
2.4. Shockley, W.; Read, W. T.: Phys. Rev. 87 (1952) 835
2.5. Sah, C. T.; Noyce, R. N.; Shockley, W.: Proc. IRE 45 (1957) 1228
2.6. Read, W. T.: Bell Syst. Tech. J. 37 (1958) 401
2.7. Sze, S. M.: Physics of Semiconductor Devices. New York: Wiley 1969
2.8. Shockley, W.: Bell Syst. Tech. J. 28 (1949) 435
2.9. Varshney, R. C.; Roulston, D. J.; Chamberlain, S. G.: Solid State Electron. 17 (1974) 699
2.10. Venkateswaran, K.; Roulston, D. J.: Solid State Electron. 15 (1972) 311
2.11. Bullis, W. M.: Solid State Electron. 9 (1966) 143
2.12. Kennedy, D. P.: IRE Trans. ED-9, März 1962, 174
2.13. Yoshimura, A. H.: IEEE Trans. ED-11, Sept. 1964, 414
2.14. Drews, W. D.; Kesel, G.: Appl. Phys. 6 (1975) 345
2.15. Alpha Industries, Woburn, Mass.: Application Note 80300 7/1976
2.16. Garver, R. W.: IRE Trans. MTT-9, 1962, 262
2.17. Shields, J.: Proc. IEEE 106 (1959) Suppl. 15
2.18. Kurata, M.: IEEE Trans. ED-19, Nov. 1972, 2107
2.19. Laufer, K.: Prov. Mitt. Zentrallab. Nachr.-Tech. Siemens 1975
2.20. Krause, G.; Olk, G.: Funkschau 9 (1972) 305

3 Der Speichervaraktor

3.1 Einleitung

Der Speichervaraktor ist in seinem Aufbau der kurzen PIN-Diode vergleichbar. Seine Bedeutung besteht in der Erzeugung hoher Ausgangsleistungen durch Frequenzvervielfachung aus dem mit bipolaren Leistungstransistoren noch einfach zugänglichen Frequenzbereich heraus (z. B. werden aus 20 W bei 2 GHz ca. 10 W bei 6 GHz).

Die in Flußrichtung gespeicherten Ladungsträger werden während der negativen Halbwelle der Ansteuerspannung zurückgezogen. Diese Ladungsträgerausräumphase wird bei optimaler Diodenstruktur abrupt beendet, so daß der Rückholstrom im 100-ps-Bereich abschaltet.

Im Prinzip wirkt der Speichervaraktor wie ein Spektralliniengenerator oder Kammgenerator, der bei breitbandigem Oberwellenabschluß bei allen Vielfachen der Eingangsfrequenz Leistung abgibt. Im Gegensatz zu diesem Breitbandfall wird bei dem in der Anwendung bedeutenderen selektiven Frequenzvervielfacher nur eine der möglichen Spektrallinien genutzt und der Energie-

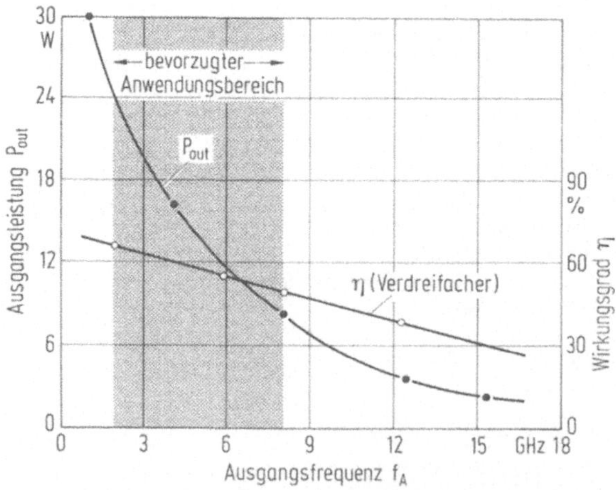

Bild 3.1. Maximale Ausgangsleistungen von Speichervaraktoren (stack pack oder Multichip) und erreichbarer Wirkungsgrad bei Frequenzverdreifachung in Abhängigkeit von der Ausgangsfrequenz f_A. (Nach Datenblattwerten der Firmen Microwave Associates, Sescosem, Siemens, Varian; Stand: Mitte 1976)

transfer zur gewünschten Vervielfachten der Eingangsfrequenz mittels reaktiver Hilfskreise (Idler) optimiert. Die Beschreibung des dynamischen Verhaltens des Speichervaraktors erfordert notwendigerweise die Betrachtung der Diode in ihrer Schaltungsumgebung, da die erzeugten Oberwellen auf den zeitlichen Verlauf von Diodenstrom und Diodenspannung rückwirken und somit das Schaltverhalten mit beeinflussen. Anwendungs- und Diodenteil sind damit nicht mehr klar trennbar.

Generell verzichtet das Kapitel auf komplizierte analytische Modelle mit angenäherter Kennlinienapproximation zugunsten eines eher experimentellen Verständnisses des realen Speichervaraktors. Dieser Weg war möglich durch die von J. Steinkamp [3.1] im Rahmen seiner Promotionsarbeit durchgeführten umfangreichen Messungen und Modellüberlegungen. Das beschriebene Aussteuerungsmodell und der Inhalt der Abschn. 3.4 bis 3.6 basieren auf seiner Arbeit.

Bild 3.1 zeigt die mit Speichervaraktoren erreichbaren Leistungen über der Frequenz.

3.2 Schaltverhalten

3.2.1 Schaltverhalten der idealen pin-Struktur

Unter der idealen pin-Struktur wollen wir im folgenden eine Schichtenfolge mit undotierter kurzer Basiszone (w ≪ L) und ideal abrupten Dotierungsübergängen zu den hoch dotierten Kontaktzonen verstehen.

Die praktische Bedeutung dieser Struktur zur Erzeugung höherer Harmonischer im Frequenzvervielfacher, in Begrenzern oder Schaltern der Mikrowellentechnik wird durch eine Reihe grundlegender Arbeiten beschrieben [3.1 bis 3.6].

Beim Einsatz im Mikrowellenbereich spielen Laufzeiteffekte neben dem bereits beschriebenen Ladungsträgerspeichereffekt eine wesentliche Rolle. Dieser Abschnitt dient daher der Darstellung des Schaltverhaltens beim Übergang vom Fluß- in den Sperrbereich und umgekehrt.

Zur Vereinfachung der Darstellung soll die Diode mit einem eingeprägten Gleichstrom I_F in Flußrichtung und I_R in Sperrichtung betrieben werden und die Umschaltzeit des Generators sei als vernachlässigbar klein angenommen. Die Beweglichkeiten der Elektronen und Defektelektronen seien gleich groß $\mu_n = \mu_p$ (Bild 3.2).

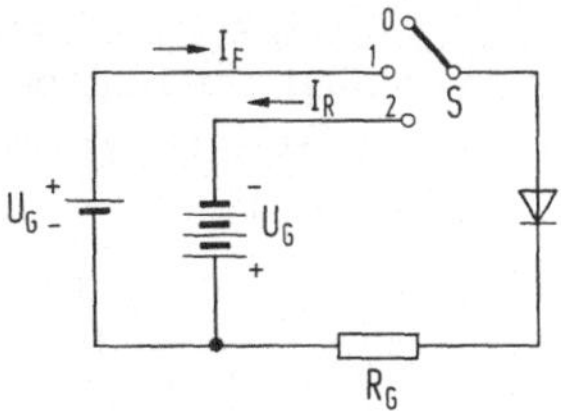

Bild 3.2. Aufbau zur Untersuchung des Schaltverhaltens; S: trägheitsloser Schalter, R_G: rein ohmscher Generatorwiderstand, 1: Injektionsphase (I_F), 2: Rückzugsphase (I_R)

Diese Vereinfachungen werden im Abschn. 3.2.2 aufgegeben zugunsten einer rechnergestützten Lösung der Basisgleichungen für den Fall des realen Speichervaraktors mit endlicher Basisdotierung und nicht abrupten Dotierungsübergängen.

Einschaltphase

Wir definieren die Einschaltphase als jene Zeit, die vom Einschalten des Flußstromes I_F bis zum Erreichen einer quasistationären Ladungsträgerverteilung in der pin-Struktur vergeht (Bild 2.9). Wir wollen hierbei die Einschaltzeit für den Hochstrominjektionsfall betrachten, der im Endzustand ein neutrales Ladungsträgerplasma $n_e = p_e$ in der Mittelzone erzeugt (s. Abschn. 2.2.1).

Dieser stationäre Zustand ist auch im Frequenzvervielfacher [3.1] einzustellen, wie später noch gezeigt werden wird, da nur dann eine definierte Abschaltcharakteristik (= Nichtlinearität) zustande kommt.

Die Einschaltphase läßt sich im wesentlichen in zwei zeitlich aufeinanderfolgende Abschnitte einteilen:

Zunächst werden die durch Abbau der Potentialbarrieren am pi- und in-Übergang injizierten Defektelektronen und Elektronen in einem raumladungsbegrenzten Strom aufeinander zufließen (Zeitdauer t_{E1}) und sich danach durchdringen (Zeitdauer t_{E2}). Ihre Endkonzentration wird durch die Lebensdauer τ_F in Flußrichtung und den aufgeprägten Gleichstrom bestimmt.

Wir bezeichnen $Q_F = I_F \tau_F$ als die in der Basiszone gespeicherte Ladungsmenge. $p_e = n_e$ stellt die räumlich gemittelte Ladungsträgerdichte am Ende der Einschaltphase dar.

Zu Beginn der Injektionsphase fällt wegen der hochohmigen Basiszone die angelegte Spannung ausschließlich in der Basis ab. Daher darf zunächst der Diffusionsstrom gegenüber dem Feldstrom vernachlässigt werden. Für die Defektelektronen gelten dann die

Poisson-Gleichung: $\qquad \varepsilon \dfrac{\partial E}{\partial x} = e\,p(x^*)$ $\qquad\qquad\qquad\qquad$ (3.1)

und als Stromgleichung: $\quad i_F = e\,\mu_p\,p(x^*)\,E\,.$ $\qquad\qquad\qquad\qquad$ (3.2)

Durch Einsetzen von (3.2) in (3.1) und Integration erhält man die Feldverteilung in der Raumladungszone (für Defektelektronen)

$$E(x^*) = \left(\frac{2\,i_F\,x^*}{\varepsilon\,\mu} \right)^{1/2}. \tag{3.3}$$

Bild 3.3 zeigt Ladungsträger- und Feldverlauf. Die injizierten Defektelektronen und Elektronen treffen sich bei $x^* = w/2$ zum Zeitpunkt $t = t_{E1}$.

Es genügt im folgenden die Betrachtung einer Ladungsträgerart, beispielsweise der Defektelektronen.

Die aus (3.1) mit (3.3) folgende Ladungsträgerverteilung ergibt sich zu

$$p(x^*) = \left(\frac{\varepsilon}{2\,e^2\,\mu}\,\frac{i_F}{x^*} \right)^{1/2}. \tag{3.4}$$

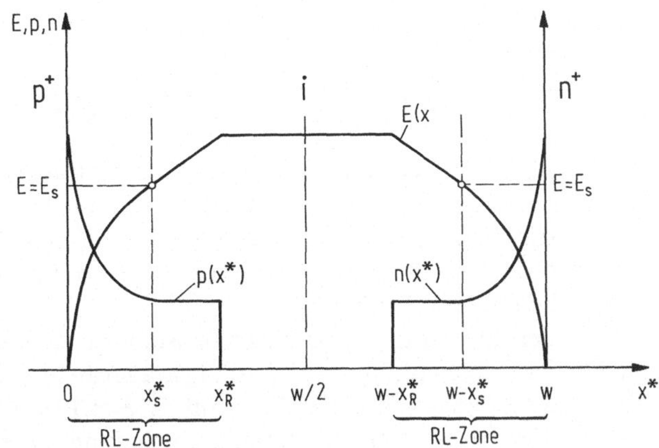

Bild 3.3. Ladungsträgerverteilung und Feldstärkeverlauf in der Mittelzone einer idealen pin-Struktur während der Einschaltphase ($\mu_n = \mu_p$)

(3.3) und (3.4) gelten nur so lange, wie die Feldstärke in den Raumladungszonen den Sättigungswert nicht erreicht. Für $E > E_s$ gilt $v = v_s = \text{const}$ und damit bei zeitlich konstantem Flußstrom I_F $p = \text{const}$. Für $E > E_s$ geht (3.3) über in

$$E(x^*) = E_s + \frac{i_F(x^* - x_s^*)}{v_s} \qquad (3.5)$$

mit $x^* > x_s^*$ mit $E > E_s$ gemäß Bild 3.3.

Überschreitet beim Flußinjektionsfall die Feldstärke E_s, so nimmt der Spannungsabfall zu, ohne daß die Ladungsträgerinjektionsphase weiter verkürzt wird. Folglich steigen die Verluste während der raumladungsbestimmten Stromphase stark an. Dieser Betrieb muß daher vermieden werden [3.1].

Der Zeitabschnitt des raumladungsbegrenzten Konvektionsstromes ist mit beginnender Durchdringung der Ladungsträgerfronten abgeschlossen; für $E_{max} > E_s$ erhält man für die Zeitdauer t_{E1} aus (3.4) mit

$$t_{E1} = \frac{e}{i_F} \int\limits_0^{w/2} p(x^*)\,dx = \left(\frac{\varepsilon\,w}{\mu\,i_F}\right)^{1/2}. \qquad (3.6)$$

Überschreitet die Feldstärke E_s, so errechnet sich die Zeit t_{E1} aus zwei Anteilen

$$t_{E1} = t'_{E1} + t''_{E1}$$

mit

$$t'_{E1} = \left(\frac{2\varepsilon}{\mu}\,\frac{x_s^*}{i_F}\right)^{1/2}, \qquad t''_{E1} = \frac{(w - 2x_s^*)}{v_s}, \qquad (3.7)$$

wobei x_s^* aus (3.3) mit $E = E_s$ folgt

$$t_{E1} = \frac{w + 2x_s^*}{2v_s}, \qquad x_s^* \leqq \frac{w}{2}. \qquad (3.8)$$

Der Spannungsabfall ergibt sich durch Integration von (3.5) zu

$$U(t_1) = U_D + E_s \left[\left(w - \frac{2}{3} x_s^* \right) + \left(\frac{w}{2} - x_s^* \right) \left(\frac{w}{4 x_s^*} - \frac{1}{2} \right) \right].$$ (3.9)

Während der Überlappung beider Ladungsträgerwolken sinkt die im ersten Zeitabschnitt stetig angestiegene Spannung über der Mittelzone wieder ab, da durch die hohe Dichte der injizierten Ladungsträger die Leitfähigkeit der Mittelzone stark zunimmt und zur Aufrechterhaltung des Flußstromes nur schwache Felder erforderlich sind.

Mit der Einstellung des Neutralzustandes ist das stationäre Gleichgewicht noch nicht erreicht, da die Ladungsträgerdichte auf den I_F entsprechenden Speicherwert angehoben werden muß. Dieser Prozeß dauert vergleichbar lange. Wegen der bereits vernachlässigbaren Spannung über der Mittelzone ergeben sich jedoch keine bemerkenswerten Änderungen im Arbeitspunkt der Diode mehr.

Unter Vernachlässigung dieses letzten Zeitabschnittes gilt mit guter Näherung für die Einschaltdauer [3.7]

$$t_E \approx 2 t_{E1}.$$ (3.10)

Sie wird mit steigendem I_F niedriger. Der mögliche Grenzwert ist gemäß (3.8) und (3.10)

$$t_{E_{min}} = \frac{w}{v_s}.$$ (3.11)

Er wird dann erreicht, wenn bereits kurz nach Beginn der Einschaltphase die Sättigungsdriftgeschwindigkeit erreicht wird, also $x_s^* \ll w$ bleibt.

Ladungsrückholphase (Speicherzeit)

Beim abrupten Umschalten des Flußstromes I_F auf den Rückwärtsstrom I_R werden die injizierten Ladungsträger aus der Speicherzone zurückgezogen. Während des ersten Zeitabschnittes findet dabei ein Abbau der Trägerdichte ohne Störung des Neutralzustandes ($n_e = p_e$) statt (t_{R1} Bild 2.9). Sinkt die Exzeßträgerdichte am Rande der i-Zone auf Null ab, so beginnt der zweite Abschnitt des Rückholprozesses, bei welchem sich die Ladungsträgerverarmung von den Übergangszonen beginnend bis über die gesamte i-Zone ausdehnt. Wie zu Beginn der Injektionsphase fließt ein raumladungsbegrenzter Strom, jedoch mit der höchsten Feldstärke am pi- und in-Übergang (Zeitdauer t_{R2}).

Mit Beendigung des Ausräumvorganges (t_{R3}) ist die Mittelzone, so sie undotiert ist, von Ladungsträgern frei. Die pin-Struktur entspricht dann einem ungeladenen Plattenkondensator mit der Kapazität $C = \varepsilon (A/w)$. Dieser wird nun vom Generator aufgeladen (Zeitdauer t_{R4}), erst dann liegt die gesamte Generatorspannung an der Diode an (Bild 2.9).

Wir wollen im folgenden die Dauer der einzelnen Zeitabschnitte des Rückzuges und Abschaltvorganges berechnen.

Mit Beginn des raumladungsbegrenzten Rückzuges ist die Exzeßträgerkonzentration am Rande der Speicherzone auf Null abgesunken. Der wesentliche Teil der Speicherladung ist dann bereits zurückgezogen, so daß für die Speicherzeit t_{R1} angenähert gilt

$$I_R \, t_{R1} = I_F \, \tau_F \, .$$

Unter Vernachlässigung der Speicherladung in den Kontaktzonen wird der Rückzugsstrom über den pn-(nn$^+$)-Übergang zum reinen Defektelektronen-(Elektronen-)Strom. Gleichung (3.2) mit der Substitution $i_F \rightarrow - i_R$ beschreibt die Ladungsträgerverteilung. Solange

$$|i_R| < \frac{4 \, L^2}{w^2} \, i_F \qquad\qquad (3.12)$$

gilt (kurze pin-Struktur), erhält man die dreieckförmige Ladungsträgerverteilung von Bild 3.4 [3.8 bis 3.10].

$$p(x) = \frac{i_R}{2 \, e \, D} \, (x + d) \, , \qquad\qquad (3.13)$$

$$Q(t_1) = e \, p(0) \, \frac{w \, A}{2} \qquad\qquad (3.14)$$

und somit

$$Q(t_1) = \frac{w^2}{8 \, D} \, |I_R| \, . \qquad\qquad (3.15)$$

Die Kontinuitätsgleichung für die Gesamtladung lautet

$$\frac{dQ}{dt} = - I_R \, .$$

Analog (3.15) gilt für $t > t_1$

$$Q = \frac{2 \, x_1^2}{8 \, D} \, |I_R| \, . \qquad\qquad (3.16)$$

Der Rückholstrom I_R wird so lange konstant bleiben, wie der Spannungsabfall U_R über der Diode klein gegenüber der Generatorspannung U_G bleibt.

Diese Bedingung ist im allgemeinen während des gesamten Rückholprozesses erfüllt, nicht mehr aber beim Abschaltvorgang. Auch bei gegenüber U_G vernachlässigbarem Spannungsabfall über der Diode kann während des Rückholprozesses im Raumladungsgebiet die Sättigungsdriftgeschwindigkeit erreicht werden. Wir haben daher den Fall konstanter Beweglichkeit ($\mu =$ const, $E > E_s$) und konstanter Driftgeschwindigkeit zu unterscheiden. Mit Beginn des raumladungsbegrenzten Rückzuges geht der Diffusionsstrom in einen Feldstrom über und es gilt

$$i_R(x, t) = e \, p(x, t) \, v_s, \qquad E > E_s \qquad\qquad (3.17)$$

oder

$$i_R(x, t) = e \, p(x, t) \, \mu \, E(x, t), \qquad E < E_s \, . \qquad\qquad (3.18)$$

Für konstante Driftgeschwindigkeit $v = v_s$ gilt mit $i_R = \text{const}$, $p = \text{const}$. Die Integration der Poisson-Gleichung (3.1) liefert dann zunächst für das linke Raumladungsgebiet in Bild 3.4:

$$E(x) = -\frac{i_R}{\varepsilon\, v_s}\,(x + x_1), \qquad -\frac{w}{2} \leqq x \leqq -x_1 \tag{3.19}$$

und durch nochmalige Integration den Spannungsabfall

$$U_1(x) = \frac{\left(\dfrac{w}{2} - x_1\right)^2}{2\,\varepsilon\, v_s}\,|i_R|\,. \tag{3.20}$$

Der gesamte Spannungsabfall über der Mittelzone beträgt dann $U_R = 2\,U_1$.

Durch Integration von (3.17) läßt sich die zeitliche Ausdehnung der Raumladungszone bestimmen:

$$x_1 = -\frac{w}{2}\left[1 - \frac{8D}{w^2}\,(t - t_1)\right]^{1/2}, \qquad t_1 \leqq t \leqq t_2\,. \tag{3.21}$$

Die Rückzugsphase ist abgeschlossen, wenn sich die linke und rechte Raumladungszone in der Mitte der i-Zone berühren; d. h. für $x_1 = 0$

$$t_{R2} = t_2 - t_1 = \frac{w^2}{8D}\,. \tag{3.22}$$

Aus (3.21) folgt für den zeitlichen Verlauf der Diodenspannung unter der Voraussetzung $U_R(t_1) = 0$

$$U_R(t) = \frac{w\,I_R}{4\,C_{po}\,v_s}\left[1 - \left(1 - \frac{8D}{w^2}\,t\right)^{1/2}\right]^2 \tag{3.23}$$

mit der Punch-on-Kapazität

$$C_{po} = \frac{\varepsilon\, A}{w}\,.$$

Der Spannungsabfall über der Mittelzone am Ende des Ladungsträgerrückzuges beträgt

$$U_R(t_2) = \frac{w\,I_R}{4\,C_{po}\,v_s}\,, \tag{3.24}$$

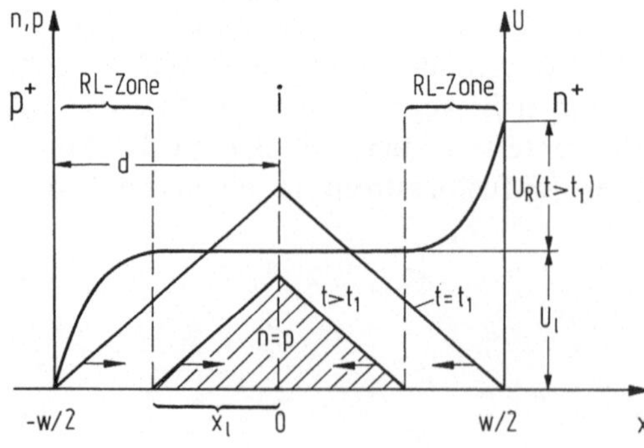

Bild 3.4. Angenäherte Ladungsträgerverteilung und Spannungsverlauf über der Mittelzone einer idealen pin-Struktur beim raumladungsbegrenzten Ladungsträgerrückzug $(w \ll L)$

mit (3.19) und für $U_R \ll U_G$ gibt

$$\frac{U_R(t_2)}{U_G} = \frac{w}{4v_s\,C_{po}\,R_G} = \frac{w}{4v_s\,\tau_G} \qquad (3.25)$$

das Verhältnis von Diodenspannung zu Generatorspannung wieder. Es wird bestimmt von der Basisweite und der Zeitkonstante τ_G aus Sperrschichtkapazität und Generatorinnenwiderstand.

Der bisher betrachtete Fall gesättigter Driftgeschwindigkeit wird nicht für den Beginn des Rückholprozesses gelten. Zusätzlich wird am Ende des raumladungsbegrenzten Ausräumvorganges die Stromeinprägung durch den Spannungsabfall über der Diode gestört. Beide Einflüsse verlängern den Rückzugsprozeß [3.8]. Bild 3.5 zeigt den Einfluß beider Effekte auf den Rückzugsprozeß anhand des normierten Spannungsverlaufes über der Zeit. Im Vergleich zum Fall gesättigter Driftgeschwindigkeit der Kurven 1a und 1c gilt die Kurvenschar 2a, b, c für $v < v_s$. Ideale Stromeinprägung $I_R = \text{const}$ wurde für die Kurven 1a und 2a vorausgesetzt. Ein merklicher Spannungsabfall U_R über der Mittelzone erhöht die raumladungsbegrenzte Rückzugsphase um bis zu 30% (Kurve 1c, 2c; $U_R(t_2) \approx 0,7\,U_G$). Dazwischen liegen die Kurven 1b ($U_R(t_2) = 0,5\,U_G$) und 2b ($U_R(t_2) = 0,6\,U_G$). Eine kurze Raumladungsphase erfordert eine effektive Stromeinprägung und damit einen großen Generatorinnenwiderstand R_G.

Abschaltcharakteristik

Nach Beendigung des Ausräumprozesses beginnt die Abschaltphase. Mit dem Abbau der Neutralzone trennen sich die in der Speicherzone noch vorhandenen

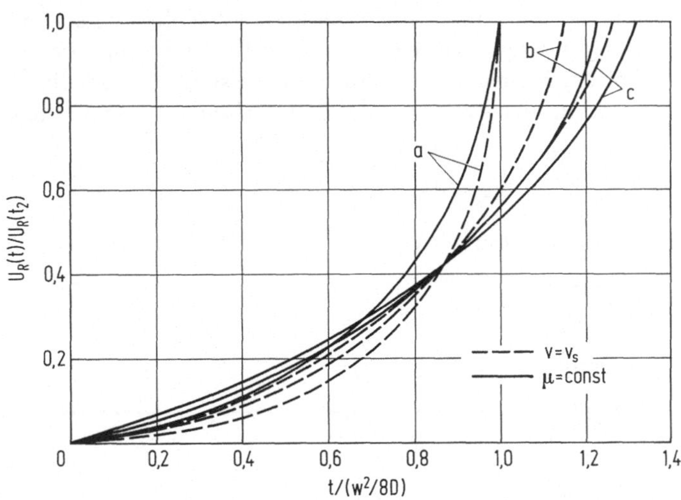

Bild 3.5. Dauer der raumladungsbegrenzten Rückzugsphase und zeitlicher Verlauf der normierten Diodenspannung U_R bei der idealen pin-Struktur (Kurvenschar 1: $v = v_s$, Kurvenschar 2: $\mu = \text{const}$) [3.8]

71

Ladungsträger, beginnend bei $x = 0$. Im ladungsträgerfreien Gebiet wird der Gesamtstrom als dielektrischer Verschiebungsstrom geführt (Bild 3.6).

Wir wollen im folgenden stets von der gesättigten Driftgeschwindigkeit der Ladungsträger in den Raumladungsgebieten ausgehen, da diese Annahme in praxi gerechtfertigt ist.

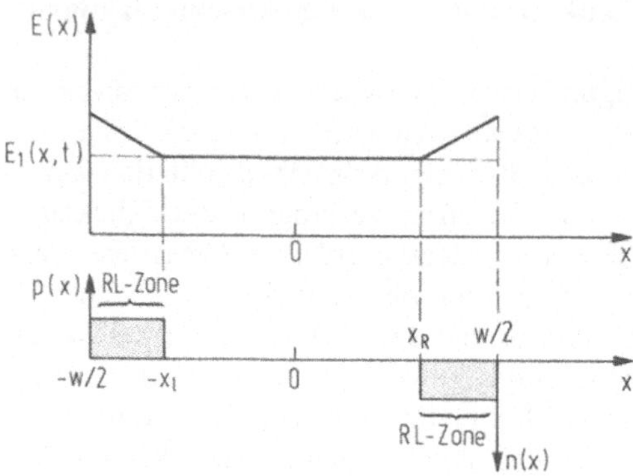

Bild 3.6. Ladungsträgerverteilung und Feldstärkeverlauf während der Abschaltphase (ideale pin-Struktur); Raumladungszonen getrennt, Verschiebungsstrom im Mittelgebiet

Die Ladungsträgerverteilung zu Beginn des dielektrischen Verschiebungsstroms (mit $I_R = \text{const}$) ist dann konstant, der Feldverlauf linear und symmetrisch bezüglich $x = 0$

$$E(x) = \frac{e\,p\,x}{\varepsilon}, \quad I_R = I_K + I_V,$$

$$p = \frac{I_K}{e\,A\,v_s}, \quad x < -x_1; \quad p = 0, \quad x > -x_1. \tag{3.26}$$

Der Gesamtstrom setzt sich nach (3.26) nun zusammen aus dem Konvektionsstrom I_K und dem dielektrischen Verschiebungsstrom I_V. Die angegebene Ladungsdichteverteilung gilt analog für Elektronen bei $x > 0$. Wegen $p = \text{const}$ bleibt der Konvektionsstromanteil konstant, so daß die Änderung des Gesamtstromes aus der Änderung des dielektrischen Verschiebungsstromes resultiert.

$$I_V = A\,\varepsilon\,\frac{\partial E}{\partial t}\bigg|_{x=w/2} = I_R - I_K. \tag{3.27}$$

Der Gesamtstrom wird

$$I_R = \frac{U_G - U_R}{R_G}$$

und somit

$$A\,\varepsilon\,\frac{\partial E}{\partial t}\bigg|_{x=w/2} = \frac{U_R(t_2) - U(t)}{R_G}. \tag{3.28}$$

Mit Bild 3.6 gilt

$$E(x) = E_1 + \frac{e\,p}{\varepsilon}(-x - x_1(t)) \tag{3.29}$$

für den Feldverlauf. Die Integration von (3.29) über die gesamte i-Zone liefert für $E_1(x_1)$

$$E_1(x_1) = \frac{U_R}{w} - \frac{e\,p}{\varepsilon\,w}\left(\frac{w}{2} - x_1\right)^2.$$ (3.30)

Die Grenze der Raumladungszone x_1 bewegt sich mit Sättigungsdriftgeschwindigkeit auf die Randzone zu

$$x_1(t) = v_s\, t.$$ (3.31)

(3.30) und (3.31) eingesetzt in (3.29) liefern mit

$$E\left(\frac{w}{2}, t\right) = \frac{U_R}{w} + \frac{e\,p}{\varepsilon\,w}\left(\frac{w^2}{4} - v_s^2\, t\right)$$ (3.32)

die Feldstärke am Rande der i-Zone.

Einsetzen in (3.28) liefert die zeitliche Ableitung der Diodenspannung

$$\frac{dU_R}{dt} + \frac{U_R}{\tau_G} = \frac{2v_s}{w}\left(\frac{U_G - U_G(t_2)}{\tau_G}\right)t + \frac{U_R(t_2)}{\tau_G}.$$ (3.33)

Die Zeitkonstante τ_G wurde bereits in (3.25) eingeführt.

Die Integration von (3.33) liefert mit der Anfangsbedingung $U_R(0) = U_R(t_2)$

$$\frac{U_R}{U_G} = \frac{U_R(t_2)}{U_G} + \left[\frac{2v_s(t - t_2)}{w} - \frac{2v_s\tau_G}{w}\left(1 - \exp\left\{\frac{-t + t_2}{\tau_G}\right\}\right)\right]\left(1 + \frac{U_R(t_2)}{U_G}\right).$$ (3.34)

Die Zeitdauer bis zum Abbau sämtlicher Raumladungen in der i-Zone beträgt nach (3.31) mit $x_{r,1}(t_2) = 0$, $x_{r,1}(t_3) = w/2$

$$t_{R3} = t_3 - t_2 = \frac{w}{2v_s}.$$ (3.35)

Führen wir in (3.34) die folgende Normierung durch:

$$\frac{U(t_2)}{U_G} = \frac{1}{1 + K}, \qquad T = \frac{2(t - t_2)}{w}v_s,$$

so erhält man unter Verwendung von (3.25)

$$\frac{U_R(t)}{U_G} = \frac{1}{1 + K} + \frac{K}{1 + K}\left[T - \frac{K}{2}\left(1 - \exp\left\{\frac{-2T}{K}\right\}\right)\right],$$ (3.36)

und mit $T = 1$ entsprechend $t = t_3$ (Bild 2.9) folgt für die Spannung am Ende der ersten Abschaltphase

$$\frac{U_R(t_3)}{U_G} = \frac{1}{1 + K} + \frac{K}{1 + K}\left[1 - \frac{K}{2}\left(1 - \exp\left\{\frac{-2}{K}\right\}\right)\right].$$ (3.37)

Aus (3.37) wird erkennbar, daß $U_R(t_3)$ kleiner U_G ist und mit der Zeitkonstante $\tau_G = R_G\,C_{po}$ die Generatorspannung U_G erreicht (Zeitdauer t_{R4} in

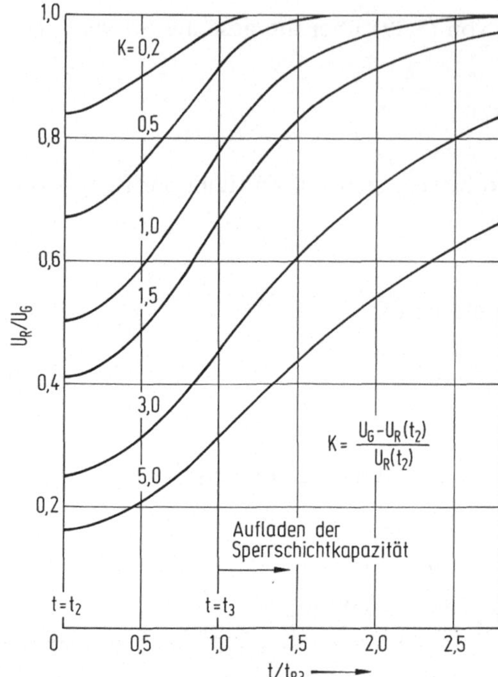

Bild 3.7. Die Abschaltcharakteristik der kurzen pin-Struktur [3.8]. Zeitlicher Verlauf der normierten Diodenspannung U_D für verschiedene Abläufe der „ramp"-Phase, U_G: Generatorspannung

Bild 2.9). Physikalisch betrachtet wird während t_{R4} die Sperrschichtkapazität der Diode aufgeladen, so daß sich die Diodenspannung langsam weiter erhöht.

Aus (3.37) folgt

$$\frac{U_R(t)}{U_G} = \left(1 - \frac{U_R(t_3)}{U_G}\right)\left(1 - \exp\left\{\frac{-(t - t_3)}{\tau_G}\right\}\right) + \frac{U_R(t_3)}{U_G} \tag{3.38}$$

für den Spannungsverlauf nach Rückzug aller beweglichen Ladungsträger aus der Basiszone.

In Bild 3.7 wird die Abhängigkeit des Abschaltvorganges von den Dioden und Schaltungsparametern deutlich. Die Darstellung läßt erkennen, daß das Verhältnis

$$K = \frac{U_G - U_R(t_2)}{U_R(t_2)}$$

für die Steilheit der Abschaltcharakteristik von großem Einfluß ist. Den steilsten Kurvenverlauf erhält man für $U_R(t_2) = U_G/2$ gemäß $K = 1$.

Mit kleiner werdendem K nimmt nach Bild 3.7 die Speicherzeit t_s zu und die Raumladungsphase t_{R2} wird ausgeprägter, da dann $I_R = $ const nicht länger gilt. Die Abschaltphase ist dann nicht mehr abrupt und die Diode wird zur Pulsversteilerung oder zur Erzeugung höherer Harmonischer ungeeignet. Zum Zeitpunkt $t = t_3$ ist die Basis von beweglichen Ladungsträgern frei. (3.36) geht in (3.38) über, die Aufladung der Sperrschichtkapazität beginnt.

74

Für $K = 1$ folgt aus (3.25) für den optimalen Generatorwiderstand R_G bei $I_R = \text{const}$

$$R_G = \frac{w}{4\,v_s\,C_{po}} . \tag{3.39}$$

Das beschriebene Schaltverhalten ist auf alle kurzen pin-Strukturen anwendbar, die der Bedingung in (3.12) bei gegebener Ansteuerung genügen.

Bei sehr kurzen Basisweiten im Mikrometer-Bereich spielt die Ladungsträgerspeicherung in den Bahngebieten eine wesentliche Rolle. Sie führt zu einer zusätzlichen Abhängigkeit der Abschaltzeit vom Dotierungsverlauf an den Grenzen der i-Zone bei Hochstrominjektion [3.6].

3.2.2 Schaltverhalten der realen psn-Struktur (Step-recovery-Diode)

Im vorangehenden Abschnitt wurde das Schaltverhalten der symmetrischen pin-Struktur mit abrupten Übergangsprofilen zu den Kontaktgebieten beschrieben. Demgegenüber weist die reale psn-Struktur ein meist unsymmetrisches Dotierungsprofil mit endlich breiten Übergangszonen auf (Bild 3.8). Hierzu muß das Gleichungssystem (8.10) ohne Vereinfachung simultan gelöst werden. Eine rechnergestützte Lösung in Form einer sukzessiven Approximation findet der Leser bei Kurata [3.6]. Diese Lösung berücksichtigt bei einer Zweiteilcheninjektion auch die feld- und dotierungsabhängigen Beweglichkeiten μ_n und μ_p.

Bild 3.9 zeigt solch eine Lösung, angewendet auf den Ladungsträgerrückzug in der Diodenstruktur nach Bild 3.8, Nr. 1. Man sieht, daß die Raumladungskompensation der Gesamtladung $p = n$ von $t = 0$ bis etwa $t = 2{,}8$ ns hinreichend aufrechterhalten bleibt. Aus der in Bild 3.8 hinzugefügten Tabelle ist zu entnehmen, daß die Diode Nr. 1 eine Erholzeit $t_{R1} = 2{,}83$ ns besitzt: Das Ende des wesentlich raumladungsneutralen Trägerrückzuges in der Speicherzone stimmt also gut mit dem Ende der Konstantstromphase nach Bild 2.9 überein. Erst danach ziehen sich die Ladungsträger auf „ihren" Kontakt so weit zurück, daß überschüssige Raumladungen, vor allem an den Kanten der Übergangszonen, auftreten.

Bild 3.10 zeigt die zu Bild 3.9 gehörige Feldverteilung und die Dichteverteilung der Überschußladungen an Löchern p_e (strichlierte Kurve) und Elektronen N_e (ausgezogene Kurve). Es handelt sich um relative Konzentrationsänderungen p_e, n_e relativ zur Dichteverteilung p_0, n_0 im Gleichgewichtszustand. Dabei ist zu beachten, daß die Gleichgewichtswerte p_0, n_0 über die hier behandelte $p^+ nn^+$-Struktur hinweg selbst starken örtlichen Schwankungen unterworfen sind.

Der negative Ausschlag der Löcherkonzentration in Bild 3.10 zwischen 0,5 und 0,7 µm zeigt an, daß während des Ladungsrückzuges im hochdotierten p^+-Kontakt ein Mangel an Defektelektronen zustande kommt; das, obwohl gerade diese Teilchen aus dem Speicherraum in jenen Kontakt zurückfluten. Der Grund ist in dem „absaugenden" Feld zu sehen, das in den p^+-Kontakt eindringt und die Defektelektronen in den noch höher dotierten Kontaktbereich zurückdrängt. Durch den Mangel an Defektelektronen werden die im Gleich-

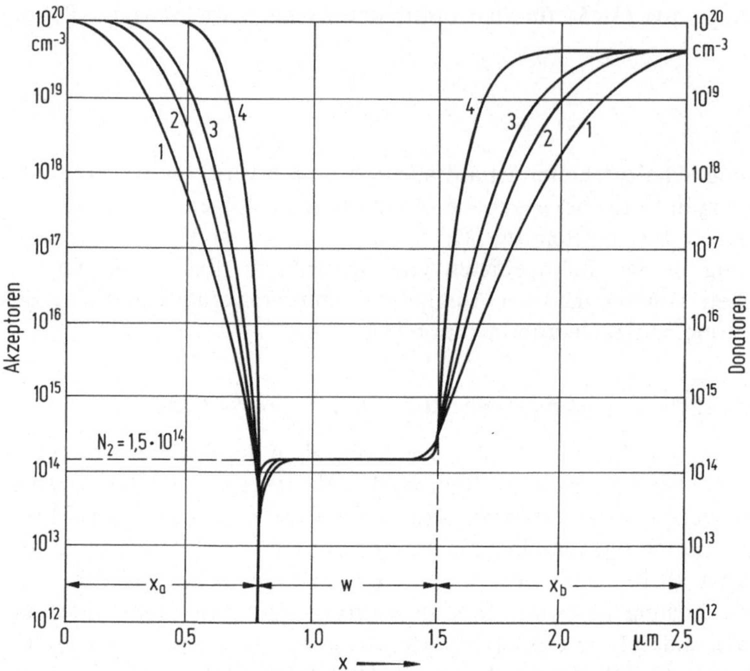

Bild 3.8. Das Schaltverhalten der realen psn-Struktur, Dotierungsprofile und Schaltzeiten nach Kurata [3.6] (s. auch Bild 2.13)

Berechnete Schalt- und Übergangszeiten der Profile

Profil-Nr.	t_s ns	t_t ps	Übergangszeiten ps				R_G Ω
			90−80%	80−50%	50−20%	20−10%	
1	2,83	119	38	26	32	23	50
2	2,97	113	27	24	36	26	50
3	3,02	108	20	23	37	28	50
4	3,07	116	14	25	44	33	50
1	0,72	143	45	74	18	6	10
4	0,81	57	21	20	10	6	10
10*	0,44	40	7	9	13	11	10

$I_F = 20$ mA $U_G = -10$ V an R_G

* wie 4, jedoch $w = 0,5$ µm; $N_Z = 1 \cdot 10^{12}$

76

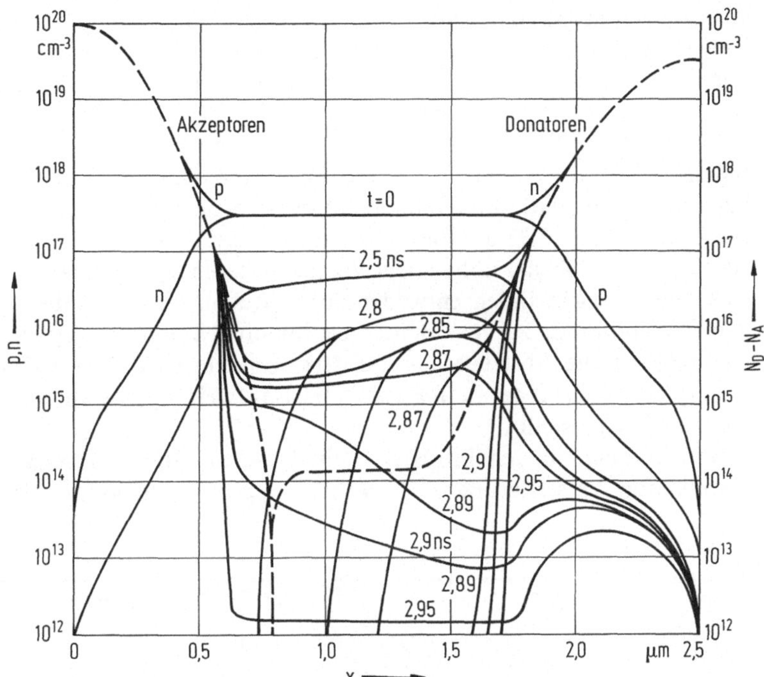

Bild 3.9. Zeitlicher Konzentrationsverlauf beim Ladungsträgerrückzug in der realen psn-Struktur (Dotierungsverlauf 1 in Bild 3.8) beim Umschalten von $I_F = 20$ mA auf $I_R = 200$ mA [3.6]

gewichtsfall dort kompensierten Akzeptorladungen N_A^- entblößt, so daß an diesen freigesetzten Ladungen die Feldlinien enden. Erst in dem höchstdotierten Kontaktgebiet kann der raumladungsbegrenzte Löcherfeldstrom von einem driftfeldbegrenzten Löcherstörstellenstrom übernommen werden, was durch den steilen Abfall der Feldstärke dort angezeigt wird. Im Speicherraum unmittelbar hinter dem pn-Übergang (Bild 3.10 0,7 bis 1 µm) tritt im Bereich maximaler Rückzugsfeldstärken eine ins Positive verschobene nicht kompensierte Defektelektronendichte auf, die von den zum p$^+$-Kontakt rückflutenden Löchern im raumladungsbegrenzten Stromfluß verursacht wird. Diese Löcherdichte wird erst abgebaut, wenn die Quellenkonzentration im dahinterliegenden trägerkompensierten Speicherraum versiegt. Hingegen sinkt die Elektronenkonzentration in diesem Bereich (vorderer Speicherraum 0,7 bis 1 µm) rasch auf den Gleichgewichtswert ab, weil sich die Elektronen in entgegengesetzter Richtung auf den n$^+$-Kontakt zurückziehen.

Im hinteren Teil des Speicherraumes zum n$^+$-Kontakt hin (x > 1 µm) tritt bei etwa 1,5 µm ein relativ breites Maximum von trägerkompensierter Ladung $n_e = p_e$ in einem Gebiet sinkender Feldstärke auf. Hier sind zum Transport der hohen Ladungsdichten nur mehr kleine Driftfeldstärken notwendig.

Die asymmetrische p$^+$ nn$^+$-Struktur aus Bild 3.8, Profil 1, hat eine Besonderheit, die sie als nicht optimal konstruierte Step-recovery-Diode für schnellste

Abschaltzeiten erkennen läßt: Das Maximum der raumladungskompensierten Trägerkonzentration ist am Beginn der Abschaltphase t = 2,81 ns (Bild 3.10, Kurve 1) mit $n_{e\,max} = p_{e\,max} = 1{,}8 \cdot 10^{16}$ sehr hoch. Dieses Maximum zieht sich im Verlauf des Ausräumprozesses in die nn^+-Übergangszone zurück. Die Löcherkonzentration wird dabei durch das zum nn^+-Kontakt hin stark abfallende Feld im Abbau behindert, bzw. vom Rückzug „abgeschnitten". Das hat zur Folge, daß die Defektelektronenkonzentration im n^+-Kontaktgebiet zwischen 1,7 und 2,3 µm (Bild 3.9) am Ende des raumladungsbegrenzten Rückzuges (ab $t \approx 2{,}89$ ns) höher liegt als im hinteren Speicherraum. Diese Defektelektronen verschwinden entweder durch Rekombination oder diffundieren in den Speicherraum zurück. Beides ist für eine Step-recovery-Diode schädlich, weil dadurch die Abschaltcharakteristik verflacht wird. Diese Kontaktspeicherladung entspricht einer „effektiven" Basisaufweitung wie in Bild 2.16 und Abschn. 2.4.2 dargestellt.

Bild 3.8 zeigt in den Profilen 1 bis 4 die aus den letztgenannten Gründen vorteilhafte Versteilerung des Dotierungsprofils. Struktur Nr. 1 stellt eine

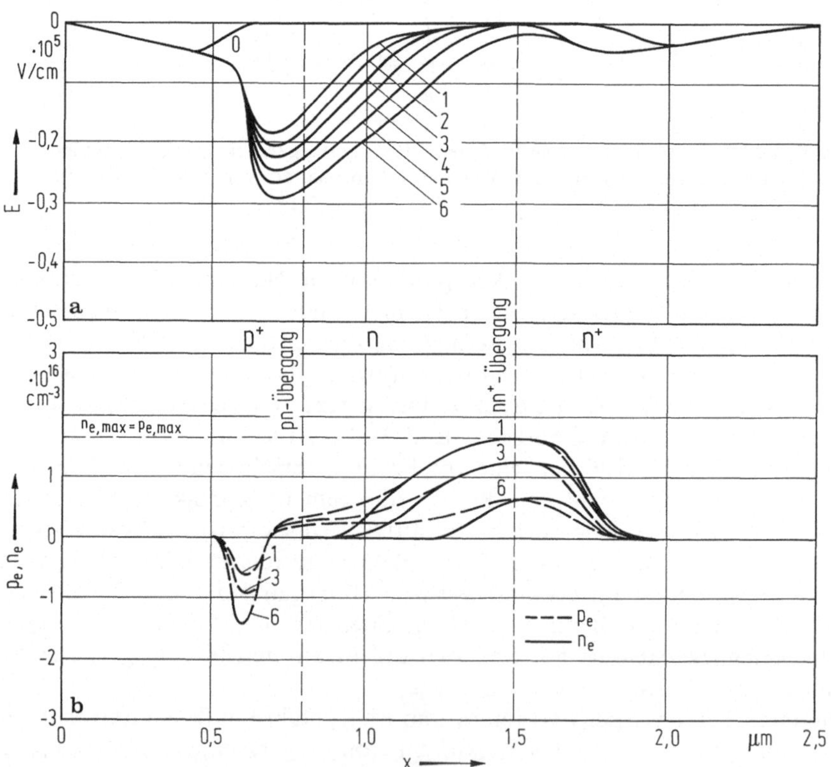

Bild 3.10. Das Abschaltverhalten der realen psn-Struktur (Dotierungsverlauf 1 in Bild 3.8) [3.6]; **a)** Feldverlauf zu verschiedenen Zeitpunkten, **b)** Exzeßträgerkonzentration zu verschiedenen Zeitpunkten; 1: nach 2,81 ns, 6: nach 2,86 ns (äquidistante Zeitabstände dazwischen), 0: bezeichnet den Feldverlauf vor Beginn der Abschaltphase; $---p_e$, $\quad\text{——}\ n_e$

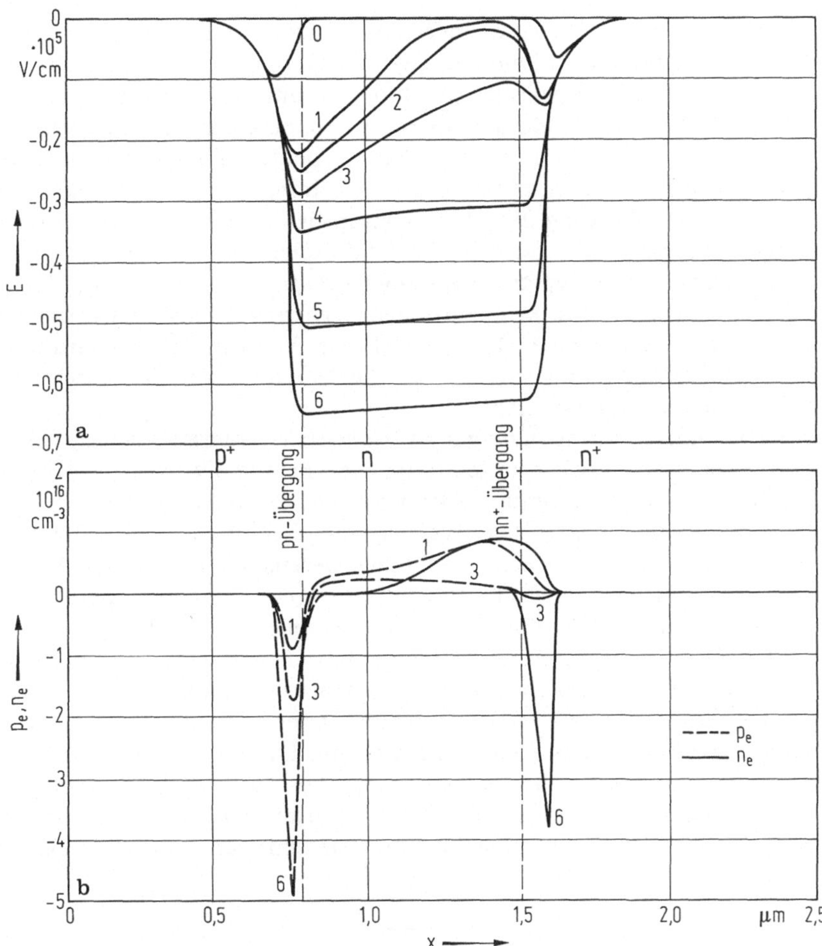

Bild 3.11. Das Abschaltverhalten der realen psn-Struktur (Dotierungsverlauf 4 in Bild 3.8) [3.6]; **a)** Feldverlauf, **b)** Exzeßträgerkonzentrationen; 1: nach t = 3,06 ns, 6: nach t =3,11 ns (mit äquidistanten Zeitabständen dazwischen), 0: Feldverlauf zu Beginn der Abschaltphase

Gauß-Verteilung dar. Diese Bezugsstruktur Nr. 1 wird, bei festgehaltener Randwertkonzentration sukzessive versteilert, bis in der Struktur Nr. 4 eine beidseitige Übergangszone von je 0,25 µm noch übrig bleibt. Bild 3.12 gibt die dazugehörige Veränderung der Schaltzeitcharakteristik wieder. Man sieht, daß die Abschaltphase sich mit der Versteilerung des Profils ebenfalls versteilert, wobei die in der Abschaltverrundung eingesparte Speicherladung einer Verlängerung der Konstantstromphase zugute kommt.

Der Wechsel von Profil 1 zu Profil 4 bewirkt eine Veränderung der Feld- und Konzentrationsverteilung von Bild 3.10 zu Bild 3.11. Man sieht, daß sich durch die steileren Dotierungsprofilflanken das Rückzugsfeld aus den Kontaktzonen (x < 0,8 µm und x > 1,5 µm) merklich zurückzieht und in Richtung Speicherzone konzentriert wird. Durch die Symmetrierung des Feldverlaufes treten jetzt im Bild 3.11 im Gegensatz zu Bild 3.10 am nn^+-Übergang ganz ähnliche physikalische Verhältnisse auf wie am p^+n-Übergang: Die „absaugende" Hochfeldzone ($> 10^4 \, V \, cm^{-1}$) dringt jetzt an beiden Enden des Speicherraumes geringfügig in die Übergangszone ein und drängt am p^+n-Übergang die Löcher bzw. am nn^+-Übergang die Elektronen in den höher dotierten Kontaktbereich zurück. Diese Felder enden in der Schlußphase (Kurve 6) des Rückzuges an den freigelegten Akzeptor- bzw. Donatorladungen, was in Bild 3.11 sichtbar wird in Form der fast symmetrischen negativen Konzentrationsausschläge zu seiten der Speicherzone (Kurve 6). Diese Verarmungskonzentrationen unter die Gleichgewichtswerte p_0, n_0 sind die Vorläufer der sich anschließend aufbauenden Verarmungsschicht.

Insbesondere am nn^+-Übergang verhindert das starke Rückzugsfeld, daß die dort gespeicherte Löcherkonzentration, wie in Bild 3.9 zwischen 1,7 und 2,5 µm als Konzentrationsmaximum erkennbar, in der Schlußphase (ab $t = 2,89 \, ns$) vom raumladungsbegrenzten Rückzug „abgeschnitten" wird. Diese Erleichterung des Rückzuggeschehens macht sich bereits am Beginn der Abschaltphase bemerkbar: Gegenüber Bild 3.10 ist die maximale trägerkompensierte Konzentration $p_e = n_e$ von 1,8 auf $0,9 \cdot 10^{16} \, cm^{-3}$ gesunken.

Der Feldverlauf in Bild 3.11 zeigt, daß in der Tiefe des Speicherraumes spätestens im Zeitpunkt Kurve 6 keine Überschußladung mehr vorhanden ist. Ab Kurve 4 tritt eine ziemlich konstante, aber zeitlich rasch wachsende Feldstärke im Volumen des Speicherraumes auf. Dieser Verschiebungsstrom bringt allerdings eine zusätzliche Trägheit in das Abschaltverhalten der Step-recovery-Diode: Die RC-Zeitkonstante τ_G der Verarmungskapazität des ladungsfreien Gebietes mit der Summe der Serienwiderstände, einschließlich der Schaltung (3.25).

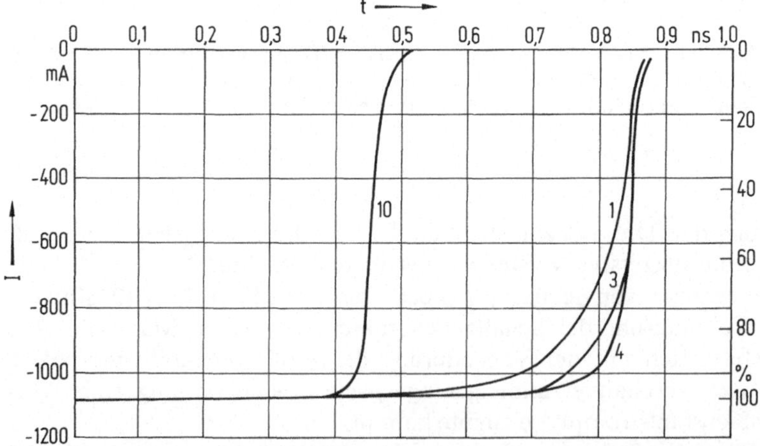

Bild 3.12. Abschaltverhalten der realen psn-Struktur bei variablem physikalischen Aufbau (Dotierungsprofile wie Bild 3.8) [3.6]; Aussteuerung: $I_F = 20 \, mA$; $I_R = 1000 \, mA$; $R_G = 10 \, \Omega$; Schaltung nach Bild 3.2

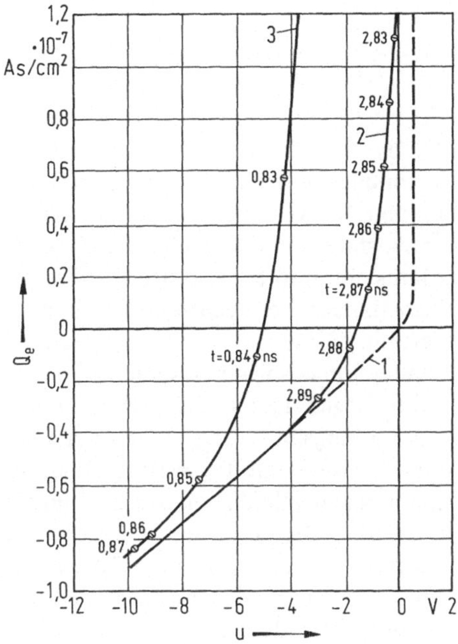

Bild 3.13. Exzeßspeicherladung als Funktion der Diodenspannung (Dotierungsverlauf 1 in Bild 3.8) [3.6]; Parameter Zeit: t, 1: statischer Kurvenverlauf, 2: dynamischer Verlauf für einen Generatorwiderstand $R_G = 50\,\Omega$, 3: dynamischer Verlauf für $R_G = 10\,\Omega$

τ_G sollte deshalb in erster Linie über niedrige Serienwiderstände so klein als möglich gehalten werden. Dazu zählt auch der Serienwiderstand R_S der Steprecovery-Diode. In der Tabelle Bild 3.8 ist das Schaltverhalten von Profil 1 und 4 zum Vergleich mit $R_G = 50$ und $R_G = 10\,\Omega$ wiedergegeben. Man sieht, daß $R_G = 10\,\Omega$ erst beim „steilen" Profil 4 die Transitzeit wesentlich verkürzt (Bild 3.13).

Um Abschaltflanken im 50-ps-Bereich nicht zu stören, sollten dann Punch-on-Kapazitäten C_{po} um, besser unter 1 pF verwendet werden. Kurve 10 in Bild 3.12 zeigt die Veränderung der Schaltzeitcharakteristik von Struktur Nr. 4, wenn zusätzlich zur Profilversteilerung auch noch die Weite w der Basiszone nach Bild 3.8 von 0,7 auf 0,5 µm verkleinert und ihre Dotierung von $1,5 \cdot 10^{14}$ auf $1 \cdot 10^{12}$ cm^{-3} herabgesetzt wird. Diese Maßnahme führt zu Speicherzeiten unter 500 ps und zu Snap-off-Zeiten t_t von ca. 40 ps. Beim Design sollte deshalb eine mögliche Verkleinerung der Punch-on-Kapazität (Senkung des Dotierungspegels, Versteilerung des Übergangsprofils) in eine Verkürzung der Basisweite w investiert werden.

Wie unterschiedlich der Anteil des Verschiebungsstromes im Verhältnis zu den Transportmechanismen der Überschußladungen in die Gestaltung der Abschaltcharakteristik eingeht, und zwar auch aufgrund der äußeren Schaltung, zeigt Bild 3.13. Aufgetragen ist die von außen zur Diode fließende Speicherladung in Form der integralen Überschußladung, wieder bezogen auf den Gleichgewichtszustand ($U = 0$) als Funktion der momentanen Spannung U an der p^+nn^+-Struktur nach Bild 3.8, Profil 1. Berücksichtigt man außer der injizierten Elektronen-/Defektelektronenladung auch die Sperrschichtladung der Störstellen in den Verarmungsgebieten, so gilt in jedem Moment

$$Q_e = e \int_0^w p_e \, dx = e \int_0^w n_e \, dx \, .$$

Positives Vorzeichen bedeutet diesmal das Einbringen einer Ladungsart in die Diode, negatives Vorzeichen das Herausholen. Kurve 1 (Bild 3.13) gibt die spannungsinduzierte Ladungsänderung Q_e im quasi-statischen Fall an. Dann befolgt Kurve 1 bei positiven Spannungen einen Lademechanismus, der dem quasi-stationären Gleichgewicht der Injektionsphase entspricht (Abschn. 2.2.1). Man sieht, daß die „statische" Überschußladung durch den Nullpunkt geht und kurz danach bei negativer Vorspannung in eine lineare Spannungsabhängigkeit verfällt. Diese ist erklärbar durch den Entladevorgang an der praktisch konstanten Punch-on-Sperrschichtkapazität C_{po}.

Im Gegensatz zur „statischen" Kurve 1 zeigt Kurve 2 den „dynamischen" Fall der Ladungsänderung mit einem Umladewiderstand $R_G = 50\,\Omega$ im Außenkreis und Kurve 3 mit $R_G = 10\,\Omega$. Man sieht, daß bei höheren negativen Diodenspannungen alle Arten von Ladungsverschiebung in Rückzugsrichtung letztlich über die dielektrische Verschiebekapazität C_{po} abgewickelt werden. Andererseits finden um so größere Abweichungen von der „statischen" Kennlinie statt, je „niederohmiger" der Außenkreis wird. Das ist nicht überraschend, da mit sinkendem R_G bei gleicher Diodenspannung die Rückzugsstromdichten gesteigert werden und dadurch der Abschaltvorgang beschleunigt wird. Man sieht ferner, daß zur „niederohmigen" Kurve 3 hin die ladungsgesteuerte Kennlinie immer mehr in den Vordergrund tritt gegenüber der Stromaussteuerung von Kurve 1. Dadurch ist mit „wachsender Dynamik" eine immer steilere Ladungsverschiebung über die gleichen Spannungsdifferenzen möglich.

Der Einfluß der Generatorimpedanz und der Streureaktanzen der Schaltung auf die Abschaltgeschwindigkeit der Step-recovery-Diode kann wesentlich größer sein als die in der Diodenstruktur realisierte physikalische Grenze (Tabelle zu Bild 3.8).

Steile pin-Strukturen (ähnlich Profil Nr. 4) können deshalb nur ausgenutzt werden, wenn in Schaltungen, die nach den Prinzipien der Mikrowellentechnik aufgebaut sind, Wellenwiderstände, Transformationen und Streuadmittanzen bis in das 10-ps-Gebiet (10-GHz-Bereich) beherrscht werden.

Eine Serieninduktivität L_S kann zur Versteilerung der Abschaltcharakteristik führen. Allerdings wird dies erkauft durch ein dynamisches Überschwingen über den stabilen Endpunkt. Solche dynamischen „Trimm-Maßnahmen" müssen genau unter Kontrolle gehalten werden, da Step-recovery-Dioden auf minimale Basisweiten optimiert sind und somit meistens keine große Abstandsreserve zwischen Durchbruchspannung und Aussteueramplitude zur Verfügung steht. Man tut gut daran, extrem schnelle Step-recovery-Diodentypen auch vom Standpunkt der Spike-pulse-Degradation her zu betrachten, da die in den reaktiven Anpassungselementen gespeicherten Energien meistens viel größer sind als die Verschiebeladung des Step-recovery-Diodenzyklus.

Der in Bild 3.8 gezeigte Dotierungsverlauf 4 entspricht etwa den schnellsten heute zur Verfügung stehenden Step-recovery-Dioden, die mit Abschaltzeiten von 60 ps bei Basisweiten unter 1 µm reproduzierbar hergestellt werden können.

Solche Step-recovery-Dioden arbeiten in Sampling-Brücken- oder Frequenzvervielfachern bis über das K_u-Band hinaus. Die Struktur Nr. 10 kann als realistische Zielvorstellung der Entwicklung angesehen werden.

3.3 Dynamisches Aussteuerungsmodell des realen Speichervaraktors

Bei der Anwendung des Speichervaraktors wird die Diodenkennlinie großsignalmäßig sowohl in Fluß-, als auch in Sperrichtung ausgesteuert. In Flußrichtung sind wesentliche Kenngrößen: der dynamische Einschaltvorgang (Abschn. 3.2), die Ladungsträgerspeicherung mit Rekombination (Abschn. 2.4), Diffusionskapazität (Abschn. 2.3.1) und Diodenserienwiderstand. Im Sperrbereich beeinflussen der Ladungsträgerrückzug (Abschn. 3.2), Sperrschichtkapazität (Abschn. 2.3.2) und vorspannungsabhängiger Serienwiderstand das Verhalten des Speichervaraktors. Diese Einzelfunktionen sind zeitlich versetzt wirksam. Ihre Überlagerung in Form einer phasengerechten Strom- und Spannungssynthese ist Grundlage des Aussteuerungsmodells des Speichervaraktors im folgenden Abschnitt.

Die physikalischen Vorgänge werden dabei neben den Diodenparametern von den Aussteuerungsbedingungen und der umgebenden Schaltung mit beeinflußt (Funktionseinheit Diode–Schaltung). Wir betrachten daher die Diode in ihrer späteren Umgebung der Vervielfacherschaltung. Einen solchen Meßaufbau gibt Bild 3.14a wieder. Der ansteuernde Generator wird über ein Eingangsfilter, welches Bandpaßcharakteristik haben soll, an die Varaktordiode angepaßt, die ihren Gleichstromkreis über den Vorwiderstand R_0 und eine evtl. noch vorhandene Gleichstromquelle schließt.

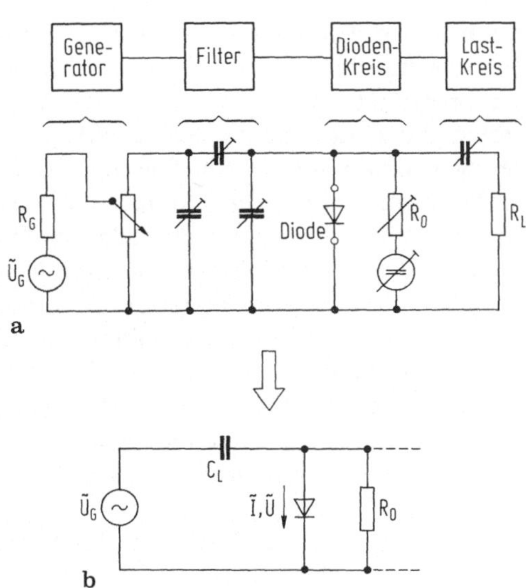

Bild 3.14. Versuchsschaltung; **a)** zur Beschreibung des Aussteuerungsverhaltens der Varaktordiode im Frequenzvervielfacher, **b)** zur Ladekapazität C_L

Für die an der nichtlinearen Kennlinie erzeugten Harmonischen sei ein breitbandiger reeller Abschlußwiderstand vorhanden. Eine solche Anordnung erfüllt alle Grundforderungen, die an einen Frequenzvervielfacher zu stellen sind.

Die Eingangsleistung soll nun so angepaßt sein, daß die Spannungsamplitude des Grundwellengenerators zusammen mit der durch R_0 einstellbaren Gleichvorspannung U_0 gerade unterhalb der Durchbruchspannung der Varaktordiode liegt (kritische Aussteuerung). Die in den Anpassungsnetzwerken vorhandenen Kapazitäten stellen einen Energiespeicher C_L dar, der zusammen mit dem Gleichstromvorwiderstand R_0 C_L bildet (Bild 3.14b). Diese Zeitkonstante — variabel mit R_0 — beeinflußt das dynamische Verhalten der Varaktordiode entscheidend: Der während der Injektionsphase fließende Rekombinationsgleich-

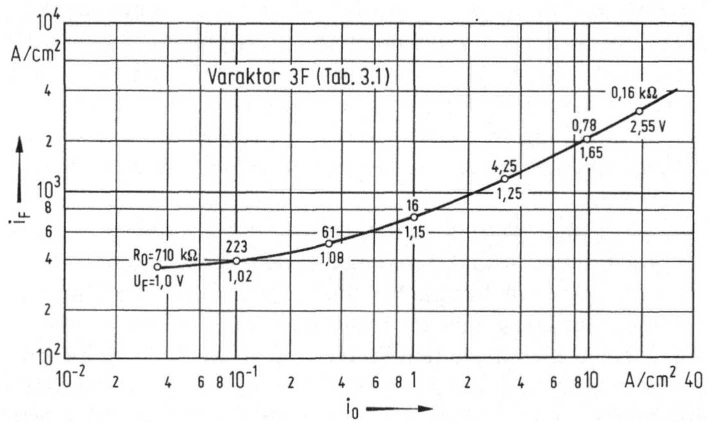

Bild 3.15. Richtstromabhängige Injektionsstromdichte bei sinusförmiger Aussteuerung ($f = 230\,\text{MHz}$; $P_E = 1{,}6\,\text{W}$) [3.1]

strom lädt die Kapazität auf. Da im Mittel der während einer Periode durch den Generatorzweig fließende Gleichstrom verschwinden muß, wird während der Sperrphase ein ebenso großer Kapazitätsstrom von C_L zurückfließen. Je größer die Zeitkonstante der Schaltung, desto weniger Ladung fließt während der Sperrphase von C_L ab. Die abgeflossene Ladung muß während der Flußinjektionsphase über die Ladungsträgerrekombination wieder erzeugt werden. Dies geschieht über die Steuerung der Dauer der Injektionsphase durch Vorwiderstand und Ladekapazität. Durch Variation von R_0 bei festen Aussteuerbedingungen wird daher der Rekombinations- oder Richtstrom durch die Diode und somit der Arbeitspunkt verändert.

Der experimentell bestimmte Zusammenhang zwischen Richtstromdichte und Injektionsstromdichte zeigt in Abhängigkeit von der Größe des Widerstandes R_0 Bild 3.15. Die Diode wurde bei einer Frequenz von $f = 230\,\text{MHz}$ mit ihrer kritischen Eingangsleistung von 1,6 W belastet, die Diodenkenndaten sind Tab. 3.1 zu entnehmen.

Die Kurve wird bei Variation des Vorwiderstandes R_0 zwischen $160\,\Omega$ und $710\,\text{k}\Omega$ durchfahren. Dabei variiert die Richtstromdichte um fast drei Größen-

Tabelle 3.1. Kenndaten von Varaktordioden unterschiedlicher Systemgeometrie

Benennung		1 F	2 F	3 F	4 F	5 F	
Fläche A	[cm²]	$2{,}7 \cdot 10^{-5}$	$9 \cdot 10^{-5}$	$3 \cdot 10^{-4}$	$1{,}26 \cdot 10^{-3}$	$2{,}4 \cdot 10^{-3}$	variabel
Basisweite w	[cm]	10^{-4}	10^{-4}	$9{,}5 \cdot 10^{-5}$	10^{-4}	10^{-4}	const
Durchbruch-spannung U_B [V]		59,7	58,5	55,7	58,4	58,2	const
Punch-on-Spannung U_{po} [V][a]		0,12	0,12	0,03	0,12	0,12	
Serienwiderstand f = 2,4 GHz R_F: Flußrichtung ($U_F \geqq 0{,}85$ V)	[Ω]	1,0	0,43	0,28	0,15	0,12	
R_S: Sperrichtung ($U_R \geqq 10$ V)	[Ω]	0,8	0,55	0,42	0,35	0,30	

Benennung		1 W	2 W	3 W	4 W	
Fläche A	[cm²]	$6{,}7 \cdot 10^{-4}$	$6{,}4 \cdot 10^{-4}$	$7{,}35 \cdot 10^{-4}$	$5{,}4 \cdot 10^{-4}$	const
Basisweite w	[µm]	0,15	0,35	0,9	3,5	variabel
Durchbruch-spannung U_B [V]		16,3	28,7	56	130	variabel
Punch-on-spannung U_{po} [V]		− 0,46	− 0,24	− 0,05	8,5	
Serienwiderstand f = 2,4 GHz Flußrichtung R_F ($U_F \geqq 0{,}85$ V)	[Ω]	0,18	0,18	0,18	0,18	
Sperrichtung R_S ($U_R \geqq 10$ V)	[Ω]	0,55	0,45	0,40	0,45	

[a] U_{po} gibt die minimale Varaktorspannung an, ab der die Raumladungszone des pn-Überganges sich über die gesamte Basis erstreckt ($U_{po} < 0$ Flußpolung, $U_{po} > 0$ Sperr-polung).

ordnungen. Bild 3.16 zeigt den gemessenen Strom- und Spannungsverlauf einer Varaktordiode bei kritischer Aussteuerung entsprechend $P_E = 3$ W bei $f_E = 230$ MHz. Strom- und Spannungsverlauf setzen sich aus mehreren Einzelkomponenten zusammen (durchgezogene Kurven). Die nicht durchgezogenen Kurven sind das Ergebnis einer Näherungsrechnung, die im folgenden Abschnitt erläutert wird. Der wesentliche Unterschied zur Speicherschaltdiode im stationären Zustand besteht darin, daß bereits vor dem Nulldurchgang der Diodenspannung ein demnach kapazitiver Diodenstrom fließt.

3.3.1 Stromverlauf

Bezogen auf die aussteuernde Generatorspannung wird der Injektionsstrom mit einer Phasenverschiebung von

$$\varphi = \arcsin \frac{U_0}{\hat{U}_G} \tag{3.40}$$

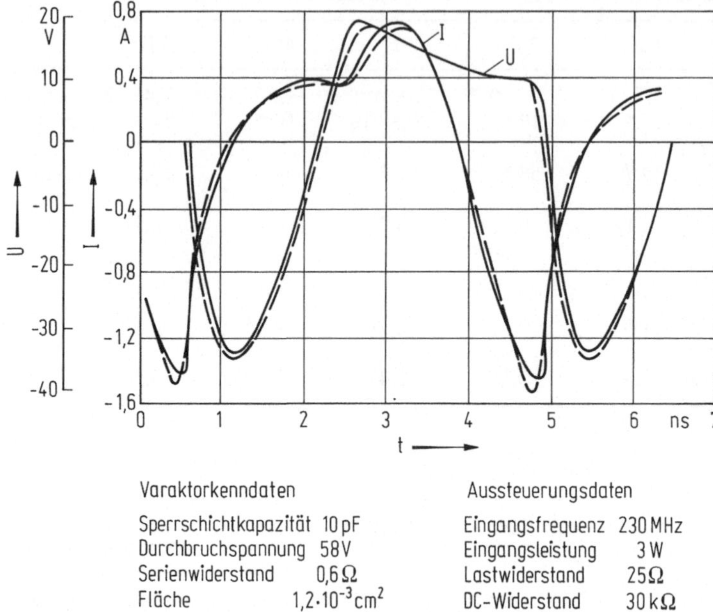

Varaktorkenndaten		Aussteuerungsdaten	
Sperrschichtkapazität	10 pF	Eingangsfrequenz	230 MHz
Durchbruchspannung	58 V	Eingangsleistung	3 W
Serienwiderstand	0,6 Ω	Lastwiderstand	25 Ω
Fläche	$1,2 \cdot 10^{-3}\,\mathrm{cm^2}$	DC-Widerstand	30 kΩ

Bild 3.16. Strom- und Spannungsverlauf des realen Speichervaraktors bei reellem Oberwellenabschluß [3.1]; − − − Rechnung, —— Messung

einsetzen, wobei U_0 die Gleichvorspannung in Sperrichtung bezeichnet und $\hat{U}_G$ die Wechselspannungsamplitude darstellt.

Da bereits kurz nach Überschreiten der Diffusionsspannung U_D der Hochstrominjektionsfall vorliegt mit der Begrenzung des Stromes durch den Bahnwiderstand R_S der Diode, folgt für den Verlauf des Injektionsstromes mit

$$\tilde{U}_G = \hat{U}_G \sin \omega t \,,$$

$$\hat{I}_F = \frac{\hat{U}_G - U_0}{R_S} \,, \tag{3.41}$$

$$\tilde{I}_F = \frac{\hat{I}_F}{1 - \dfrac{U_0}{\hat{U}_G}} (\sin \omega t - \sin \varphi), \qquad \varphi \leqq \omega t \leqq \pi - \varphi \,. \tag{3.42}$$

$\hat{I}_F$ bezeichnet den Maximalwert des Injektionsstromes.

Der Rekombinationsstrom beginnt erst nach einer Totzeit entsprechend der Einschaltzeit t_E zu fließen (s. Abschn. 3.2). Mit dem Absinken der Generatorspannung unter $U_0 + U_D$ ist die Flußinjektionsphase beendet. Der Rückzug der Ladungsträger erfolgt mit höherer Stromdichte als die Flußinjektion, da die Vorspannung U_0 in Sperrichtung einen höheren Anteil der Generator-EMK für die Rückzugsphase reserviert. Der Abschluß des Ladungsträgerrückzuges ist gekennzeichnet durch einen steilen Spannungsanstieg an der Diode.

Das Verhalten des Speichervaraktors wird nun durch die Sperrschichtkapazität bestimmt. Der dann fließende kapazitive Strom beträgt

$$\tilde{I}_c = \omega\, C_R\, \frac{U_B}{2}\, \cos \omega\, t\,, \tag{3.43}$$

wenn die Sperrkennlinie bis nahe der Durchbruchspannung U_B mit der Generatoramplitude ausgesteuert wird, d. h. $U_B = 2\,\hat{U}_G$ gilt.

Ein Vergleich der Injektions- und Kapazitätsstromdichte für unser Beispiel zeigt, daß beide Stromanteile in der gleichen Größenordnung liegen. Der Kapazitätsstrom darf also keineswegs vernachlässigt werden, wie auch der gemessene Verlauf von Bild 3.16 zeigt.

Bei Aussteuerung in den Durchlaßbereich fließt ein Diffusionsstrom, dessen Berechnung jedoch wegen der stark aussteuerungsabhängigen Diffusionskapazität nur angenähert erfolgen kann. Betrachtet man den Fluß-Kennlinienbereich mit näherungsweiser Kleinsignalaussteuerung, so gilt nach Abschn. 2.3.1 für den Kleinsignalleitwert:

$$Y = \frac{e}{kT}\,(I_F + I_S)\left(1 + j\,\frac{\omega\,\tau}{2}\right),\qquad \omega\,\tau \ll 1 \tag{3.44}$$

und damit näherungsweise für die Diffusionsvaraktanz

$$B_{Diff} = \frac{e}{kT}\,I_F\,\frac{\omega\,\tau}{2}\,. \tag{3.45}$$

Hier darf man nun I_F nicht als konstant annehmen, sondern als mit einer Störung

$$\tilde{I}_F = I_F + \Delta I_F \sin \omega\, t \tag{3.46}$$

versehen. Wegen

$$\tilde{U}_F = \frac{kT}{e}\,\ln\frac{\tilde{I}_F}{I_S} = \frac{kT}{e}\,\ln\frac{I_F + \Delta I_F \sin \omega\, t}{I_S} \tag{3.47}$$

ergibt sich für den kapazitiven Flußstromanteil

$$\tilde{I}_{FC} = C_D\,\frac{d\tilde{U}}{dt} = \frac{\omega\,\tau}{2}\,\Delta I_F \cos \omega\, t\,. \tag{3.48}$$

Von der in (3.46) gemachten Zerlegung des Injektionsstromes in einen Gleichstromanteil und einen Wechselstromterm beeinflußt daher nur der frequenzabhängige Anteil den Kapazitätsstrom, und wir dürfen daher den Amplitudenfaktor

$$\frac{\hat{I}_F}{1 - \dfrac{U_0}{\hat{U}_G}}$$

des effektiven Injektionsstromes für den Kapazitätsstrom direkt übernehmen und erhalten mit

$$\hat{I}_{FC} = \frac{\omega\,\tau}{2}\;\frac{\hat{I}_F}{1 - \dfrac{U_0}{\hat{U}_G}}\;\cos\omega\,t \tag{3.49}$$

den zeitabhängigen Flußkapazitätsstrom. Er eilt dem Injektionsstrom um 90° voraus und ist diesem direkt proportional. Die Berechnung der Amplitude unter Verwendung der Kenndaten des realen Speichervaraktors bestätigt die durchgeführte Betrachtung [3.1], wie Bild 3.16 zeigt.

Während der Rückzugsphase ($t_3 < t < t_4$) ist die Annahme der Shockleyschen Kleinsignal-Diffusionsadmittanz sicherlich nicht mehr zulässig. Formal findet jedoch auch hier eine (Rück-)Injektion von Ladungsträgern aus der Speicherzone in die hochdotierten Kontaktzonen statt (Abschn. 3.2). Der in [3.1] formal fortgeschriebene Kosinusverlauf des Kapazitätsstromes (3.49) für den Ladungsträgerrückzug wird allein durch die Übereinstimmung von Rechnung und Messung gerechtfertigt (Bild 3.16). Damit kann für den gesamten Aussteuerbereich in stückweise analytischer Form der Stromverlauf dargestellt werden, mit nur geringen Abweichungen von dem meßtechnisch bestimmten Verlauf:

$$\text{Flußinjektionsphase:}\quad \hat{I}_F = \frac{\hat{I}_F}{1 - \dfrac{U_0}{\hat{U}_G}}\left(\sin\omega\,t - \frac{U_0}{\hat{U}_G} + \frac{\omega\,\tau}{2}\cos\omega\,t\right), \tag{3.50}$$

$$= \text{Injektionsstrom, Kapazitätsstromanteil gemäß negativer Vorspannung,}$$

$$\text{Rückzugsphase:}\quad \hat{I}_R \approx \hat{I}_F, \tag{3.51}$$

$$\text{Sperrphase:}\quad \hat{I}_R = \omega\,C_R\,\frac{U_B}{2}\cos\omega\,t, \tag{3.52}$$

$$= \text{Kapazitätsstrom.}$$

Zusammenfassend erhält man eine starke Beeinflussung des Stromverlaufes durch Kapazitätsströme, welche insbesondere den Ausräumvorgang beschleunigen. Für die Abschaltphase selbst ist der kapazitive Stromanteil faktisch ohne Bedeutung, da er hier seinen Nulldurchgang erreicht.

3.3.2 Spannungsverlauf

Die Aussteuerung in Flußrichtung erfordert die Kompensation der Gleichvorspannung U_0 in Sperrichtung, hervorgerufen durch den Vorwiderstand R_0 und die Diffusionsspannung U_D (beispielsweise $U_0 = 17$ V in Bild 3.17).

Nach Überschreiten von $U_0 + U_D$ kommt es zunächst während der raumladungsbegrenzten Injektion zum Aufbau einer erhöhten Einschaltspannung $U_{E\,max}$ ($U(t_1)$ in Abschn. 3.2.1).

Mit Erreichen des Ladungsträgerneutralzustandes in der Basis sinkt U_F auf

$$U_F = I_F \cdot R_S + U_D \tag{3.53}$$

und damit auf Werte sehr nahe bei der Diffusionsspannung der Varaktordiode.

Wesentlich für den Gesamtspannungsverlauf ist die in Bild 3.17 eingezeichnete Gleichspannungsmodulation über die Gesamtperiode. Sie entsteht infolge der periodischen Ladung und Entladung des Energiespeichers C_L durch das Rekombinationsverhalten der Diode.

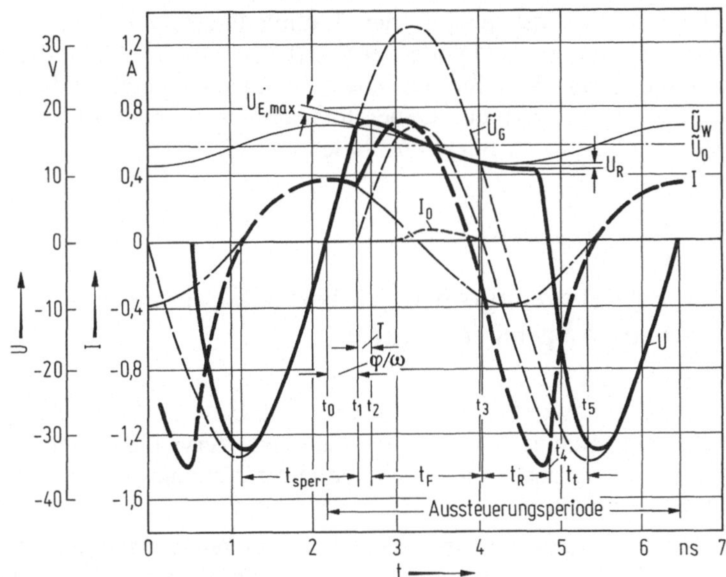

Bild 3.17. Strom- und Spannungskomponenten bei Aussteuerung des realen Speichervaraktors mit breitbandigem Abschluß der Oberwellen [3.1]. Diodenkenndaten und Aussteuerung wie Bild 3.16

Die Größe dieses Wechselpotentials hängt von der Vorspannung U_0 und den Zeitkonstanten der Schaltung ab, wobei die Entladezeitkonstante τ_L während der Sperrphase der Diode sowohl vom Vorwiderstand R_0 als auch vom parallel dazu liegenden Diodenwiderstand R_D bestimmt wird:

$$\tau_L = \frac{R_0\,R_D}{R_0 + R_D} \cdot C_L. \tag{3.54}$$

Die Entladung beginnt nach Abschluß der Flußinjektionsphase bis zum erneuten Einsetzen der Injektion. Für das Wechselpotential $\tilde{U}_w$ läßt sich dann angenähert schreiben

$$\tilde{U}_w = U_0 \left(\frac{1 - E}{1 + E} \right) \cos \omega\, t = \hat{U}_w \cos \omega\, t \tag{3.55}$$

89

mit

$$E = \exp\left[\frac{(t_F - T)\,(R_0 + R_D)}{C_L\,R_0\,R_D}\right].$$ (3.56)

Die Wechselamplitude U_w beträgt beispielsweise bei $C_L = 0{,}5$ pF und $R_0 = 30\ \text{k}\Omega$ ca. 2,4 V.

Mit der Umkehr des Gesamtstromes sinkt die Diodenspannung unter den Wert des Wechselpotentials ab (Spannungsumkehr am Serienwiderstand). Während des Ladungsträgerrückholprozesses bleibt die Diodenspannung U in Flußrichtung. Mit Beginn der Raumladungsphase baut sich eine erhöhte Spannung U_R an der Diode auf ($U_R(t_2)$ in Abschn. 3.2.1), die bereits in Sperrrichtung wirkt. Während des Abschaltvorganges steigt die Diodenspannung auf den Momentanwert der Generatorspannung an und ist mit diesem bis zum erneuten Beginn der Injektionsphase identisch.

3.4 Betriebskenngrößen des Vervielfachers mit realem Speichervaraktor

Das im vorangegangenen Abschnitt behandelte Aussteuerungsmodell ermöglicht die quantitative Darstellung der Vervielfacherkenngrößen-Impedanz, Grenzleistung und Konversionsverlust in Abhängigkeit von Aussteuerung und Diodenparametern.

Hierbei zeigen die experimentellen Untersuchungen, daß die Art des Oberwellenabschlusses die optimale Eingangsimpedanz und den Diodenwirkungsgrad kaum beeinflussen, wohl aber die später zu definierende Grenzleistung. Wir setzen für die folgenden Betrachtungen daher generell einen breitbandigen reellen Oberwellenabschlußwiderstand voraus.

3.4.1 Grundwellenimpedanz als Funktion von Aussteuerung, Varaktorgeometrie und Frequenz

Die mit Hilfe des Aussteuerungsverhaltens ermittelten Strom- und Spannungsverläufe ermöglichen die Berechnung des Impedanzverlaufes. Der hierzu erforderliche Rechenaufwand ist jedoch groß, und im folgenden sollen daher die Ergebnisse einer meßtechnischen Fourier-Analyse, wie in [3.1] beschrieben, wiedergegeben werden.

Die Abhängigkeit der Grundwellenimpedanz von den drei Grundgrößen Aussteuerung (Eingangsleistung), Varaktorgeometrie (Fläche und Basisweite) und Frequenz erfolgt über die im Aussteuermodell bestimmten Zwischengrößen in direkter oder mittelbarer Weise:

90

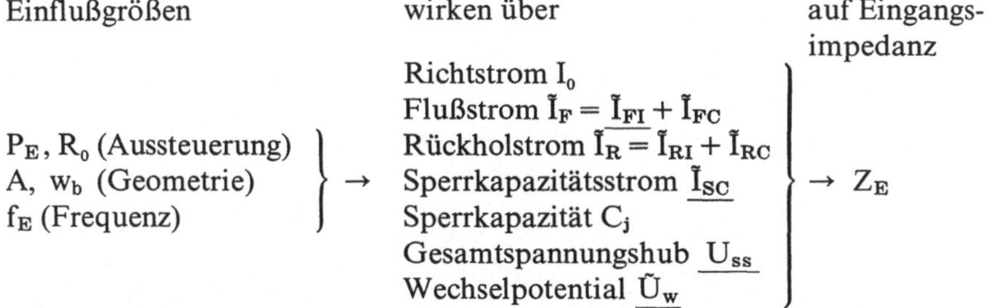

Unterstrichen sind die Zentralgrößen Sperrkapazitäts- und Flußinjektionsstrom sowie Gesamtspannungshub und Wechselpotential, die direkt und über die nicht unterstrichenen Restgrößen Einfluß auf die Grundwellenimpedanz nehmen. Bei Variation jeweils einer Einflußgröße soll der Verlauf der Grundwellenimpedanz dargestellt werden. Am Ende dieses Abschnittes wird ein formelmäßiger Zusammenhang zwischen den Einflußgrößen und der Eingangsimpedanz gegeben.

Aussteuerungsvariation

Die Aussteuerung der Varaktorkennlinie wird bestimmt durch den Vorwiderstand R_0 und die Eingangsleistung P_E. Wie bisher soll die Aussteuerung in den Durchbruchbereich der Sperrkennlinie nicht erlaubt sein.

Bild 3.18 stellt die Variation der Eingangsimpedanz als Funktion des Richtstromes für konstante Eingangsleistung (durchgezogene Kurve) und in Abhängigkeit von der Eingangsleistung bei konstantem Richtstrom (strichlierte Kurve) dar.

Die Kenndaten der Varaktordiode sind in Tab. 3.1 zusammengefaßt. Die Impedanzkurven zeigen einen nahezu deckungsgleichen Verlauf mit annähernd konstantem Phasenwinkel zwischen Real- und Imaginärteil.

Die Konstanz des Richtstromes wurde durch Zuschalten einer Gleichstromquelle erzwungen (äußere Arbeitspunkteinstellung).

Variiert man die Eingangsleistung ohne externe Arbeitspunktbeeinflussung (R_0 = const), so erhält man den stark ausgezogenen Kurventeil in Bild 3.18. Trotz einer Leistungsvariation um mehr als 17 dB hat sich die Eingangsimpedanz der Varaktordiode betragsmäßig nur um den Faktor 1,5 erhöht.

Dieses Verhalten verdeutlicht die Bedeutung der automatischen Arbeitspunkteinstellung durch einen festen Vorwiderstand für die Vervielfachertechnik.

Da häufig mehrere Stufen kaskadiert werden, sind die Stabilitätsverhältnisse bei Änderung des Lastwiderstandes äußerst kritisch. Durch die automatische Arbeitspunkteinstellung können die unvermeidbaren temperaturabhängigen Leistungsschwankungen ohne zusätzliche Entkopplungsmaßnahmen beherrscht werden.

Flächenvariation

Die Diodengeometrie läßt sich durch zwei unabhängige Einflußgrößen charakterisieren, die Fläche A und die Weite w der Speicherzone.

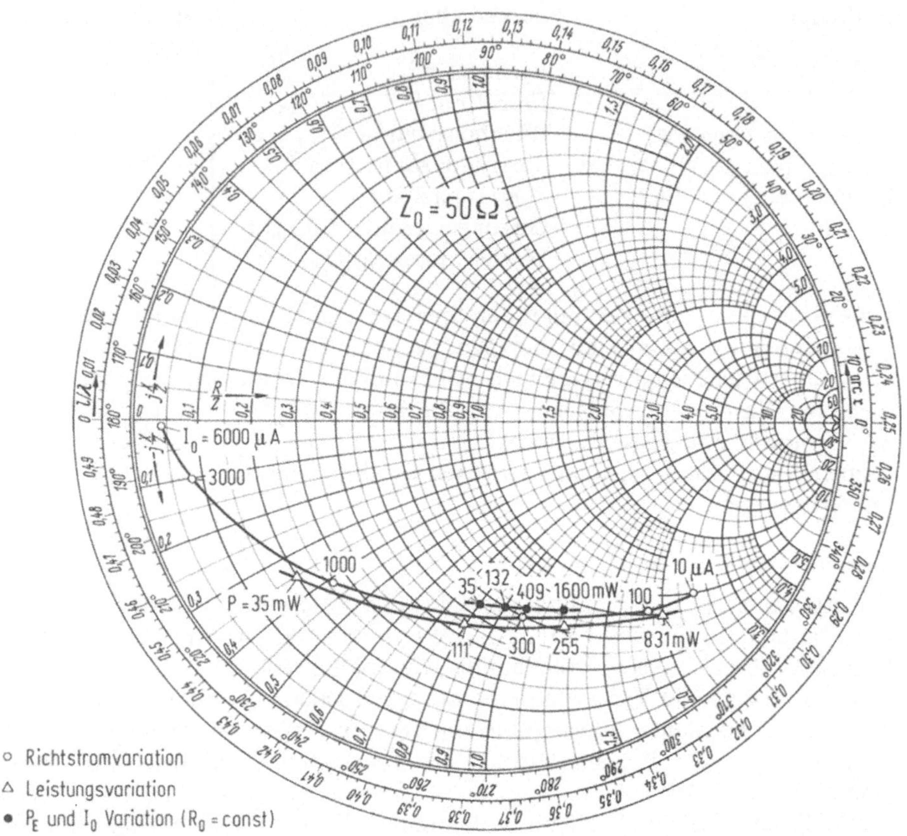

○ Richtstromvariation
△ Leistungsvariation
● P_E und I_0 Variation (R_0 = const)

Bild 3.18. Vergleich der Grundwellenimpedanz bei Richtstromvariation ($P_E = 0{,}75$ W) bzw. Leistungsvariation ($I_0 = 0{,}1$ mA) bzw. P_E mit I_0-Variation ($R_0 = $ const $= 30$ kΩ) [3.1]. (Varaktor 3 F; $f_E = 230$ MHz; $R_L = 50$ Ω, s. auch Tab. 3.1)

Variiert man bei konstanter Stromdichte die aktive Diodenfläche, so wird der Aussteuerungsgrad festgehalten und der Richtstrom I_0 ist konstant. Bei Flächenvergrößerung kann man sich eine Reihe von Einheitsflächen parallelgeschaltet denken. Sämtliche Ströme ändern sich flächenproportional, während die Spannungen konstant bleiben. Für sämtliche Impedanzen ergibt sich dann eine Abhängigkeit $Z_E \sim A^{-1/2}$ (Eingangs-, Last- und Gleichstromvorwiderstand). Man erhält unter diesen Voraussetzungen eine Impedanzkurve, deren Verlauf jenem für Richtstrom und Leistungsvariation des Bildes 3.18 gleicht.

Für festgehaltenen Vorwiderstand R_0 gibt Bild 3.19 die Abhängigkeit der Eingangsimpedanz von der Fläche an. Jede Varaktordiode wurde mit ihrem optimalen Lastwiderstand abgeschlossen.

Im Gegensatz zum oben diskutierten Fall flächenunabhängig konstanter Stromdichte wurde stets die gleiche Eingangsleistung entsprechend der kritischen Aussteuerung gewählt, da R_0 und U_B für alle Dioden gleich waren.

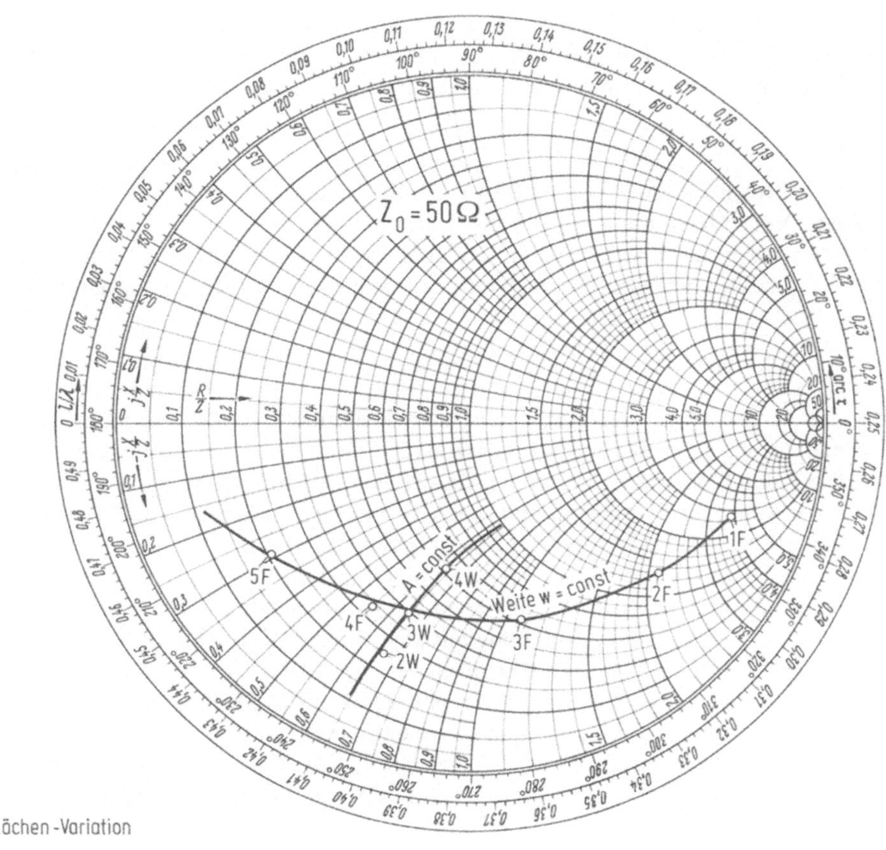

1F	$A \sim 0{,}2 \cdot 10^{-4}\,\mathrm{cm}^2$	$R_{L,opt} = 55\,\Omega$
2F	0,9	38
3F	3,0	25
4F	12,6	14
5F	$24{,}0 \cdot 10^{-4}\,\mathrm{cm}^2$	$9\,\Omega$

Basisweiten - Variation
Breitbandabschluß $R_L = 25\,\Omega$

2W	$w = 0{,}35\ \mu\mathrm{m}$	$U_B = 28{,}7\ \mathrm{V}$
3W	0,95 μm	56,0 V
4W	3,50 μm	130,0 V

Bild 3.19. Grundwellenimpedanz bei Flächenvariation (Varaktoren 1 F ... 5 F) und bei Weitenvariation (Varaktoren 2 W ... 4 W) mit $R_0 = $ const für reellen Oberwellenabschluß [3.1]. (Kritische Aussteuerung; $f_E = 230$ MHz; $R_0 = 30$ kΩ)

Dennoch ist der Rekombinationsstrom durch die Varaktordiode und damit auch der Injektionsstrom nicht flächenunabhängig. Das hängt wesentlich von der Flächenabhängigkeit des Diodengleichstromwiderstandes R_D beim Ladungsträgerrückzug ab, so daß gemäß (3.55) bei Flächenvergrößerung eine Erhöhung des Wechselpotentials U_w und damit eine stärkere Flußpolung der Diode auftritt. Insgesamt ergibt sich für den Betrag der Grundwellenimpedanz angenähert ein Wurzelgesetz

$$Z_E \sim A^{-1/2} \,.$$

Im Bereich größerer Flächen stimmt dieser Verlauf mit dem für Richtstrom und Leistungsvariation gut überein. Der Phasenwinkel bleibt bei Flächenvariation über den gesamten betrachteten Bereich konstant.

Weitenvariation

Wird bei festgehaltener Diodenfläche die Basisweite variiert, so ändern sich bei festem Vorwiderstand und jeweils kritischer Aussteuerung die Spannungsverläufe über der Diode. Setzt man eine ideale pin-Struktur voraus, so sind Sperrkapazität und Durchbruchspannung lineare Funktionen der Basisweite:

$$C_{po} = C_{min} \sim \frac{1}{w}, \qquad U_B \sim w,$$

so daß gemäß (3.43) der Kapazitätsstrom weitenunabhängig wird. Im Realfall spielen insbesondere die Übergangszonen eine wesentliche Rolle bei der Ermittlung der Durchbruchspannung, da die Raumladungszone auch nach Überschreiten der Durchreichspannung sich noch weiter ausdehnt und damit eine effektive Basisweite (Abschn. 2.4.2) zur Berechnung von U_B einzusetzen ist mit $w_{eff} > w$. Die effektive Basisweite kann bei Varaktordioden mit extrem kleinen Durchbruchspannungen ($U_B < 20$ V) in der Größenordnung der geometrischen Basisweite w liegen. Die Abhängigkeit der Eingangsimpedanz von der Basisweite zeigt Bild 3.19 für jeweils kritische Aussteuerung. Die Messungen wurden bei reeller und fester Lastimpedanz von 25 Ω durchgeführt. Der Betrag der Grundwellenimpedanz nimmt nur unwesentlich mit steigender Basisweite zu. Der Phasenwinkel ändert sich dagegen stark. Dies resultiert aus einem nur geringfügig ansteigenden Imaginärteil und dem stark weitenabhängigen Realteil mit

$$R_E \sim \sqrt{w}.$$

Die Impedanzkurven für Weiten- und Flächenvariation spannen bei festem Gleichstromvorwiderstand eine Impedanzebene auf. Bei Weitenvariation werden Kurven konstanten Imaginärteils, bei Flächenvariation Kurven in etwa konstanten Phasenwinkels durchlaufen.

Frequenzvariation

Die Aussteuerfrequenz f_E beeinflußt direkt sämtliche Kapazitätsströme über das zeitabhängige Rekombinationsverhalten, aber auch die Injektionsströme der Fluß- und Sperrphase. Eine dritte Wirkungskomponente betrifft den „partiellen Durchbruch". Hiermit ist die beim Ladungsträgerrücktransport auftretende ortsabhängige Feldstärkeüberhöhung bis über die Durchbruchfeldstärke gemeint. Sie begrenzt den zulässigen Gesamtspannungshub. Ihr Einfluß ist um so ausgeprägter, je höher die Eingangsfrequenz ist und je rascher die Ladungsträger abfließen können, d.h. je kleiner der Lastwiderstand gemacht wird.

Physikalisch gesehen, tritt die Spannungsüberhöhung in den Raumladungsgebieten auf, die im Verlauf der Rückzugsphase an den Übergangszonen ent-

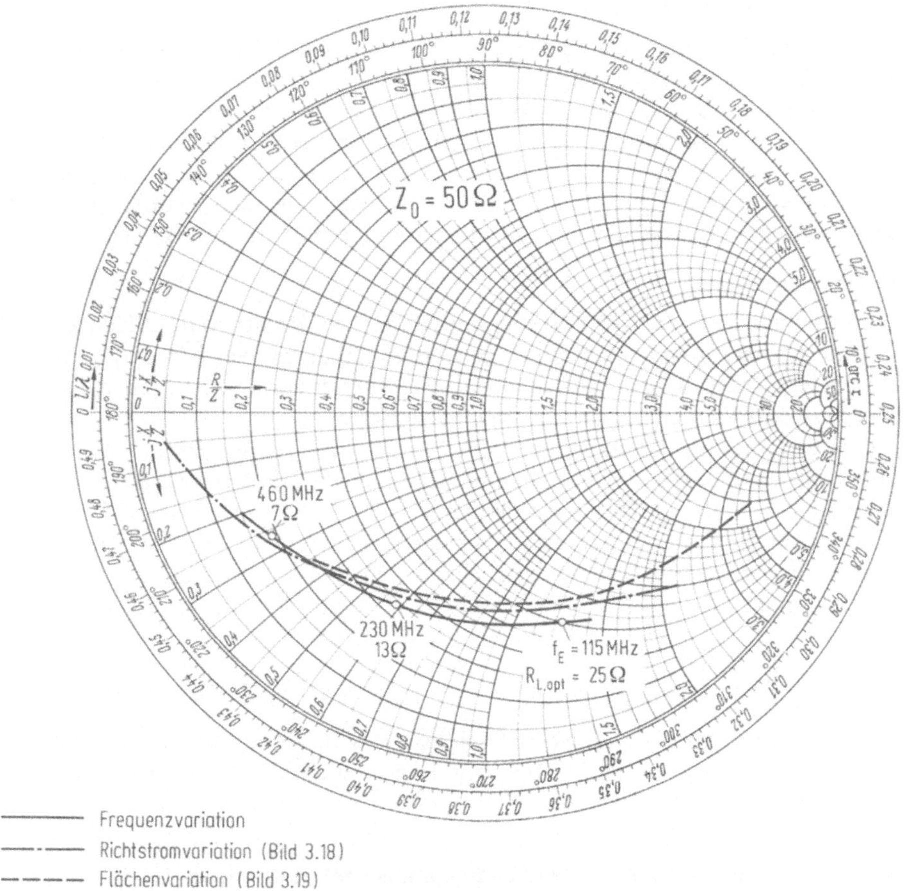

Bild 3.20. Grundwellenimpedanz bei Frequenzvariation, kritischer Aussteuerung und optimalem Breitband-Lastwiderstand (Varaktor 4F (58 V/10 pF); $R_0 = 30\ k\Omega = const$) [3.1]

stehen (Abschn. 3.2). Da es sich hier um eine räumlich begrenzte Durchbruchserscheinung handelt, wird die von Steinkamp [3.1] geprägte Bezeichnung „partieller Durchbruch" verständlich.

Bei Vermeidung des partiellen Durchbruchs bestimmen folgende frequenzabhängige Einflußgrößen den Impedanzverlauf:

a) Der Sperrkapazitätsstrom nimmt etwa proportional zur Frequenz zu.

b) Für das frequenzabhängige Verhalten des Flußstromes und der Rückdiffusionsphase ist entscheidend die Rekombinationstotzeit, welche vergeht, ehe die mit ihrer Driftgeschwindigkeit die Basis durchlaufenden Minoritätsträger in den Kontaktzonen rekombinieren können (Abschn. 2.4.2).

Hiernach würde mit steigender Aussteuerfrequenz die Totzeit einen immer größer werdenden Teil der Injektionsphase ausmachen, bis im Grenzfall keine Rekombination mehr stattfinden kann und die automatische Vorspannungserzeugung versagt. Tatsächlich erhöht sich jedoch die Flußspannung, so daß eine höhere Rekombinationsstromamplitude resultiert. Der Ladungsträgerspeichereffekt ist demnach frequenzabhängig.

Insgesamt ergibt die Fourier-Analyse ein Absinken des Betrages der Grundwellenimpedanz gemäß $Z_E \sim f_E^{-1}$. Wegen der stärkeren Flußpolung verringert sich der Phasenwinkel mit steigender Frequenz, wie dies Bild 3.20 für eine Varaktordiode zeigt. Bei konstantem Gleichstromwiderstand wurde die Diode bei drei Frequenzen bei jeweils kritischer Aussteuerung betrieben.

Zusammenfassung

Die Abhängigkeit der Grundwellenimpedanz von Richtstrom-, Flächen- und Frequenzvariation ist fast identisch, es werden näherungsweise Impedanzkurven konstanten Phasenwinkels durchlaufen. Bei Weitenvariation liegen die Impedanzwerte auf Kurven konstanten Imaginärteiles.

Die Eingangsimpedanz ist unabhängig von der Betriebsart des Varaktors, sofern ein optimierter breitbandiger Oberwellenabschluß oder Lastwiderstand beim selektiven Vervielfacher vorhanden ist.

Die experimentellen Ergebnisse lassen sich für unterkritische Aussteuerung in dem folgenden geschlossenen Ausdruck für den Realteil der Eingangsimpedanz zusammenfassen:

$$R_E = k \frac{1}{f_E} \sqrt{\frac{w}{A}} \, . \qquad (3.57)$$

Die Konstante k ist dabei vom Gleichstromwiderstand, in geringem Maße auch von der Aussteuerung, abhängig und beträgt für $R_0 = 30 \, k\Omega$: $k = 1{,}35 \cdot 10^{10} \, V \, cm^{1/2} \, A^{-1} s^{-1}$.

3.4.2 Verlustbetrachtung bei breitbandigem Oberwellenabschluß

Bei der Frequenzvervielfachung mit Varaktordioden dominieren zwei Verlustquellen: Einmal der spannungsabhängige Serienwiderstand der Diode und zum anderen der durch den Lastwiderstand bestimmte Energietransferwirkungsgrad. Hinzu treten Verluste infolge endlicher Schaltkreisgüten auch in den Hilfskreisen.

Der Serienwiderstand der Varaktordiode wird in Sperrichtung wesentlich von der Restweite der Basiszone bestimmt (Abschn. 2.3.2). Er nimmt daher mit steigender Sperrvorspannung ab. Bei dynamischer Aussteuerung wird ein effektiver Verlustwiderstand R_{eff} wirksam. Wegen der unterschiedlichen Aussteuerung der Kennlinie bei der Eingangsfrequenz und den Harmonischen (die Spannungsamplituden unterscheiden sich um Faktoren) ist das Maß der Spannungsabhängigkeit des Serienwiderstandes, also das Verhältnis R_{max}/R_{min}, entscheidend für die Verlustbetrachtung. Bild 3.21 gibt für die Varaktoren unterschiedlicher Geometrie und Basisweite der Tab. 3.1 den R_S-Verlauf wieder. Insbesondere bei kleinen Flächen ist R_{max}/R_{min} groß, so daß die Verluste bei der Grundwelle gegenüber den Verlusten bei den Oberwellen vernachlässigbar sind.

Hingegen sind bei großflächigen Dioden auch die Verluste bei der Eingangsfrequenz mit zu berücksichtigen.

Die Wahl des Lastwiderstandes dient der Optimierung von Ausgangsleistung und Wirkungsgrad.

Im Breitbandfall definieren wir den Wirkungsgrad als Quotienten aus der bei allen Harmonischen erzeugten Leistung zur Eingangsleistung. Für den Fall vernachlässigbarer Diodenverluste bei der Eingangsfrequenz (kleine Diodenfläche) liegt der Lastwiderstand (R_L) mit den Verlustwiderständen bei allen Harmonischen in Serie und der Wirkungsgrad der Diode wird

$$\eta = \frac{R_L \sum\limits_{n=2}^{\infty} I_n^2}{U_1 I_1 \cos \varphi_1} = \frac{R_L}{R_{VH} + R_L} \, . \tag{3.58}$$

Hierbei soll R_{VH} den Gesamtverlustwiderstand der Diode infolge der Aussteuerung bei allen Harmonischen der Grundfrequenz repräsentieren. Vergrößert man R_L, so steigt η an.

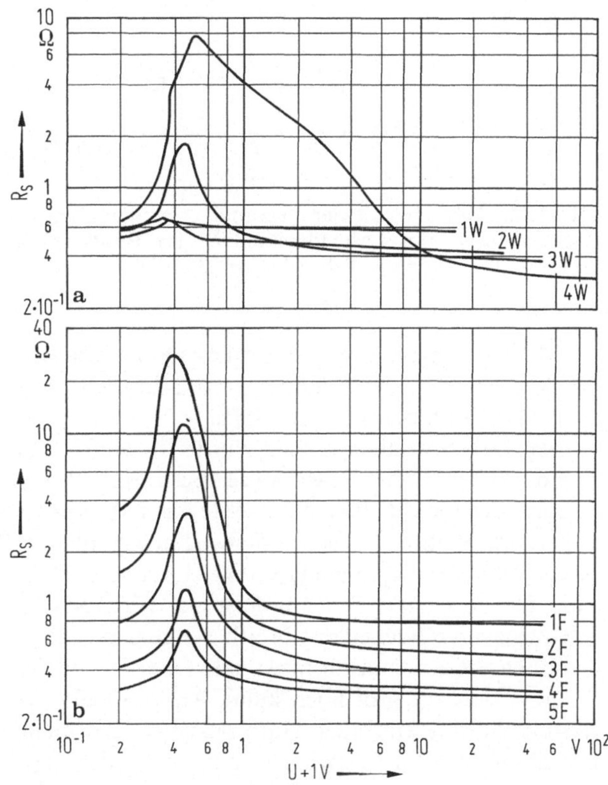

Bild 3.21. Spannungsabhängiger Serienwiderstand (Meßfrequenz 2,4 GHz; Meßverfahren [3.1] (Dioden-Kenndaten gemäß Tab. 3.1); **a)** Varaktoren mit Basisweiten-Variation (A = const, **b)** Varaktoren mit Flächenvariation (w = const)

R_L kann jedoch nur so groß werden, bis die an der Diode auftretenden Spannungsamplituden die Diodenkennlinie in den Durchbruch aussteuern. Eine weitere Vergrößerung von R_L macht dann die Verringerung der Eingangsleistung nötig (R_L wirkt als Spannungsgenerator).

Auch zu kleinen R_L-Werten existiert eine Grenze für die Eingangsleistung. Der partielle Durchbruch der Diode wird wegen der mit sinkendem R_L verkürzten Ausräumphase bei geringeren Eingangsleistungen einsetzen.

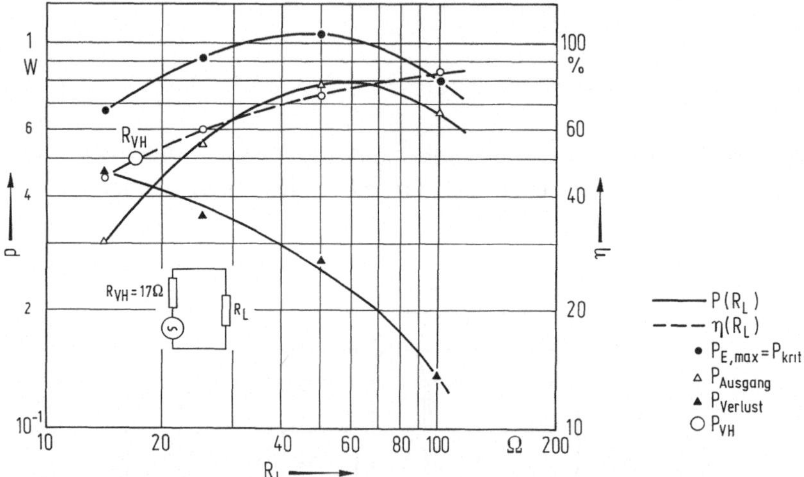

Bild 3.22. Abhängigkeit der maximal zulässigen Eingangsleistung $P_{E\,max}$ und des Wirkungsgrades η vom Lastwiderstand R_L im Breitbandfall [3.1], Kurven gerechnet mit $R_{VH} = 17\,\Omega$ (Diode 1 F, Tab. 3.1; $f_E = 230$ MHz kritische Aussteuerung)

Bild 3.22 zeigt die maximal zulässige Eingangsleistung, Ausgangsleistung und Wirkungsgrad in Abhängigkeit vom Lastwiderstand für breitbandigen Oberwellenabschluß bei $f_E = 230$ MHz.

Der Verlustwiderstand R_{VH} wurde für eine Varaktordiode mit $U_B = 60$ V und $F = 6 \cdot 10^{-3}$ cm² zu $R_{VH} = 17\,\Omega$ bestimmt. Die jeweils maximal mögliche Eingangsleistung (kritische Aussteuerung) wurde der Vervielfacherschaltung zugeführt. Während der Diodenwirkungsgrad mit R_L monoton steigt, tritt für $R_L > 57\,\Omega$ der Begrenzungseffekt durch die Durchbruchspannung der Diode auf. Die zulässige Eingangsleistung wird kleiner. Es existiert daher beim Frequenzvervielfacher mit breitbandigem reellen Abschlußwiderstand ein optimaler Lastwiderstand für maximale Oberwellenleistung.

Diese Aussage gibt noch keine Auskunft über die Verteilung der Ausgangsleistung auf die einzelnen Harmonischen. Bei nicht zu kleinen Frequenzen liegt das Optimum des Lastwiderstandes nahe dem Maximum des Energietransfers ($P_{out\,max}$). Bei niedrigen Frequenzen – hier spielt der partielle Durchbruch keine Rolle – erhält man dagegen $P_{out\,max}$ für $R_L = R_{VH}$ mit einem Wirkungsgrad von $\eta = 50\%$ (3.58). Die Begrenzung durch die Sperrkennlinie erfordert für

$R_L = R_{VH}$ eine stärkere Reduzierung der Eingangsleistung, so daß trotz einer Wirkungsgradverbesserung P_{out} sinkt.

Die Begrenzung der Eingangsleistung resultiert bei niedrigem R_L aus dem partiellen Durchbruch, bei großem R_L aus der Durchbruchkennlinie. Sie stellt sich als Rückwirkung des Lastwiderstandes auf die Wirkimpedanz der Varaktordiode dar.

3.5 Funktionsmodell des Frequenzvervielfachers mit realem Speichervaraktor

Einen wesentlichen Einfluß auf die Funktion des Vervielfachers hat der Oberwellenabschluß. Dies wird in Bild 3.23 deutlich. Es zeigt den zeitlichen Strom- und Spannungsverlauf an einer Varaktordiode in einem Frequenzverdreifacher von 230 auf 690 MHz mit einem Gleichstromwiderstand von 30 kΩ und $P_E = 2$ W. Die Vervielfacherschaltung besitzt neben Eingangs- und Ausgangsfilter einen Hilfskreis bei $2\,f_E$; der Diodenwirkungsgrad beträgt 90%. Der zeitliche Verlauf von Strom und Spannung weicht wesentlich von dem für breitbandigen Oberwellenabschluß ab.

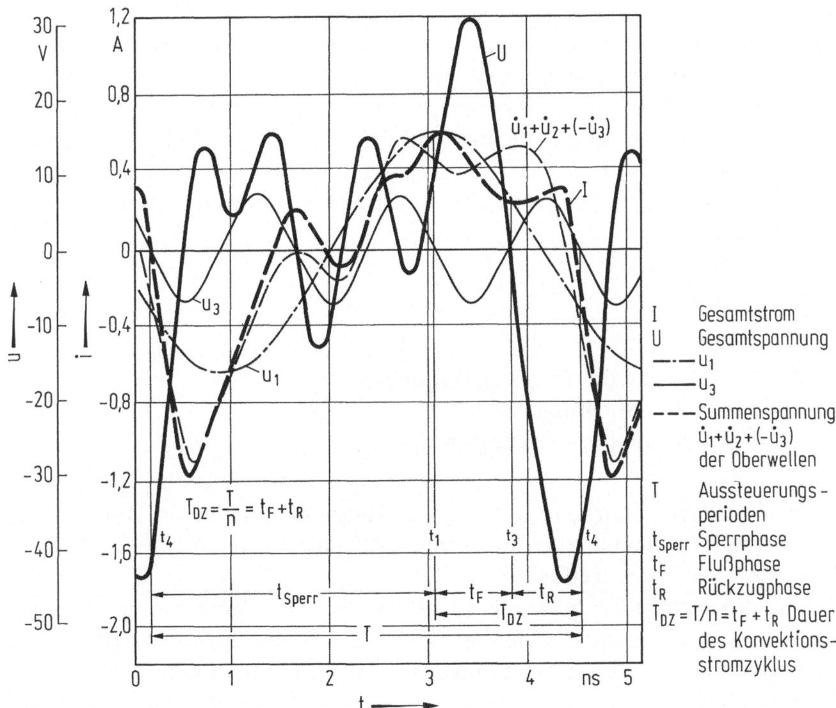

Bild 3.23. Aussteuerungsmodell eines Verdreifachers mit realem Speichervaraktor (Beispiel Verdreifacher; Diode 4F) [3.1] (Diodenkenndaten gemäß Tab. 3.1)

Dieser in der Praxis dominierende Anwendungsfall des selektiven Vervielfachers zeichnet sich durch zwei grundsätzlich neue Effekte aus: Die Flußstromphase ist kürzer und damit wird zur Erhaltung des Arbeitspunktes eine höhere Stromamplitude erforderlich, um die Rekombinationsladung zu erzeugen.

Während der Sperrphase ist das Verhalten von Strom- und Spannungsamplituden gegenüber dem Breitbandfall grundsätzlich verschieden. Es treten im dynamischen Betrieb bei reaktivem Oberwellenabschluß mehrere Strom- und Spannungsmaxima auf, deren Existenz nur durch die Aufzeichnung von Strom- und Spannungsverlauf erkannt werden kann. Wie Steinkamp [3.1] zeigte, gilt für die Anzahl der auftretenden Strommaxima M stets $M \geqq n$, wobei n die Vervielfachungszahl ($n = f_A : f_E$) bedeutet. Wesentlich ist, daß M durch die Wahl des reaktiven Abschlusses bestimmt ist.

Im Beispiel des Verdreifachers in Bild 3.23 ist demnach $M = 4$ ($n = 3$). Daher existieren für einen Vervielfacher mehrere Lösungsmöglichkeiten bezüglich des Oberwellenabschlusses. Mit zunehmender Ordnung des Schwingmodus steigt generell die maximal zulässige Eingangsleistung (Grenzleistung) an. Dies wird qualitativ dadurch erreicht, daß bei höherer Modenzahl M die Phasenlage der Spannungskomponenten bei den Oberwellen bezüglich der Grundwellenkomponente verschoben wird. Bei der Superposition der einzelnen Spannungsverläufe verringert sich damit die Spannungsamplitude, die Varaktordiode wird schwächer ausgesteuert. Dieses Verhalten deutet Bild 3.23 an. Die Summenspannung über der Varaktordiode erreicht kleinere Maximalwerte als die durch die Fourier-Analyse bestimmte Spannung U_1 bei f_E.

Während die Konvektionsstromphase T_D (Flußinjektionsphase − Laufzeit der Ladungsträger durch die Basis und Rückzugszeit) beim Breitbandvervielfacher der halben Periode der Eingangsfrequenz entspricht, wird sie beim selektiven Vervielfacher bestimmt durch die Ausgangsfrequenz f_A gemäß der Funktionsgleichung

$$T_D = \frac{T_E}{n} = T_A \,,$$

(3.59)

wobei T_E: Periode der Eingangsfrequenz,
     n: Vervielfachungszahl,
     T_A: Periode der Ausgangsfrequenz.

Dies wird durch Betrachtung der Ausgangsspannung U_3 in Bild 3.23 deutlich. Die Dauer des Konvektionsstromintervalls entspricht einer Periode der dritten Oberwelle beim Verdreifacher.

Um die Funktionsgleichung (3.59) zu erfüllen, stehen dem Schaltungsentwickler zwei Hilfsmittel zur Verfügung: die Steuerung der Oberwellenströme und Spannungen bei den unerwünschten Harmonischen und die Wahl des Lastwiderstandes.

Wie wir gesehen haben, bestimmt der Lastwiderstand die Verlustbilanz der Vervielfacherschaltung. Sein Wert sollte gemäß den im Breitbandfall erarbeiteten Kriterien festgelegt werden. Ein höherer Lastwiderstand liefert nur so lange optimale Vervielfacherwirkungsgrade als die von ihm mitbestimmte Umladezeitkonstante noch eine ausreichend kurze Abschaltzeit der Diode sicherstellt. Hierzu genügt die Einhaltung der Bedingung

$$t_t < \frac{1}{f_A} .$$

(3.60)

Der Lastwiderstand beeinflußt neben der Abschaltzeit auch die Dauer des Ladungsträgerrückzuges. Insbesondere zu hohen Eingangsfrequenzen wird daher eine Absenkung des Lastwiderstandes erforderlich sein, um die Funktionsgleichung zu erfüllen.

Je höher die Grenzfrequenz der eingesetzten Varaktordiode, desto höhere Harmonische beeinflussen den Vervielfachungsvorgang. Hieraus folgt, daß eine Berechnung von Vervielfacherschaltungen in praxi stets zugunsten einer experimentellen Lösung zurücktritt.

3.6 Grenzleistung und Konversionsverlust in Vervielfachern

3.6.1 Konversionsverlust

Von wesentlichem Interesse für den Anwender ist die Beeinflussung der Vervielfacherkenndaten durch die Wahl der Varaktordiode.

Hierzu ist primär die Frage der Anpassung wichtig. Die Geometrieabhängigkeit der Eingangsimpedanz wurde bereits in Abschn. 3.4.1 dargestellt.

Die Abhängigkeit des optimalen Lastwiderstandes von der Varaktorgeometrie zeigt Bild 3.24 für unterschiedliche Vervielfachungszahlen und für breitbandige Lastanpassung. Die Meßwerte zeigen einen Abfall der optimalen Lastimpedanz mit zunehmender Systemfläche: $R_L \sim A^{-1/3}$.

Da sich gleichzeitig der Diodenserienwiderstand $R_D \sim A^{-1/2}$ verringert, wird insgesamt das Verhältnis $R_L : R_D$ günstiger und damit der Wirkungsgrad höher. Diese Wirkungsgradverbesserung wird jedoch nach Bild 3.22 von einer Verringerung der kritischen Eingangsleistung begleitet (partieller Durchbruch tritt früher auf).

Der Einfluß einer Basisweitenvergrößerung auf den Lastwiderstand wird bestimmt durch die Vergrößerung des Serienwiderstandes. Sie erhöht die Verluste in der Diode. Eine Verringerung der Basisweite ist nur so lange möglich, als die geforderte Eingangsleistung die Aussteuergrenze nicht überschreitet.

Bild 3.24 zeigt, daß der optimale Lastwiderstand für verschiedene Betriebsarten nur wenig variiert.

Neben den Verlusten durch den Serienwiderstand der Diode treten Umschaltverluste auf. Sie nehmen in der Literatur einen breiten Raum ein [3.5, 3.11 – 3.14]. Mit Varaktoren, deren Durchbruchspannung der Frequenzlage angepaßt ist, können Umschaltverluste jedoch unter 10% abgesenkt werden. Die vom durch die Diode fließenden Richtstrom hervorgerufenen Gleichstromverluste liegen im Milliwatt-Gebiet und beeinflussen die Verlustbetrachtung kaum.

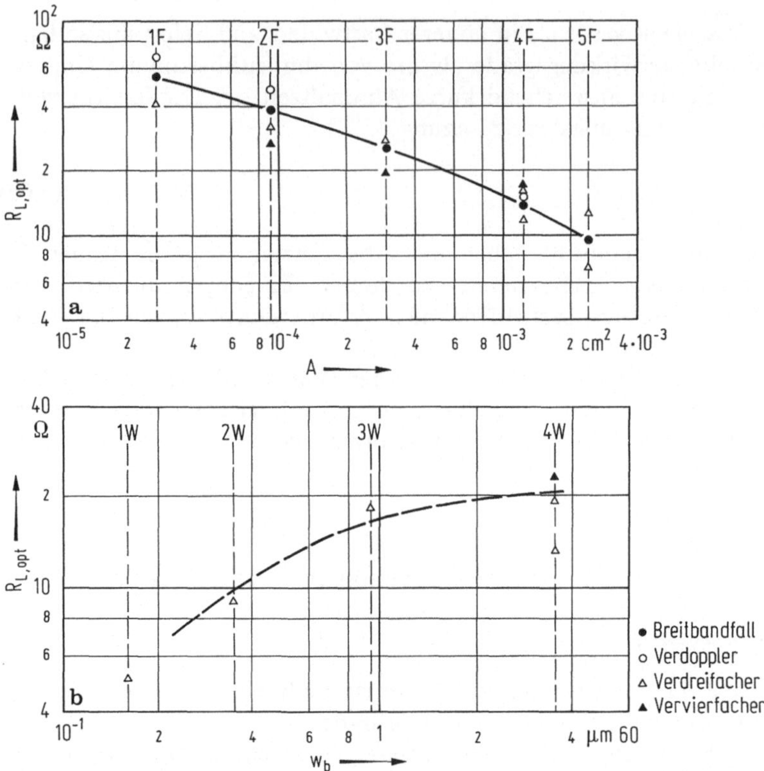

Bild 3.24. Geometrieabhängiger Lastwiderstand [3.1]; **a)** Flächenvariation; $R_0 = 30\,k\Omega$; $w_b = 1\,\mu m$; $f_E = 230\,MHz$, **b)** Weitenvariation; $R_0 = 30\,k\Omega$; $A = 6{,}5 \cdot 10^{-4}\,cm^2$; $f_E = 230\,MHz$ (Diodenkenndaten gemäß Tab. 3.1)

Der Diodenkonversionsverlust ist daher faktisch mit den Verlusten im — allerdings vorspannungsabhängigen — Serienwiderstand gleichzusetzen. Seine Minimierung ist ein Hauptziel der Bauelemententwicklung.

Die Diodenverluste sind nur ein Teil der Gesamtverluste im Frequenzvervielfacher. Die Impedanztransformation am Eingangs- und Ausgangskreis ist eine weitere Verlustquelle. Sie hängt naturgemäß vom Impedanzniveau der Diode ab. Da die Hilfskreise endliche Güten besitzen, sind auch sie verlustbehaftet.

Die Zusammenfassung aller Verlustquellen bei Weiten- und Flächenvariation ist in den Bildern 3.25 und 3.26 für einen Frequenzverdreifacher mit $f_E = 230\,MHz$ aufgezeigt. Die Gegenläufigkeit von Dioden- und Schaltungsverlusten bewirkt, daß für ein Wertepaar aus Fläche und Basisweite der Wirkungsgrad maximal ist. Diese Aussage gilt allgemein für jeden Vervielfacher.

Die Kurve für den Diodenkonversionsverlust bei Weitenvariation steigt bei konstanter Fläche zu niedrigen Basisweiten wieder an. Dies ist eine Folge des extrem niedrigen Realteils der Diodeneingangsimpedanz, die bei festgehaltener Diodenfläche eine proportionale Absenkung der Eingangs- und der

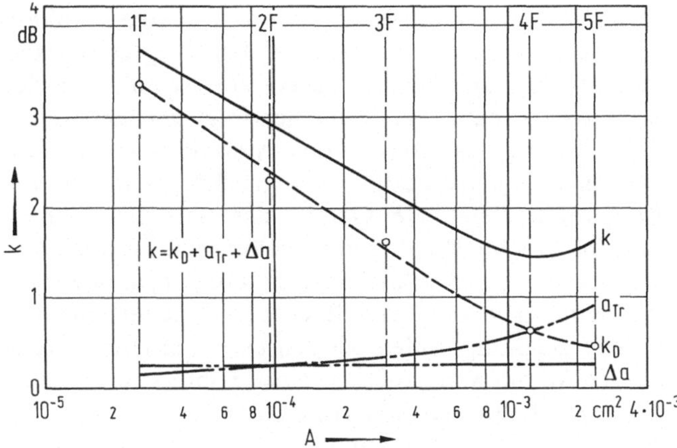

Bild 3.25. Verluste in Vervielfachern mit realen Speichervaraktoren und $n \lesssim 12$, Verlustaufteilung bei Flächenvariation ($w_b = 1\ \mu m$) (Beispiel: Verdreifacher; $f_E = 230\ \mathrm{MHz}$) [3.1] (Diodenkenndaten gemäß Tab. 3.1)

Lastimpedanz erforderlich macht. Nach Bild 3.22 ist damit ein Anstieg des Konversionsverlustes verbunden.

3.6.2 Grenzleistung

Bei der Aussteuerung der Varaktordiode stellt die Überschreitung der Durchbruchfeldstärke die elektronische Begrenzung der zulässigen Eingangsleistung dar. Sie wird heute bei fast allen kommerziell erhältlichen Speichervaraktoren wesentlich vor der durch den thermischen Ableitwiderstand gegebenen Verlustgrenze erreicht.

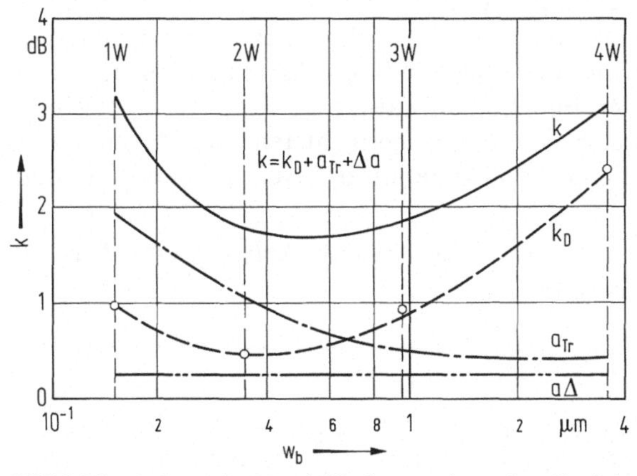

Bild 3.26. Verluste in Vervielfachern mit realen Speichervaraktoren und $n \lesssim 12$ (Verlustaufteilung bei Weitenvariation ($A = 6{,}5 \cdot 10^{-4}\ \mathrm{cm}^2$) (Diodenkenndaten gemäß Tab. 3.1) (Beispiel: Verdreifacher; $f_E = 230\ \mathrm{MHz}$) [3.1]

Die aussteuerungsabhängige Grenzleistung ist somit eine wichtige Varaktorkenngröße. Ihr Absolutwert läßt sich nur auf experimentellem Weg bestimmen. Aus der Beschreibung des Strom- und Spannungsverlaufes sowohl für den Breitband- als für den selektiven Frequenzvervielfacher folgt zunächst qualitativ: Da der Zwang zur Einhaltung des Konvektionsstromzyklus beim selektiven Vervielfacher die Verringerung der Ladungsträgerrückzugszeit mit steigender Ausgangsfrequenz fordert, steigt die Gefahr des partiellen Durchbruches an. Somit wird die für den breitbandig abgeschlossenen Frequenzvervielfacher ermittelte Grenzleistung die maximal erreichbare Eingangsleistung darstellen. Die Verhältnisse beim selektiven Vervielfacher sind modenabhängig, da die Superposition der Spannungsamplituden bei den Harmonischen je nach Phasenwinkel sowohl zu einer Addition als auch zu einer Subtraktion von der Spannungsamplitude der Grundwelle führen kann (Bild 3.23).

Die vom Schaltungsaufbau beeinflußbare Anzahl der Strommaxima (= Modenzahl M) führt daher zu merklichen Änderungen der Grenzleistung, so daß ihre Optimierung bei Leistungsvervielfachern mit Speichervaraktoren wesentlich wird. Die folgende Betrachtung beschränkt sich wegen der Mehrdeutigkeit beim selektiven Frequenzvervielfacher auf den Breitbandfall. Hier ist die Grenzleistung von vier Einflußgrößen abhängig: der aktiven Diodenfläche, der Basisweite w, der Eingangsfrequenz und vom Richtstrom. Experimentelle Ergebnisse von Steinkamp [3.1] geben die Bilder 3.27a bis d wieder. Bei Flächenvariation ändert sich nach (3.57) die Eingangsimpedanz gemäß $Z_E \sim A^{-1/2}$. Wegen des flächenunabhängigen Gesamtspannungshubes erwartet man eine reziproke Abhängigkeit der Grenzleistung. Ihr Anstieg erfolgt jedoch angenähert mit $P_K \sim A^{1/3}$ also schwächer (Bild 3.27a). Nach [3.1] ist hierfür die erhöhte Durchbruchswahrscheinlichkeit bei Flächenvergrößerung verantwortlich, die aus inhomogenen Stromdichteverteilungen über der Diodenfläche resultiert.

Die Erhöhung des Richtstromes bedingt nach Bild 3.15 eine stärkere Aussteuerung der Diode in Flußrichtung und somit eine Erhöhung der Eingangsleistung. Dieser Tatsache verdankt der Speichervaraktor seine Überlegenheit im Vergleich zum Sperrschichtvaraktor ohne Ladungsträgerinjektion in Flußrichtung. Die Abhängigkeit des Injektionsstromes vom Richtstrom bestimmt daher die Steigerung der Grenzleistung. Im betrachteten Richtstrombereich zwischen 0,1 und 3 mA steigt die Grenzleistung mit der Quadratwurzel aus dem Richtstrom an (Bild 3.27b).

Der Einfluß der Basisweite kann durch die Abhängigkeit der Grenzleistung von der Durchbruchspannung dargestellt werden.

Bild 3.27. Grenzleistung realer Speichervaraktoren im Breitbandfall und im Vervielfacherbetrieb [3.1]; **a)** Flächenvariation ($R_0 = 30\ \mathrm{k\Omega}$; $w_b = 1\ \mu\mathrm{m}$; $f_E = 230\ \mathrm{MHz}$), **b)** Richtstromvariation (Versuchsdiode 4F; $f_E = 230\ \mathrm{MHz}$), **c)** Variation von Basisweite und Durchbruchspannung, **d)** Frequenzvariation (Diode 4F: $A = 1{,}25 \cdot 10^{-3}\ \mathrm{cm^2}$; $R_0 = 30\ \mathrm{k\Omega}$) (Diodenkenndaten gemäß Tab. 3.1)

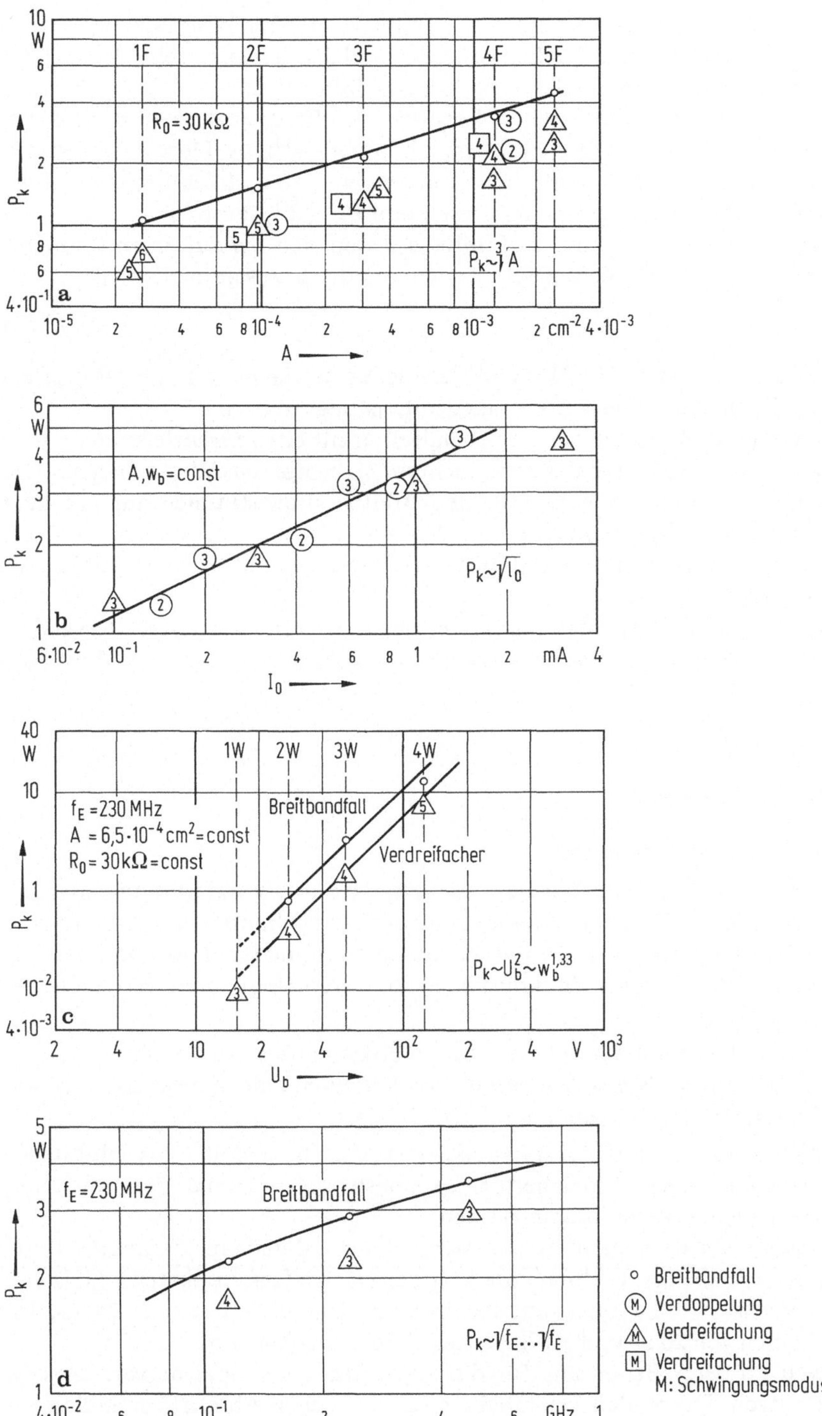

10 W
1F 2F 3F 4F 5F
$R_0 = 30\,k\Omega$
P_k
A
$P_k \sim \sqrt[3]{A}$
a
10^{-5} 2 4 6 8 10^{-4} 2 4 6 8 10^{-3} 2 cm^{-2} 4·10^{-3}
$4\cdot10^{-1}$

6 W
$A, w_b = const$
P_k
$P_k \sim \sqrt{I_0}$
b
$6\cdot10^{-2}$ 10^{-1} 2 4 6 8 1 2 mA 4
I_0

40 W
1W 2W 3W 4W
$f_E = 230\,MHz$
$A = 6{,}5\cdot10^{-4}\,cm^2 = const$
$R_0 = 30\,k\Omega = const$
Breitbandfall
Verdreifacher
P_k
$P_k \sim U_b^2 \sim w_b^{1,33}$
c
$4\cdot10^{-3}$
2 4 10 2 4 10^2 2 4 V 10^3
U_b

5 W
$f_E = 230\,MHz$
Breitbandfall
P_k
$P_k \sim \sqrt{f_E} \ldots \sqrt{f_E}$
d
$4\cdot10^{-2}$ 6 8 10^{-1} 2 4 6 GHz 1
f_e

Breitbandfall
Verdoppelung
Verdreifachung
Verdreifachung
M: Schwingungsmodus

Da bei Weitenvariation sämtliche Spannungen und Injektionsströme in etwa proportional U_B zunehmen (siehe Aussteuermodell), erwartet man den experimentell bestätigten Zusammenhang $P_K \sim U_B^2$ in Bild 3.27 c.

Die Abhängigkeit der kritischen Leistung bei Frequenzvariation wird dadurch charakterisiert, daß bei Frequenzerhöhung partielle Durchbrucheffekte bei kleineren Leistungen auftreten, andererseits aber Injektionsstrom und Stromeinsatzwinkel ansteigen, so daß insgesamt $P_K \sim \sqrt[3]{f_E}$ ansteigt.

Diese experimentell ermittelten Einflüsse lassen sich bis auf einen frequenzabhängigen Faktor k zu einem geschlossenen Ausdruck zusammenfassen

$$P_K = k \sqrt[3]{A\, f_E}\, \sqrt{I_0}\ U_B^2 . \tag{3.61}$$

Die Überprüfung von (3.61) für verschiedene Vervielfacherkonfigurationen ermöglichen die in den Bildern eingetragenen Leistungsgrenzen.

Man erkennt, daß die für den Breitbandfall ermittelten Grenzleistungen stets oberhalb der mit selektiven Vervielfachern erreichbaren Werte liegen. Die experimentell bestimmten Werte für den Breitbandfall stimmen gut mit dem Kurvenverlauf nach (3.61) überein.

Der Grenzleistung im Breitbandfall am nächsten kommt der Verdoppler mit Schwingmodus $M = 3$.

Die erwartete Verringerung der Grenzleistung mit steigender Ausgangsfrequenz wird deutlich. Kritische Aussteuerung kann hier bereits bei 55 bis 80% der Maximalleistung auftreten.

3.7 Grenzfrequenzen

Untere und obere Grenzfrequenz

Die dynamischen Vorgänge bei der Aussteuerung der Varaktordiode und die damit verbundenen Trägheitseffekte aufgrund der Minoritätsträgerbewegung sind Ursache für Wirkungsgradeinbußen bei nicht optimalem Diodenaufbau.

Primär beeinflussen zwei Zeitkonstanten die Grenzfrequenzen der Varaktordiode:

1. die effektive Ladungsträgerlebensdauer in Flußrichtung τ_F (Abschn. 2.4.2),
2. die Abschaltzeit t_t als Übergangszeit vom leitenden zum sperrenden Zustand beim Ladungsträgerrückzug.

Die Ladungsträgerlebensdauer τ_F muß so groß sein, daß die bei Flußinjektion in der Basiszone gespeicherten Ladungsträger während der Aussteuerungsperiode nicht rekombinieren können.

Die untere Grenzfrequenz $f_{c\,min}$ wird daher allgemein definiert durch $\tau_F \cdot f_{c\,min} > 1$. Speichervaraktoren zur Frequenzvervielfachung unter 1 GHz besitzen in praxi eine Ladungsträgerlebensdauer von üblicherweise 200 ns, im 5-GHz-Bereich von 20 ns und erfüllen diese Grenzfrequenzforderung leicht.

Von weit größerer Bedeutung für die Anwendung des Speichervaraktors ist die Abschaltzeit. Die in den Datenblättern angegebenen Abschaltzeiten können im Vervielfacherbetrieb sowohl unter- als auch überschritten werden. In jedem

Fall sollte die Abschaltzeit t_t klein gegenüber der Periode der Ausgangsfrequenz sein, d.h. $t_t f_A < 1$.

Abschaltgrenzfrequenz des realen Speichervaraktors

In Abschn. 3.2 wurde das Abschaltverhalten des Speichervaraktors bei pulsförmiger Aussteuerung analysiert. Unter Vernachlässigung der ramp-Phase (Zeitdauer t_{R2} in Bild 2.9), deren Einfluß erst bei großen Basisweiten wesentlich wird, setzt sich die minimal erreichbare Abschaltzeit aus zwei aufeinanderfolgenden Zeitabschnitten zusammen:

die Ladungsträgerrückzugsphase nach Beendigung der Raumladungsphase nach (3.35) mit

$$t_{R3\,min} = \frac{w}{2\,v_s}$$

und die Umladung der Sperrschichtkapazität (Zeitdauer t_{R4}).

Gemäß der aus dem Realteil der Diodenimpedanz R_E und der Diodenkapazität gebildeten Zeitkonstante steigt die Sperrspannung der Diode auf die Generatorspannung U_G an

$$U_R(t) = U_G \left[1 - \exp \frac{-t}{R_E\,C_{po}} \right]. \tag{3.62}$$

Im allgemeinen wird die Abschaltzeit t_t definiert zwischen dem 10- und 90%-Wert von U_R, man erhält so für t_{R4} mit

$$U_R(t_4) = 0{,}9\;U_G\,,$$

aus (3.62)

$$t_{R4} = 2{,}3\;R_E\;C_{po}\,. \tag{3.63}$$

Wegen (3.57) und (3.63) beträgt die minimal erreichbare Abschaltzeit im Frequenzvervielfacher

$$t_t = t_{R3} + t_{R4} = \frac{w}{2\,v_s} + \frac{2{,}3\,k\,\varepsilon}{f_E} \sqrt{\frac{A}{w}}\,. \tag{3.64}$$

Anstelle des in Abschn. 3.2 eingesetzten Generatorinnenwiderstandes tritt hier der bei Diodenanpassung ermittelte Realteil der Diodenimpedanz. Damit wird die Abschaltzeit im Frequenzvervielfacher frequenzabhängig. Nicht berücksichtigt ist die durch den Einbau in das Gehäuse vorhandene Gehäusekapazität, die speziell bei hohen Frequenzen vergleichbar mit der Punch-on-Kapazität C_{po} werden kann und so den Abschaltprozeß verlangsamt. Außerdem wird bei kleinen Diodenflächen der Serienwiderstand der Diode merklich größer (Bild 3.21); er muß zusätzlich zu R_E berücksichtigt werden.

In (3.63) und (3.64) ist dann R_E durch $R = R_S + R_E$ zu ersetzen. Als Abschaltgrenzfrequenz definieren wir den Reziprokwert der Abschaltzeit

$$f_t = \frac{1}{t_{R3} + t_{R4}} = \frac{1}{\left[\dfrac{w}{2\,v_s} + \dfrac{2{,}3\,k\,\varepsilon}{f_E} \sqrt{\dfrac{A}{w}} \right]}\,. \tag{3.65}$$

Unter Vernachlässigung des ersten Summanden bestimmt der vom Realteil des Eingangswiderstandes her beeinflußbare Umladeterm die Abschaltgrenzfrequenz. Durch geeignete Wahl der Diodengeometrie (w, A) muß dafür gesorgt werden, daß die so bestimmte Umladezeit kürzer als die Periode der Ausgangsfrequenz wird.

Fordert man

$$f_t > 2 f_A , \qquad (3.66)$$

so folgt mit

$$f_t \approx \frac{1}{\dfrac{2,3 \, k \, \varepsilon}{f_A} \sqrt{\dfrac{A}{w}} \cdot n}$$

die Ungleichung

$$G = 4,6 \, k \, \varepsilon \, n \, \sqrt{\frac{A}{w}} < 1 , \qquad (3.67)$$

der die Diodenparameter genügen müssen, damit im Vervielfacherbetrieb die Abschaltgrenzfrequenz nicht überschritten wird. Für Speichervaraktoren mit $G \gtrsim 1$ ist die Abschaltcharakteristik nicht mehr ausgeprägt.

Ersetzt man in (3.65) gemäß (3.67):

$$f_E = \frac{f_A}{n} = \frac{f_t}{2 \, n} ,$$

so ergibt sich die maximal erreichbare Grenzfrequenz $f_{t\,max}$:

$$f_{t\,max} = \frac{1 - 4,6 \, k \, \varepsilon \, n \, \sqrt{\dfrac{A}{w}}}{\dfrac{w}{v_s} + 4,6 \, R_S \, \varepsilon \, \dfrac{A}{w}} . \qquad (3.68)$$

Eine Auswertung dieser Beziehung für unterschiedliche Basisweiten und Diodenflächen ergibt die Höhenlinien in Bild 3.28 für den Fall eines Verdreifachers (n = 3).

Man erkennt, daß mit einer Vergrößerung der Systemfläche grundsätzlich eine Verringerung der maximalen Abschaltgrenzfrequenz verbunden ist. Bei kleinen Basisweiten wird die Grenzfrequenz ausschließlich von der Umladezeit der Sperrschichtkapazität bestimmt, deren Einfluß mit steigender Basisweite stark abnimmt. Zu größeren Basisweiten wird dann zunehmend der Einfluß der physikalischen Abschaltzeit wirksam, so daß die Grenzfrequenz nach Durchlaufen eines Maximalwertes rasch absinkt.

Hieraus läßt sich eine Dimensionierungsvorschrift für die Wahl der geeigneten Varaktordiode bei beliebiger Vervielfachungszahl ableiten:

Die Verbindungslinie der Grenzfrequenzmaxima stellt die bei gegebener Grenzfrequenz maximal zulässige Diodenfläche dar, während für optimiertes

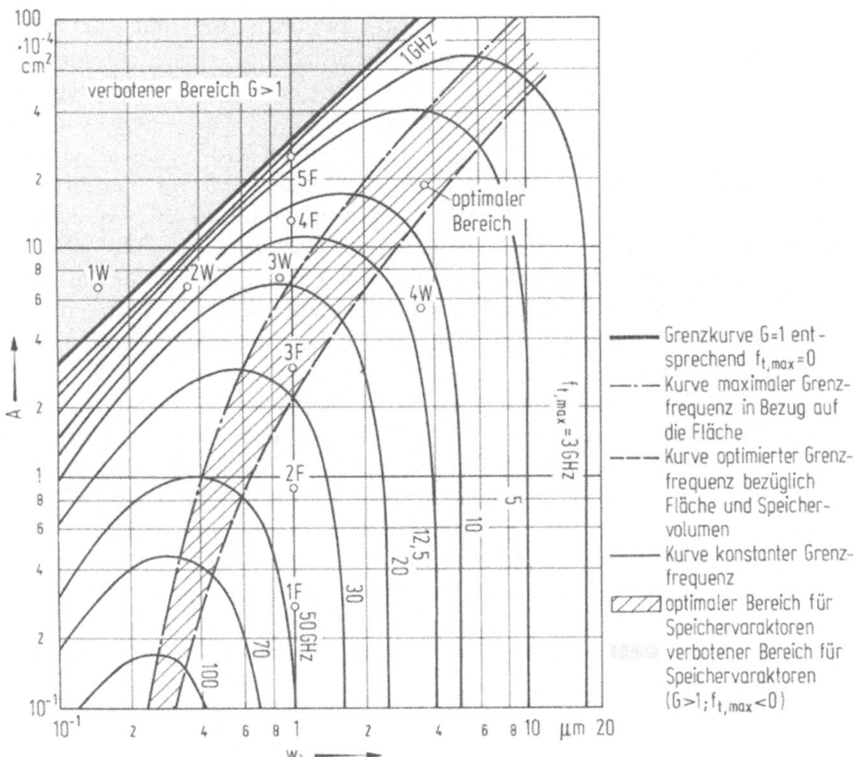

Bild 3.28. Weiten- und flächenabhängige maximale Grenzfrequenz $f_{t\,max}$ für Verdreifachung (n = 3) Gl. (3.68) [3.1]

Speichervolumen (höchste Eingangsleistung) in etwa die strichlierte Kurve zu betrachten ist.

3.8 Technologie der Varaktordiode

3.8.1 Aufbauprinzipien

Zur Herstellung von Varaktordioden (Sperrschichtvaraktor, Speichervaraktor) stehen prinzipiell zwei Technologiekonzepte zur Verfügung: die Planartechnologie und die Mesatechnologie. Beide Verfahren besitzen eine Reihe von Vor- und Nachteilen, welche im Hinblick auf den jeweiligen Anwendungsfall von unterschiedlicher Bedeutung sind.

Bild 3.29 stellt beide Herstellverfahren einander gegenüber. Ausgangspunkt ist stets epitaktisches Grundmaterial (hier Silizium).

Die Planartechnik ist das einfachste und am besten beherrschte Herstellungsverfahren der Halbleitertechnologie. Zur Fertigung einer Varaktordiode wird zunächst die Siliziumoberfläche durch Reaktion mit Sauerstoff in Silizium-

109

dioxid umgewandelt (Scheibentemperatur zwischen 1000 und 1200 °C). Mittels photolithographischer Verfahren wird die Siliziumdioxidschicht zur Erzeugung des pn-Überganges weggeätzt. Bei dem nachfolgenden Diffusionsprozeß verhindert sie das Eindringen von Fremdatomen außerhalb der gewünschten Bereiche und schützt gleichzeitig bei den folgenden Prozessen die empfindliche Halbleiteroberfläche um den pn-Übergang weitgehend vor Verunreinigungen. Da speziell Natriumatome eine hohe Beweglichkeit in SiO_2 besitzen, ist für Bauelemente höchster Zuverlässigkeit eine zusätzlich das Oxid überlappende Nitridschicht Stand der Technik. Für die nachfolgende Metallisierung werden heute generell Mehrschichten-Edelmetallkontakte wie z.B. Platinsilizid, Titan, Platin, Gold oder ein Palladiumsilizid-Ag-Kontakt wegen ihrer Temperaturstabilität aufgebracht.

Die Vorteile dieses planaren Aufbaues liegen in der einfachen und hohen Reproduzierbarkeit des Verfahrens, die Nachteile in der durch die Diffusion bedingten Randkrümmung des pn-Überganges. Die hierdurch hervorgerufene Feldüberhöhung verringert ohne zusätzliche Maßnahmen die Durchbruchspannung und damit die zulässige Eingangsleistung im Vergleich zur Mesadiode mit einer Basiszone gleicher Dotierung und Dicke. Die Randkrümmung beeinflußt entscheidend das dynamische Verhalten der Varaktordiode. Bei Aussteuerung in Flußrichtung ist der Speicherraum geometrisch nicht definiert, so daß die Ladungsträger in die Randgebiete der Speicherzone diffundieren und die Abschaltzeit wesentlich verlängern.

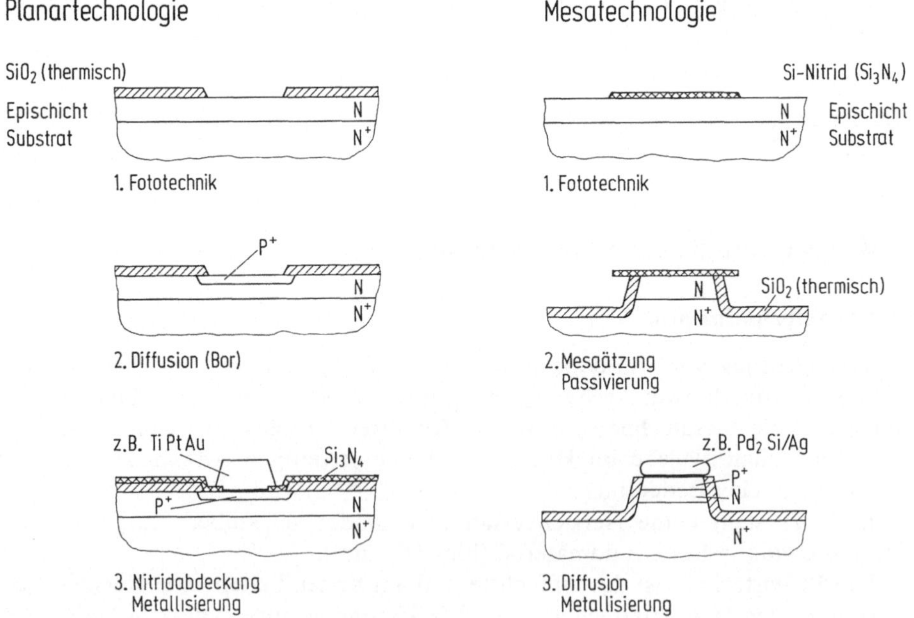

Bild 3.29. Herstellverfahren für Mikrowellendioden

Für Speichervaraktoren oberhalb 1 GHz Eingangsfrequenz werden daher bevorzugt Mesabauelemente eingesetzt, darunter — wegen der kostengünstigen Herstellung — vorwiegend Planarstrukturen. Beim Speichervaraktor kann GaAs-Grundmaterial wegen der geringen Minoritätsträgerlebensdauer ($\tau \approx 10^{-8}$ s) kaum eingesetzt werden, so daß GaAs-Varaktoren zur Frequenzvervielfachung als Sperrschichtvaraktoren aufgebaut sind (dotierte Mittelzone Kap. 4).

3.8.2 Siliziumspeichervaraktoren in Mesatechnologie

Die Mesatechnologie erhielt ihren Namen wegen ihres geometrischen Aufbaus, der einem Tafelberg (Mesa) ähnelt. Zur exakten Festlegung der Bauelemente-

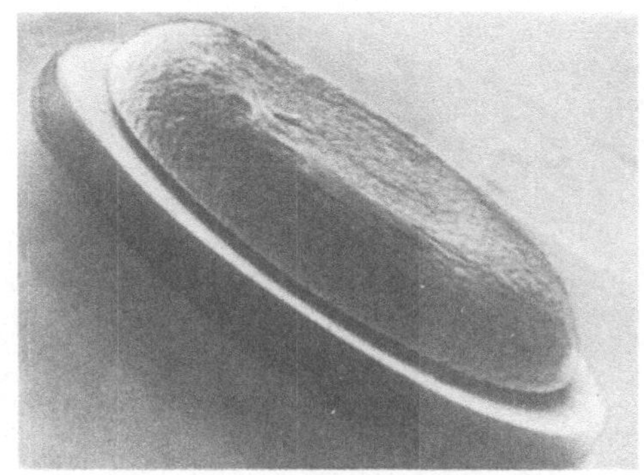

Bild 3.30. Rasterelektronenmikroskopaufnahme der metallisierten Mesastruktur eines Si-Speichervaraktors mit thermischer SiO_2-Passivierung (Mesadurchmesser D = 100 µm) (Werkfoto Siemens AG)

geometrie wird hier die Epitaxieschicht um die aktive Diodenfläche herum weggeätzt. Als Maske dient eine dünne Si-Nitridschicht (i. allg. 0,1 µm dick), welche durch die Reaktion von Silan und Ammoniak im Temperaturbereich um 900 °C abgeschieden wird.

Die Nitridschicht dient gleichzeitig als Maske für die nachfolgende thermische Oxidation der freien Siliziumoberfläche, so daß nach dem Abätzen, ähnlich der Planartechnologie, die Halbleiteroberfläche von SiO_2 geschützt wird. Diffusion und Metallisierung verlaufen analog zur Planartechnologie.

Die so gewonnene Struktur besitzt einen ebenen pn-Übergang. Bild 3.30 zeigt die Rasterelektronenmikroskopaufnahme eines Speichervaraktorchips vor dem Einbau in das Gehäuse. Man erkennt die exakte Begrenzung der aktiven Fläche ($\varnothing = 100$ µm) und die perfekte Ätzung des Mesaberges (Mesatiefe ca. 10 µm). Der Kontaktfleck besteht aus Ag, galvanisch abgeschieden auf der ganzflächigen 100 nm dicken Pd_2Si-Schicht. Bei undotierter Mittelzone beträgt die Durchbruchspannung üblicherweise 20 V/µm.

Der Einbau des einzelnen Halbleiterchips in das Gehäuse erfordert große Sorgfalt. Zur Vermeidung von Übergangswiderständen wird der Halbleiterchip auf die vergoldete Bodenplatte auflegiert, d.h., die Gehäusetemperatur wird während des Einbauvorganges auf über 368 °C gebracht, so daß sich ein AuSi-Eutektikum an der Grenzschicht zum Halbleiter bildet (< 10 µm dick).

Der Halbleitergrenzbereich muß zur Vermeidung von elektrischen Übergangswiderständen (Schottky-Effekt) bis zur Entartung dotiert sein, so daß man für n (p)-leitendes Substrat entweder ein mit Antimon (Gallium) dotiertes Au-Plättchen auf den Gehäuseboden aufbringt oder die Scheibenrückseite zusätzlich dotiert (Ionenimplantation) respektive mit AuSb/AuAs (AuGa) bedampft.

Der pn-seitige Kontaktfleck soll möglichst induktivitätsarm mit der Gegenelektrode verbunden werden. Hierzu wird ein breites Au-Band (oder Au-Netz) mittels Thermokompression vom Gehäuserand zum Kontaktfleck und zurück geführt. Die Gehäusestreureaktanzen stören die Bauelementefunktion, so daß speziell entwickelte Metall/Keramik-Gehäuse eingesetzt werden mit kleinen Gehäusekapazitäten ($C_p = 0,1$ pF) und kleinen Abmessungen, die minimale Kontaktbandlängen erlauben ($L_S = 0,2$ nH).

Bild 3.31. Rasterelektronenmikroskopaufnahme eines Si-Speichervaraktor-Chips in 4-Mesa-upside-down-Technologie. Die 20 µm hohen Mesaberge sind über eine 70 µm dicke Ag-Wärmesenke verbunden (Mesadurchmesser 130 µm) (Werkfoto Siemens AG)

Trotz optimaler Einbauverfahren kann bei Leistungsanwendungen im 10-W-Gebiet die einfache Mesatechnologie zu überhöhten Sperrschichttemperaturen führen, die einen zuverlässigen Betrieb nicht mehr gewährleisten.

Daher empfiehlt sich bei Leistungsvaraktoren zur Verbesserung des Wärmewiderstandes das Multimesakonzept. Die ideale Varaktordiode erhält man dann, wenn auch das Halbleitersubstrat entfernt wird, so daß die Wärmequelle im Halbleiter nur wenige Mikrometer von der metallischen Wärmesenke entfernt ist.

Die Verarbeitung derart dünner Si-Scheiben ist sehr aufwendig und erst seit einigen Jahren beherrschbar [3.15, 3.16]. Das Verfahren wurde bei der Entwicklung leistungsfähiger IMPATT-Dioden erforderlich.

Bild 3.31 zeigt den Aufbau einer Varaktordiode in Dünnscheibentechnologie mit integrierter Wärmesenke. Der pn-Übergang befindet sich in unmittelbarer Nähe der Wärmesenke („Upside-down"), so daß der Wärmewiderstand im Mesa auf Werte um 2 K/W absinkt. Der gezeigte Multimesachip ist in Dünnscheibentechnologie hergestellt. Vier Si-Mesen sind auf der quadratischen Ag-Wärmesenke von 70 µm Dicke angebracht. Thermische Widerstände von unter 7 K/Watt werden bei einer Diodenfläche von $5 \cdot 10^{-4}$ cm² erreicht.

Bei Serienschaltung mehrerer Upside-down-Varaktoren lassen sich Ausgangsleistungen von über 10 W bei 6 GHz erreichen.

112

Literatur zu Kapitel 3

3.1. Steinkamp, J. A.: Diss. TU München 1974
3.2. Boff, A.; Krakauer, S.; Shen, R.: ISSCC Digest of Technical Papers (1960) 50
3.3. Krakauer, S.: Proc. IRE 50 (1962) 1665
3.4. Moll, J.; Hamilton, S.: Proc. IEEE 57 (1969) 1250
3.5. Hamilton, S.; Hall, R.: Microwave J. 4 (1967) 69
3.6. Kurata, M.: IEEE Trans. ED-19 (1972) 2107
3.7. Unger, H. G.; Harth, W.: Hochfrequenz-Halbleiterelektronik. Stuttgart: Hirzel 1972
3.8. Varshney, R. C.; Roulston, D. J.: Solid State Electron. 14 (1971) 735
3.9. Benda, H.; Spenke, E.: Proc. IEEE 55 (1967) 1331
3.10. Benda, H.; Dannhäuser, F.: Solid State Electron. 10 (1967) 1
3.11. Kürzl, A.: Diss. TU München 1966, Frequenz 21 (1967) 108
3.12. Schünemann, K.: IEEE Trans. ED-18 (1971) 210
3.13. Schünemann, K.: Nachrichtentechnik 20 (1970) 310
3.14. Armbruster, A.: Diss. TU München 1969
3.15. de Nobel, D.: Avalanche Diode Workshop. New York 1969
3.16. Hammerschmitt, J.; Kesel, G.; Merkel, H.: Proc. of the 8th Int. Conf. MOGA (1970)
      7−4

4 Der Sperrschichtvaraktor

4.1 Einleitung

Der Sperrschichtvaraktor ist ein Halbleiterbauelement, bei dem die Möglichkeit ausgenutzt wird, die Sperrschichtkapazität durch die an der Diode liegende Sperrspannung einzustellen. Eingesetzt werden solche Dioden als Teilkapazitäten in Schwingkreisen von Oszillatoren, die frequenzmoduliert oder auf eine bestimmte Sollfrequenz nachgestimmt werden sollen ($\triangleq$ AFC = automatic frequency control). Da hier die zu erreichenden Frequenzänderungen sehr gering sind, brauchen die dazu notwendigen Kapazitätsänderungen ebenfalls nicht sehr groß zu sein.

Die Kapazitätsdiode als Abstimmdiode kann den Drehkondensator im Tunerteil von Rundfunk- und Fernsehempfängern ersetzen. Da die relative Bandbreite der UKW-Rundfunk- und Fernsehbänder verhältnismäßig schmal ist, sind auch hier keine hohen Kapazitätsänderungen erforderlich. Dagegen erfordert der große Frequenzbereich des Mittelwellenbandes (510 bis 1620 kHz) Abstimmdioden mit einem sehr großen Kapazitätshub. Darüber hinaus soll die Resonanzfrequenz des Schwingkreises sich proportional zur Abstimmspannung U ändern, was wegen der Beziehung $f_r \sim U \sim C^{-1/2}$ eine Kapazitäts-Vorspannungsabhängigkeit $C \sim U^{-2}$ erfordert.

Im folgenden wird erläutert, welche Diodenstrukturen die aufgezeigten Anforderungen weitgehend erfüllen. Anschließend werden die Einschränkungen aufgrund der realen Diodeneigenschaften aufgezeigt, die ebenfalls entscheidende Anwendungskriterien darstellen können, wie zulässiger Spannungsbereich und Güte der Dioden, sowie Temperatur- und Großsignalverhalten.

4.2 Dotierungsprofil und Raumladungsweite

Die Abhängigkeit der Sperrschichtladung von der Spannungsdifferenz an der Raumladungszone erhält man durch Integration der Poisson-Gleichung (Band 1).

Dann ergibt sich als erste Integration (Bild 4.1 d)

$$\varepsilon \int_{-x_1}^{+x} \frac{d^2U}{dx^2}\, dx = \varepsilon\,[F(x_2) - F(x_1)] = 0 \tag{4.1}$$

114

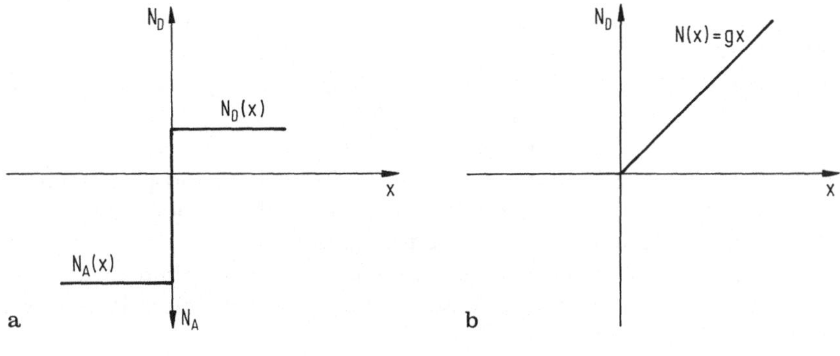

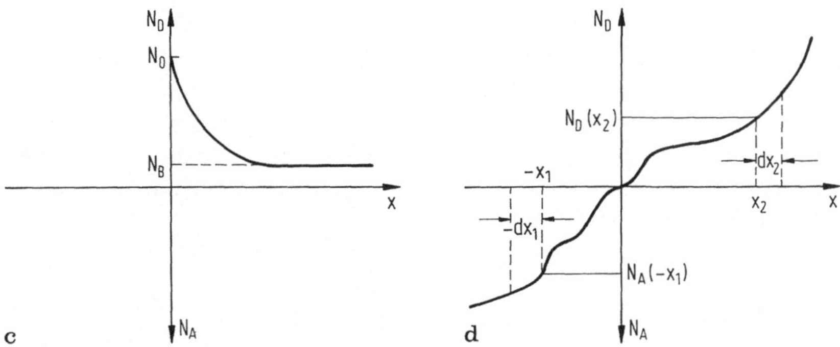

Bild 4.1. Dotierungsprofile bei Kapazitätsdioden; **a)** abrupt, **b)** linear, **c)** hypersensitiv, **d)** zur Integration bei nicht konstanten Dotierungsverläufen

oder

$$\int\limits_{-x_1}^{0} N_A(x)\,dx = \int\limits_{0}^{x_2} N_D(x)\,dx .\tag{4.2}$$

Die auf der p- und n-Seite existierenden nicht neutralen Ladungen sind gleich groß; sofern N_A^- und N_D^+ innerhalb ihrer Integrationsgrenzen in (4.1) stetig und integrierbar sind.

Macht man vorübergehend die Annahme, daß in (4.2) mindestens eine Dotierungsseite (ein Integrand) eine konstante ortsunabhängige Dotierung aufweist (z. B. N_A = const), dann ist nach (4.1) die Integration ausführbar

$$\varepsilon \int\limits_{0}^{x_2} \frac{d^2U}{dx^2}\,dx = \varepsilon \frac{dU}{dx} = e\,x\,N_D(x), \quad x > 0 \tag{4.3}$$

und ergibt mit $dQ = A\,e\,N_D\,dx$

$$\frac{dQ}{dU} = \frac{\varepsilon A}{x} \quad \text{mit} \quad \frac{C_j}{A} = \frac{\varepsilon}{w} \quad \text{für} \quad x = w .\tag{4.4}$$

115

Da (4.4) ein vollständiges Differential darstellt, gilt es rückwirkend wieder für nicht konstante integrierbare Dotierungsverläufe $N(x)$ nach (4.9) im Grenzübergang und stellt die Definition der differentiellen Sperrschichtkapazität dar.

In der technologischen Praxis wird fast ausschließlich nur eine Dotierungsseite mit einem ortsabhängigen Störstellenprofil aufgebaut, die andere Seite hingegen mit einem konstanten, viel höher liegenden „abrupten Rechteckprofil" ausgestattet. Man kann deshalb den zweiseitigen Dotierungsverlauf nach Bild 4.1a transferieren in eine „einseitig-abrupte" Lösung. Der Störstellenverlauf auf der abrupten Seite und ein eventuelles Eindringen der Raumladungszone in die hochdotierte Seite ist dann in den „effektiven" Größen N_{eff} bzw. w berücksichtigt. Man definiert

$$\frac{1}{N_{eff}(x)} = \frac{1}{N_A(-x_1)} + \frac{1}{N_D(x_2)}. \tag{4.5}$$

Dann ergibt sich

$$\frac{\varepsilon}{e}\, dU = x\, N_{eff}(x)\, dx, \quad x > 0. \tag{4.6}$$

Man nennt die „innere" Potentialdifferenz über w_0 Offsetspannung U_0^*. Wenn es sich nicht um spezielle Nullpunktprobleme des C- oder N-Verlaufes handelt (s. Olk [4.1]), kann man die Offsetspannung U_0^* mit der Diffusionsspannung U_0 der Shockleyschen Theorie gleichsetzen.

Damit ergibt sich

$$\frac{\varepsilon}{e}\, U = \int_0^w x\, N_{eff}(x)\, dx - \int_0^{w_0} x\, N_{eff}(x)\, dx, \tag{4.7}$$

$$U = U_R \geqq 0.$$

Bei der Integration von (4.6) ist die Separierung in eine „innere" und „äußere" Potentialdifferenz zu berücksichtigen

$$\int_0^{w_0} x\, N_{eff}(x)\, dx = \frac{\varepsilon}{e}\, U_0^* \approx \frac{\varepsilon}{e}\, U_0, \tag{4.8}$$

und aus (4.8) mit (4.7)

$$\frac{\varepsilon}{e}\, (U_R + U_0) = \int_0^{w_{eff}} x\, N_{eff}(x)\, dx. \tag{4.9}$$

(4.9) stellt die Basisgleichung dar, die den Zusammenhang zwischen Dotierungsprofil und Sperrschichtweite w in Abhängigkeit von der äußeren Spannungsdifferenz U_R vermittelt.

4.3 Kapazität als Funktion der Spannung

Das Störstellenprofil auf der niedrig dotierten Seite soll zunächst als Potenzfunktion angesetzt werden

$$N_{eff} = \frac{K}{x^k}. \tag{4.10}$$

(4.10) stellt die bekannten, in Bild 4.1 skizzierten Dotierungsverläufe dar:
$k = -1$ beschreibt das Dotierungsprofil auf der n-Seite mit konstantem Dichtegradienten, auch als „linearer pn-Übergang" bezeichnet, s. auch Bild 4.1b.

Die in Bild 4.1a skizzierte konstante Dotierung führt in (4.10) zu einem
$k = 0$.

Für $0 < k < 2$ erhält man „hyperabrupte" Dotierungsverläufe, hier nimmt
die Dotierung mit zunehmender Entfernung vom metallurgischen Übergang ab.

Bei der Ausführung der Integration von (4.9) nach Einsetzen von (4.10) für
den Fall $0 < k < 2$ entsteht folgende Schwierigkeit, die in der mathematischen
Beschreibungsweise bedingt ist: Die Dotierungsdichte würde bei $x = 0$ unendlich groß werden, die Integration wäre nicht ausführbar. Da eine „unendlich
hohe" Dotierung beim realen Halbleiter nicht auftreten kann, ist damit auch
aufgezeigt, wie für $0 < k < 2$ (4.10) genauer, den praktischen Verhältnissen entsprechend, dargestellt werden muß, nämlich

$$N_{eff} = \hat{N} \quad \text{für} \quad 0 < x < \delta,$$

$$N_{eff} = \frac{K}{x^k} \quad \text{für} \quad x > \delta.$$

$\hat{N}$ ist eine endliche, wenn auch sehr hohe Dotierung, die beispielsweise der Lös-
lichkeitsgrenze der jeweiligen Dotieratome im Halbleiter entspricht. Durch die
sehr geringe räumliche Ausdehnung δ ist der Betrag des Integrals $\int\limits_0^\delta x\,\hat{N}\,dx$ in
(4.9) in jedem Fall zu vernachlässigen.

Damit erhält man aus (4.9) und (4.10)

$$\frac{\varepsilon}{e}(U_R + U_0) = K \int\limits_\delta^{w_{eff}} x^{1-k}\,dx = \frac{K}{2-k}\,w_{eff}^{2-k}$$

oder mit (4.4)

$$\frac{C_j}{A} = \left[\frac{K\,e\,\varepsilon^{1-k}}{(2-k)(U_R + U_0)}\right]^{1/(2-k)}. \tag{4.11}$$

Beim einseitig abrupten p^+n-Übergang (s. Bild 4.1a) mit $k = 0$ und $K = N_D$
liefert (4.11) den bekannten Ausdruck

$$\frac{C_j}{A} = \left[\frac{N_D\,e\,\varepsilon}{2\,(U_R + U_0)}\right]^{1/2}. \tag{4.12}$$

Beim linearen Übergang ist $k = -1$. $K = g$ stellt hier den Dichtegradienten
dar. Man erhält aus (4.11)

$$\frac{C_j}{A} = \left[\frac{g\,e\,\varepsilon^2}{3\,(U_R + U_0)}\right]^{1/3}. \tag{4.13}$$

Als Beispiel für einen hyperabrupten Übergang soll die Kapazitäts-Spannungs-
Abhängigkeit bei $k = 3/2$ aufgezeigt werden

$$C_j \sim \left[\frac{1}{U_R + U_0}\right]^2. \tag{4.14}$$

Da sich hier die Kapazität mit $(U_R + U_0)^{-2}$ ändert, erhielte man beim Einsatz einer solchen Diode als Abstimmdiode bei hinreichend großen Sperrspannungen $U_R \gg U_0$ den in der Einleitung aufgezeigten erwünschten linearen Zusammenhang zwischen Resonanzfrequenz und Abstimmspannung. Damit ist aufgezeigt, daß das „Wunschprofil" $N(x)$ für Abstimmdioden, die zum Durchstimmen breiter Frequenzbänder ausgelegt sein sollen, möglichst eine Ortsabhängigkeit $\sim x^{-3/2}$ aufweisen sollte.

Den Ausdruck $1/(2-k)$ aus (4.11) bezeichnet man der Einfachheit halber auch mit n

$$n = \frac{1}{2-k}. \tag{4.15}$$

Mit der Sperrschichtkapazität C_0 bei der Sperrspannung $U_R = 0$ läßt sich der Zusammenhang $C_j = f(U_R)$ wie folgt ausdrücken

$$C_j = \frac{C_0}{\left(1 + \dfrac{U_R}{U_0}\right)^{n}}. \tag{4.16}$$

In Bild 4.2 sind verschiedene Kapazitätsverläufe, jedoch normiert auf die Kapazität bei $U_R = 3\,\text{V}$, wie sie durch (4.16) beschrieben werden, mit n als

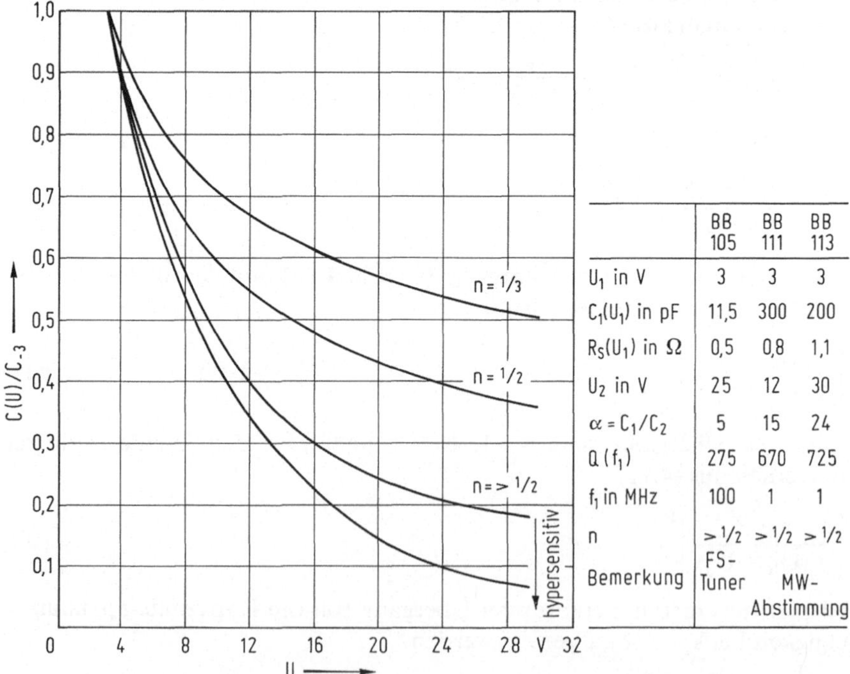

	BB 105	BB 111	BB 113
U_1 in V	3	3	3
$C_1(U_1)$ in pF	11,5	300	200
$R_S(U_1)$ in Ω	0,5	0,8	1,1
U_2 in V	25	12	30
$\alpha = C_1/C_2$	5	15	24
$Q(f_1)$	275	670	725
f_1 in MHz	100	1	1
n	$> 1/2$	$> 1/2$	$> 1/2$
Bemerkung	FS-Tuner	MW-Abstimmung	

Bild 4.2. Spannungsabhängiger Verlauf der normierten Sperrschichtkapazität bei verschiedenen Exponenten n nach (4.16)

118

Parameter dargestellt [4.2]. Man erkennt, daß die Kapazität mit steigender Sperrspannung um so rascher fällt, je größer n ist. Dieser Gesichtspunkt wird in Abschn. 4.4 ausführlicher behandelt.

Bei der Ableitung des Zusammenhanges zwischen der Sperrschichtkapazität C_j und der Vorspannung U_R wurde zunächst keine Einschränkung über den anwendbaren Vorspannungsbereich gemacht. Die maximale Sperrspannung wird durch die Durchbruchspannung der Diode bestimmt, hierauf wird in Abschn. 4.5 noch eingegangen.

Der Betrieb des Sperrschichtvaraktors bei Durchlaßspannungen bietet sich vordergründig betrachtet wegen der erreichbaren hohen Kapazitäten an. Aufgrund des dann fließenden Stromes sind jedoch die Verluste sehr groß, so daß die stark reduzierte Güte (s. auch Abschn. 4.6) die Einsatzmöglichkeiten einschränkt. Mit zunehmender Durchlaßspannung wird die Länge der Raumladungszone und damit die gesamte Ladung immer kleiner, die Ladungsvariation ΔQ aufgrund der Vorspannungsvariation ΔU ist dann nicht mehr klein gegenüber der Gesamtladung. Die (unendlich große) Sperrschichtkapazität C_j bei $-U_R \to U_0$ ist letztendlich experimentell nicht nutzbar, da dann die Gesamtladung gleich Null wird und keine aussteuerbare Ladung mehr zur Verfügung steht.

Der Exponent n in (4.16) nimmt, wie oben aufgezeigt, Werte von 1/3 beim linearen und bis 2 beim hyperabrupten „Wunschprofil" an.

Mittels (4.4) und (4.16) läßt sich n auch in Abhängigkeit von der Sperrspannung U_R und der Raumladungsweite w ausdrücken:

$$n = \frac{U_R + U_0}{w} \frac{dw}{d(U_R + U_0)} . \tag{4.17}$$

(4.17) mag zunächst trivial erscheinen, da bei allen bisher betrachteten Profilen n selbstverständlich keine Funktion von w bzw. U_R ist! Technologisch machbare Dotierungsprofile dagegen können nur in wenigen Fällen über den ganzen Vorspannungsbereich hinweg durch eine Funktion gemäß (4.10) mit festen Werten für K und k beschrieben werden. In solchen Fällen kann man sich das Dotierungsprofil stückweise aus Abschnitten zusammengesetzt denken, die jeweils in ihrem Verlauf durch (4.10) mit wechselnden Werten K und k beschrieben werden. Damit wird der Wert für n aus (4.17) abhängig von w bzw. U_R.

Der Klarheit halber soll betont werden, daß die Angabe $n = f(w)$ bzw. $n = f(U_R)$ keine neuen Informationen über den Aufbau der Diode gibt, da $n = f(w)$ bzw. $n = f(U_R)$ aus dem Dotierungsverlauf $N = f(x)$ resultiert. Die Angabe $n = f(w)$ für eine bestimmte Diode ist nur eine andere Form der Angabe $N = f(x)$.

Im folgenden wird dies am Beispiel von Dotierungsprofilen erläutert, wie sie durch Diffusion hergestellt werden. Solche Profile können in weiten Bereichen durch Exponentialfunktionen beschrieben werden (Bild 4.1 c)

$$N_D(x) = N_B + N_0(1 - a)\, \exp\left(-\frac{x}{z}\right), \tag{4.18}$$

wobei

$$a = \frac{N_B}{N_0}.$$

Mit (4.9) ergibt sich

$$\frac{\varepsilon}{e}(U_R + U_0) = \frac{N_B}{2} w^2 + (1-a) N_0 z^2 \left[1 - \left(1 + \frac{w}{z}\right) \exp\left(-\frac{w}{z}\right)\right], \qquad (4.19)$$

bzw. mit (4.17)

$$n = \frac{\frac{1}{2} a \left(\frac{w}{z}\right)^2 + (1-a)\left[1 - \left(1 + \frac{w}{z}\right) \exp\left(-\frac{w}{z}\right)\right]}{\left(\frac{w}{z}\right)^2 \left[a + (1-a) \exp\left(-\frac{w}{z}\right)\right]}. \qquad (4.20)$$

(4.20) gestattet, den n-Verlauf als Funktion von w/z darzustellen. Da U mit w/z monoton zunimmt, liefert die graphische Darstellung von $n = f(w/z, a)$ auch ein ungefähres Bild des Verlaufes $n = f(U)$.

Für einige Parameterwerte $a = a_1$ sind diese n-Kurven in Bild 4.3 wiedergegeben. Sie zeigen ein um so größeres Maximum von n, je kleiner a_1 ist. Das „Wunschprofil", das zu einem $n = 2$ über den gesamten Vorspannungsbereich führt, ist also mit *einem* Profil gemäß (4.18) nicht zu erreichen.

Dagegen erscheint die Kombination mehrerer Exponentialfunktionen für $N_D(x)$ oder technologisch ausgedrückt, die Kombination mehrerer Diffusionen

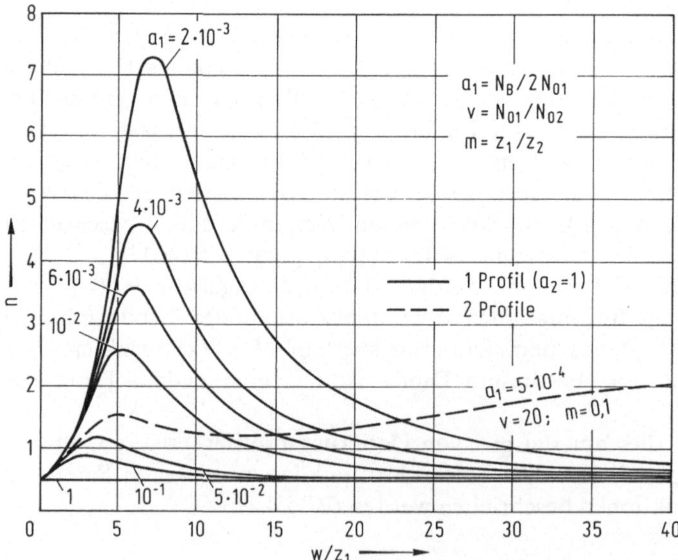

Bild 4.3. Hypersensitive Kapazitätsdiode. Exponent n als Funktion der Sperrschichtweite w bei einem (4.20) bzw. zwei überlagerten (4.21) exponentiellen Störstellenprofilen

aussichtsreich. Arbeitet man beispielsweise mit zwei Dotierungsprofilen auf der n-Seite

$$N_D(x) = N_{eff} = N_B + N_{01}(1 - a_1) \exp\left(-\frac{x}{z_1}\right) + N_{02}(1 - a_2) \exp\left(-\frac{x}{z_2}\right),$$

$$a_1 = \frac{N_B}{2\,N_{01}}, \qquad a_2 = \frac{N_2}{2\,N_{02}}, \tag{4.21}$$

so läßt sich der n-Verlauf durch geeignete Wahl der Parameter $m = z_1/z_2$ und $v = N_{01}/N_{02}$ optimieren. Ebenfalls in Bild 4.3 ist ein Beispiel aufgezeigt, bei dem der relativ gleichmäßige Verlauf $n = f(w/z)$ mit $n_{max} = 2{,}1$ auffällt.

In Zukunft wird es wahrscheinlich möglich sein, mit neuen technologischen Verfahren, wie z. B. gesteuerter Epitaxie oder gesteuerter Ionenimplantation, gezielte Dotierungsprofile mit $k = 3/2$, dem „Wunschprofil", herzustellen [4.2, 4.3].

4.4 Kapazitätshub

In Abschn. 4.1 wurde darauf hingewiesen, daß zum Durchstimmen breiter Frequenzbänder ein erheblicher Kapazitätshub notwendig ist, der insbesondere bei batteriebetriebenen Geräten durch einen Spannungshub erzeugt werden muß, der durch die Versorgungsspannung eingeschränkt ist.

Für den Kapazitätshub C_1/C_2 in Abhängigkeit vom Spannungshub $\Delta U = (U_2 + U_0)/(U_1 + U_0)$ ergibt sich aus (4.16)

$$C_1/C_2 = (\Delta U)^n. \tag{4.22}$$

Der Kapazitätshub wird bei vorgegebenem Spannungshub um so größer, je größer der Exponent n wird. So erzeugt beispielsweise eine Variation der Sperr-

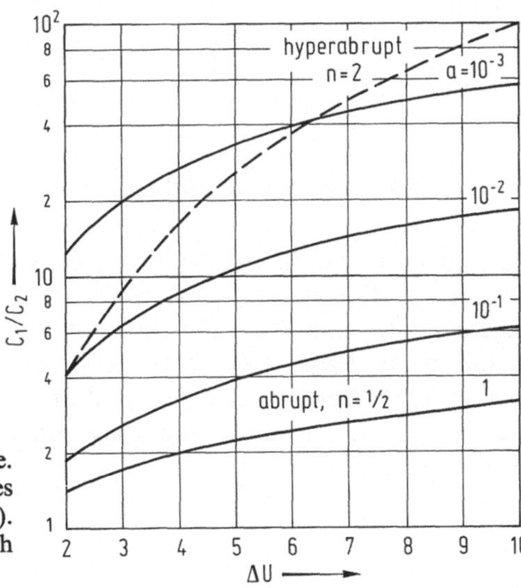

Bild 4.4. Hypersensitive Kapazitätsdiode. Kapazitiver Hub C_1/C_2 als Funktion des Spannungshubes $\Delta U = (U_2 + U_0)/(U_1 + U_0)$. Parameter: Profilfaktor $a = N_B/N_0$ nach (4.18)

spannung von $U_1 = 3$ V auf $U_2 = 30$ V mit $U_0 = 0{,}8$ V und $N_D = $ const (also $n = 1/2$) einen Kapazitätshub $C_1/C_2 = 2{,}84$. Unter sonst gleichen Bedingungen würde eine Diode mit hyperabruptem Dotierungsprofil bei einem $n = 2$ einen Kapazitätshub $C_1/C_2 = 65{,}7$ erzeugen.

Bei diffundierten Dioden mit einem Dotierungsprofil nach (4.18) hängt der erreichbare Kapazitätshub vom Verhältnis $a = N_B/N_0$ ab. In Bild 4.4 ist der bei solchen Dioden erreichbare Kapazitätshub mit a als Parameter eingetragen. $a = 1$ entspricht einem $n = 1/2$ in (4.22) bei der abrupten Diode.

Ebenfalls in Bild 4.4 eingetragen ist der Kapazitätshub einer hyperabrupten Diode mit $n = 2$; man sieht, daß dieser Verlauf sehr stark von dem Verlauf der anderen Kurven abweicht: Wie bereits im letzten Abschnitt deutlich gemacht, ist es nicht möglich, mit nur *einer* Diffusion das „Wunschprofil", das ein $n = 2$ liefert, zu erzeugen.

4.5 Durchbruchspannung

Sekundärionisationsprozesse führen zum Lawinendurchbruch (Kap. 7). U_{BR} begrenzt deshalb die mögliche Abstimmspannung nach oben und damit die erreichbare Minimalkapazität C_{min}. Letztere ist außerdem abhängig vom speziellen Dotierungsverlauf. Für abrupte pn-Übergänge findet man [4.6] beispielsweise bei den bekannten Halbleitermaterialien Si, Ge, GaAs und GaP einen Zusammenhang der Form

$$U_{BR} \sim \varrho^{3/4}. \tag{4.23}$$

Darüber hinaus muß berücksichtigt werden, daß bei der vielfach benutzten Planartechnologie die Randkrümmung des pn-Überganges die Durchbruchspannung unter den nach (4.23) zu erwartenden Wert absinken läßt [4.6, 4.7]. Bei hyperabrupten Dioden ist eine Sperrspannungsberechnung außerordentlich schwierig und nur angenähert durchführbar [4.2, 4.8, 4.9].

4.6 Ersatzschaltbild und Güte

In Bild 4.5 ist ein häufig benutztes Ersatzschaltbild eines Sperrschichtvaraktors dargestellt. Bei nicht zu hohen Frequenzen dürfen die Werte der parasitären Elemente L_S und C_G vernachlässigt werden. Gleichfalls ist die Technologie heute in der Lage, durch Oberflächenpassivierung den Parallelwiderstand R_P auf so hohe Werte zu bringen, daß er gegenüber dem kapazitiven Widerstand bei den üblichen Radiofrequenzbändern vernachlässigt werden kann. Der Gütewert ergibt sich dann zu

$$Q = \frac{1}{\omega R_S C_j}, \tag{4.24}$$

wobei R_S und C_j spannungsabhängig variieren. Der Serienwiderstand R_S setzt sich aus mehreren Anteilen additiv zusammen

$$R_S = R_B + R_K + r. \tag{4.25}$$

Zu R_K zählen die Widerstände der hochdotierten p^+- und n^+-Gebiete einschließlich der Kontaktwiderstände zu den (metallischen) Außenkontakten. r ist der Ausbreitungswiderstand (6.108). R_B ist der Widerstand der um die Raumladungsweite w_1 verminderten Basisweite $w_B - w_1$, der bei Abstimmdioden speziell betrachtet werden muß [4.2]

$$R_B = \frac{w_B - w_1}{A} \varrho_B. \tag{4.26}$$

Da die Weite w_1 des Raumladungsgebietes von der Abstimmspannung U_1 abhängt, wird auch R_B spannungsabhängig. R_B ist am größten bei der geringsten und am kleinsten bei der maximal möglichen Abstimmspannung. Die zugehörigen Kapazitätswerte C_j verhalten sich gerade umgekehrt, so daß die geringste Güte bei der kleinsten Abstimmspannung resultiert. Hat man bei einem geforderten Kapazitätshub $\alpha = C_1/C_{min}$ so optimal dimensioniert, daß $w_B = \alpha w_1$ gilt, dann erhält man aus (4.25) mit $w_1 = (\varepsilon A)/C_1$ und (4.23)

$$R_{B1} C_1 = \varepsilon(\alpha - 1) \varrho_B = k(\alpha - 1) U_{BR}^{4/3}. \tag{4.27}$$

Dieses RC-Produkt, bezogen auf die niedrigste Abstimmspannung, wird um so größer — Q also um so kleiner —, je größer der geforderte Kapazitätshub α ist und je niedriger die Dotierung der Basis aus Sperrspannungsgründen gewählt werden muß:

$$U_{BR} = (U_1 + U_0) \alpha^2. \tag{4.28}$$

Damit ergibt sich bei einer abrupten Diode aus (4.27)

$$R_{B1} C_1 \approx (\alpha - 1)(U_1 + U_0)^{4/3} \alpha^{8/3}. \tag{4.29}$$

Die „ideale" Güte $Q_i = (\omega R_B C_j)^{-1}$, d.h. die Güte $R_S \to R_B$ ist also bei einer abrupten Diode sehr stark abhängig von dem geforderten Kapazitätshub α. Bei hyperabrupten Dioden resultiert qualitativ ein ähnliches Bild, d.h. eine Güteabnahme bei höheren Anforderungen an den Kapazitätshub α. Quantitative Angaben sind aber hier wegen des Zusammenhanges zwischen Dotierungsprofil und Sperrspannung (u.U. Vordurchbrüche) schwer zu gewinnen. Die Tabelle zu Bild 4.2 soll zeigen, welche Werte in der Praxis erreicht wurden.

4.7 Temperaturverhalten

Das Ersatzschaltbild (Bild 4.5) enthält zwei Größen, deren Temperaturabhängigkeit für die elektrischen Eigenschaften der Diode eine Rolle spielt: den Parallelwiderstand R_p und die (differentielle) Sperrschichtkapazität C_j. Die Temperaturabhängigkeit der Gehäusekapazität C_G ist meist vernachlässigbar.

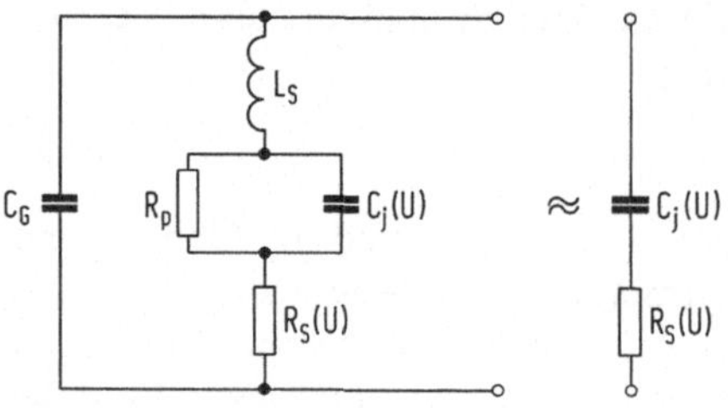

Bild 4.5. Ersatzschaltbild eines Sperrschichtvaraktors (Kapazitätsdiode). C_G: Gehäuse (Einbau)-Kapazität, L_S: Zuleitungsinduktivität, R_p: Parallel (Leck)-Widerstand, R_S: spannungsabhängiger Serienwiderstand, C_j: spannungsabhängige Sperrschichtkapazität

4.7.1 Parallelwiderstand

Si-Dioden haben im Mittel bei Zimmertemperatur und der maximal zulässigen Sperrspannung U_{max} einen Sperrstrom von 10^{-11} bis 10^{-9} A mm^{-2}. Es ist daher zulässig, als maximalen Sperrstrom bei $T_u = 25\,°C$ und U_{max} einen $I_{R\,max}$-Wert von 50 nA anzunehmen. Dieser Wert wächst bei einer Temperaturerhöhung von jeweils 10 °C um den Faktor 2 bis 3, was dazu führt, daß R_p im ungünstigsten Fall (+ 75 °C) einen Wert von $10^7\,\Omega$ nicht unterschreiten wird [4.2, 4.8]. Die frequenzabhängige Güte einer Kapazitätsdiode errechnet sich aus dem Ersatzschaltbild unter Vernachlässigung von C_G und L_S zu

$$Q = f(\omega) \approx \frac{\omega\,R_p\,C_j}{1 + \omega^2\,R_p^2\,C_j^2\,R_p\,R_S}. \tag{4.30}$$

Wenn man diesen Ausdruck differenziert, erhält man für die Kreisfrequenz ω_0, bei der die Güte Q ihr Maximum erreicht,

$$\omega_0 \approx \frac{1}{C_j\,(R_p\,R_S)^{1/2}} \quad \text{mit} \quad Q_{max} \approx \frac{1}{2}\left(\frac{R_p}{R_S}\right)^{1/2}. \tag{4.31}$$

Unterhalb ω_0 bestimmt der Parallelwiderstand R_p den Wert der Güte einer Diode, oberhalb ω_0 ist der Serienwiderstand R_S dafür verantwortlich. Bild 4.6 zeigt den typischen Zusammenhang zwischen Güte, Kreisfrequenz und Sperrspannung. Abstimmdioden für Rundfunk- und Fernsehtuner werden immer oberhalb ω_0 angewendet. Die Güte Q wird also im wesentlichen von R_S bestimmt. Hier wäre als Grundmaterial n-Gallium-Arsenid wegen seiner hohen Elektronenbeweglichkeit besonders interessant. Berücksichtigt man den Ge-

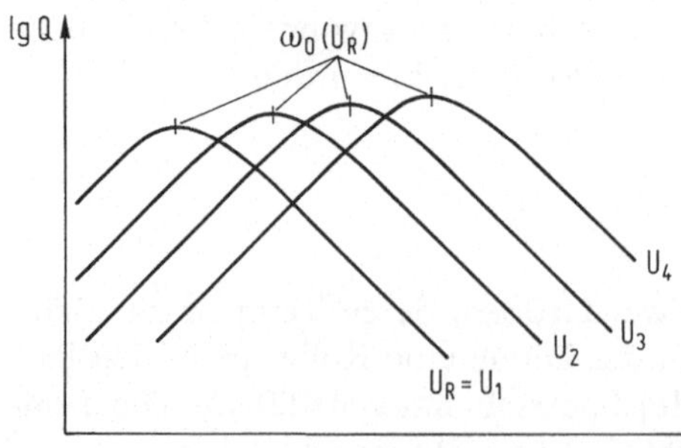

Bild 4.6. Zusammenhang zwischen Güte Q, Kreisfrequenz ω und Sperrspannung U_R mit $U_R = U_1 < U_2 < U_3 < U_4$

samtaspekt der Materialtechnologie, so verschiebt sich das Bild oft wieder zugunsten von Silizium.

4.7.2 Sperrschichtkapazität

Den weitaus größten Einfluß hat die Umgebungstemperatur T_u auf die Sperrschichtkapazität C_j der Diode. (4.16) enthält zwei temperaturabhängige Größen, die Dielektrizitätskonstante ε des verwendeten Grundmaterials, die in C_0 steckt, und die „Offset"-Spannung U_0 nach (4.8). (4.16) läßt sich auf die Grundform (4.11) zurückführen:

$$C_j = \bar{K}\,\varepsilon^{1-n}\,(U_0 + U_R)^{-n}. \tag{4.32}$$

Dann ergibt sich der Temperaturkoeffizient der Sperrschichtkapazität zu

$$[TK]_{C_j} = \frac{1}{C_j}\,\frac{dC_j}{dT} = (1-n)\,\frac{1}{\varepsilon}\,\frac{d\varepsilon}{dT} - \frac{n}{U_0 + U}\,\frac{dU_0}{dT}. \tag{4.33}$$

Der Temperaturkoeffizient der Dielektrizitätskonstante von Silizium hat den Wert $35 \cdot 10^{-6}/K$ [4.10]. Für ε_r gilt bei Zimmertemperatur ein Wert von etwa 12. Die „Offset"-Spannung U_0 liegt bei den üblichen Dotierungsprofilen für hyperabrupte Kapazitätsdioden aus Silizium zwischen 0,4 und 0,9 V. Der Temperaturkoeffizient der „Offset"-Spannung ist negativ und stromabhängig. Es werden Werte zwischen $-1,5\,mV/K$ und $-2,5\,mV/K$ gemessen, so daß nach (4.33) ein positiver TK für die Sperrschichtkapazität resultiert.

Wenn man für U_0 einen Mittelwert von 0,7 V und für dU_0/dT einen Wert von $-2\,mV/K$ annimmt, erhält man für Si-Dioden mit abruptem pn-Übergang $(n = 0,5)$ die in Bild 4.7 dargestellte Abhängigkeit des Temperaturkoeffizienten TK_C von der Spannung U (gestrichelte Kurve).

Diese an typischen Exemplaren von abrupten Dioden festgestellten Abhängigkeiten des TK_C von der Spannung U bestätigten die Brauchbarkeit dieses mathematischen Näherungsverfahrens.

Auch bei Dioden mit hyperabruptem pn-Übergang ist die Berechnung des Temperaturkoeffizienten von C_j nach (4.33) möglich, jedoch muß zunächst aus dem $C_j(U)$-Verlauf der spannungsabhängige Wert n ermittelt werden. Wenn man (4.16) logarithmiert, erhält man

$$lg\,C_j = -n\,lg\,(U_0 + U_R) + const,$$

$$n = f(U) = -\frac{d\,lg\,C_j}{d\,lg\,(U_0 + U_R)}. \tag{4.34}$$

Mit den so gewonnenen Werten für n kann man mit (4.34) durch geeignete Wahl der Konstante $U_0\varepsilon^{-1}\,d\varepsilon/dT$ und dU_0/dT den $[TK]_C$ berechnen (Bild 4.7).

Aus (4.33) entnimmt man, daß bei Silizium der erste Term von der Größenordnung 1 bis $2 \cdot 10^{-6}/K$ ist, während der zweite Term selbst bis zu Spannungswerten $U = 10\,V$ größer als $1 \cdot 10^{-4}/K$ ist (s. Bild 4.7). Das heißt, der Temperaturkoeffizient wird bei kleinen Spannungswerten — also dort wo er am größten ist — fast ausschließlich von der Temperaturabhängigkeit des U_0 bestimmt. Diese Tatsache erlaubt die nachfolgend beschriebene Kompensation des TK_C.

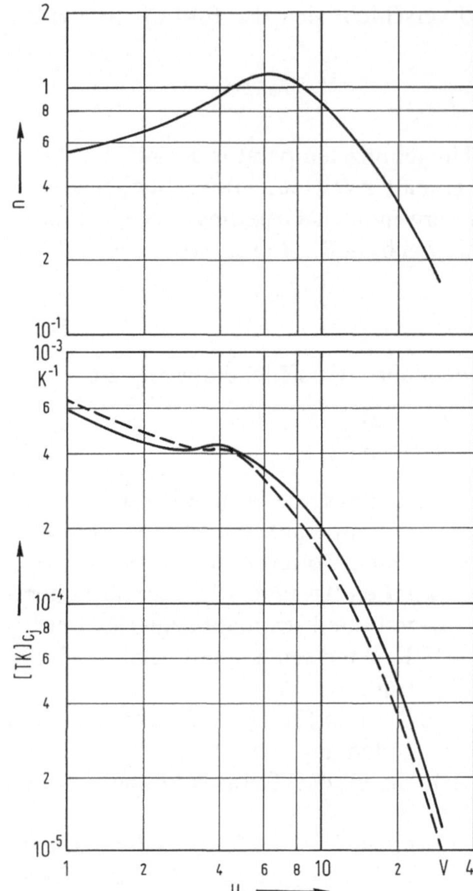

Bild 4.7. Exponent n und daraus nach (4.34) berechneter Temperaturkoeffizient TK der Sperrschichtkapazität C_j für die hyperabrupten Kapazitätsdioden BB 105 als Funktion der Sperrspannung U_R; —— Meßwert, – – – gerechnet mit $U_0 = 0{,}7$ V und $dU_0/dT = -2 \cdot 10^{-3}$ VK^{-1}

4.7.3 Kompensation der Temperaturabhängigkeit

Man schalte zur Spannungsquelle U in Durchlaßrichtung eine Diode in Reihe, die ähnliche Werte für U_0 und dU_0/dT hat wie die Kapazitätsdioden der abzustimmenden Kreise. Dann wird der Spannungsabfall an dieser Diode bei einer Temperaturerhöhung um den gleichen Betrag kleiner, d.h. die Abstimmspannung an den Kapazitätsdioden um den gleichen Betrag größer, wie das U_0 der Kapazitätsdioden. Wenn die Flußdiode aus dem gleichen technologischen Design stammt wie die zu kompensierende Kapazitätsdiode, gelingt es [4.11], den resultierenden Temperaturkoeffizienten der Sperrschichtkapazität unabhängig von U zwischen $\pm 10^{-5}$/K zu halten.

4.8 Anwendung von Kapazitätsdioden

Die Anwendung von Kapazitätsdioden setzte Anfang der 60er Jahre ein. Durch die spannungsabhängige Kapazität einer Flächendiode konnte das Problem der

126

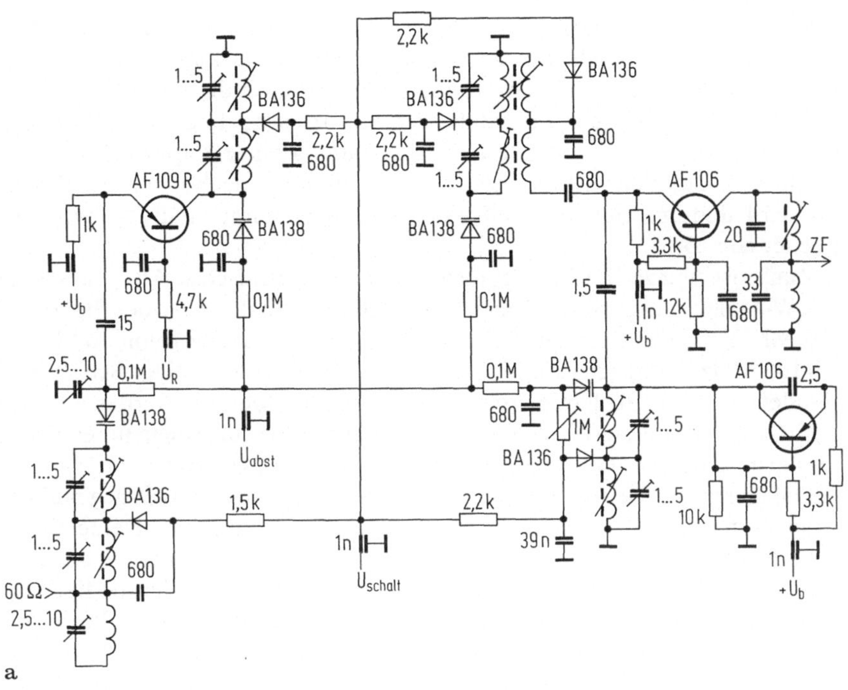

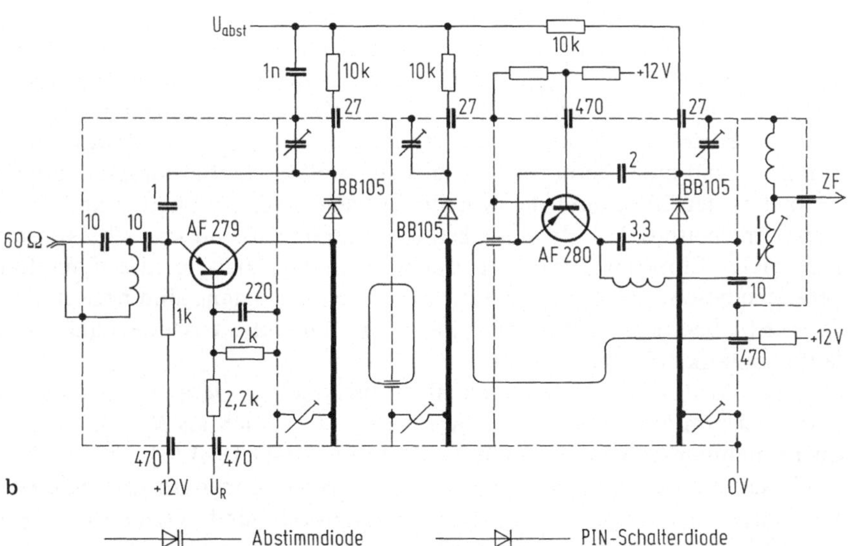

Bild 4.8. Schaltungen von FS-Tunern [4.2]; **a)** VHF-Tuner mit Abstimmdioden und mit PIN-Schalterdioden, **b)** UHF-Tuner mit Abstimmdioden

Oszillatordrift in Überlagerungsempfängern gelöst werden (Bild 4.8). Der Ratiodetektor am Ende des Zwischenfrequenzverstärkers gibt eine Spannung positiver oder negativer Polarität ab, je nachdem, ob die tatsächliche Zwischenfrequenz oberhalb oder unterhalb der Sollfrequenz liegt. Die Ratiospannung wird verstärkt und zu einer festen Vorspannung einer Kapazitätsdiode addiert, die lose an den Schwingkreis des Tuneroszillators angekoppelt ist. Der Oszillator wird dadurch auf die Sollfrequenz nachgestimmt: „AFC" (automatic frequency control).

Zunächst wurde die Kapazitätsdiode als elektronisches Abstimmelement im UKW-Tuner eingeführt. Für das relativ schmale Frequenzband (87 bis 108 MHz) reichen „abrupte" Dioden mit einem Gütewert von 100 bis 200 bei f = 100 MHz. Es ist eine Fülle mehr oder weniger aufwendiger Schaltungen entstanden [4.12, 4.13]. Doppeldioden im Gegentaktbetrieb werden vor allem in Hifi-Geräten eingesetzt, da die Großsignalverarbeitung gegenüber der Einzeldiode um etwa eine Größenordnung verbessert wird (Klirren).

Die elektronische Abstimmung mit Kapazitätsdioden bietet gegenüber Drehkondensatoren und mechanisch veränderbaren Induktivitäten eine Reihe Vorteile: Raum- und Gewichtsersparnis; Wegfall von bewegten HF-Kontakten; mechanische Trennung von Bedienungsaggregat und Tuner; Fernbedienung; Wiederkehrgenauigkeit bei Tastensenderwahl. Eine Reihe von Verbesserungen in den Diodeneigenschaften [4.14] und die Entwicklung von besonders geeigneten Transistoren [4.15] haben dazu geführt, daß der „Diodentuner" sowohl im VHF- als auch im UHF-Bereich der Fernsehempfänger seinem mechanischen Gegenstück in vielen Eigenschaften überlegen ist [4.16].

Bild 4.8 a zeigt die Schaltung eines VHF-Tuners mit Abstimmdioden. Die Bereichsumschaltung von Band I auf Band III wird mit PIN-Schalterdioden durchgeführt (Abschn. 2.3.1).

Nicht ganz einfach ist der Einsatz von Kapazitätsdioden in den AM-Bereichen der Rundfunkempfänger. Der relativ große Frequenzbereich des Mittelwellenbandes (510 bis 1620 kHz) erfordert Kapazitätsdioden mit sehr großem C-Hub. Je nach Schaltung und Anwendung muß die Kapazitätsvariation Werte von 20 : 1 und mehr betragen, was zu sehr „steilen" Dotierungsgradienten führt. Besonders der Gleichlauf der Kennlinien verschiedener Dioden und die Großsignalverarbeitung bei kleinen Abstimmspannungen sind kritische konstruktive Merkmale. Chip-integrierte Mehrfachdioden und bei hochwertigen Empfängern eine besondere Regelschaltung am Antenneneingang sind notwendig [4.17]. Dies trifft besonders auf Autoradios zu, wo Drucktastensenderwahl und Suchlaufautomatik erforderlich sind.

Kapazitätsdioden werden auch in professionellen Geräten zur Abstimmung und Nachstimmung von Oszillatoren verwendet. Auch als Modulatoren in frequenzmodulierten Sendern finden sie Verwendung [4.18, 4.19].

Mit Gütewerten bis über 6000 (1 MHz, − 4 V) können abrupte Sperrschichtvaraktoren zur Abstimmung von Resonatoren und Oszillatoren (Gunn-, IMPATT-Oszillatoren) im Mikrowellenbereich eingesetzt werden.

In Mikrowellen-Spezialgehäusen (Bild 1.2) oder als gehäuselose Chips eignen sie sich zur hybriden Montage auf Keramiksubstraten.

Literatur zu Kapitel 4

4.1. Olk, G.: Solid State Electron. 14 (1971) 913
4.2. Olk, G.; Oswald, G.; Kesel, G.: radio mentor electr. 6, 7 (1970)
4.3. Nakanuma, S.: IEEE Trans. ED-13 (1966) 578
4.4. Large, L. N.; Hambleton, K. G.: Festkörperprobleme, Bd. IX. Braunschweig: Pergamon/Vieweg 1969
4.5. Sze, S. M.; Gibbons, G.: Appl. Phys. Lett. 8 (1966) 111
4.6. Kennedy, D. P.; O'Brian, R. R.: IBM J. Res. Dev. 10 (1966) 213
4.7. Leistiko, O.; Grove, A. S.: Solid State Electron. 9 (1966) 847
4.8. Eckstein, D.; Lembke, C.; Stäbler, E.: Valvo-Bericht XIV (1968) 83
4.9. Nathanson, H. C.; Jordan, A. G.: IEEE Trans. ED-10 (1963) 44
4.10. Norwood, M. H.; Schatz, E.: Proc. IEEE 56 (1968) 788
4.11. Oswald, G.: Siemens Bauteile Inf. 7 (1969) 129
4.12. Henrici, H.; John, W.: NTZ 10 (1963) 517
4.13. Mici, L.: radio mentor electr. 32 (1966) 404
4.14. Oswald, G.: Siemens Bauteile Inf. 6 (1968) 45
4.15. Hargasser, H.; Meer, W.; Schembs, W.: Siemens Bauteile Inf. 2 (1968) 70
4.16. Hein, H.: Siemens Bauteile Inf. 2 (1968) 56
4.17. Pruin, W.: Funkschau 11 (1968) 337
4.18. Ogi, M.; Sekizawa, T.: Fujitsu 2 (1966) 27
4.19. Shinoda, M.: Fujitsu 2 (1966) 101

5 Der MIS-Varaktor

5.1 Struktur und Zustände des MIS-Varaktors

Die Grundstruktur des MIS-Varaktors besteht aus einer metallischen Feldelektrode, die auf eine oxidbedeckte Halbleiteroberfläche aufgebracht ist (Bild 5.1). Die Oxidschicht kann auch durch isolierende Fremdschichten, z. B. Titan-Dioxid oder Silizium-Nitrid ersetzt werden.

Mit Hilfe des Bändermodells sollen einige Begriffe, die das Verhalten des MIS-Varaktors beschreiben, erläutert werden.

Bild 5.2 links zeigt den einfachsten Fall einer MIS-Diode, bei der die Austrittsarbeit des Halbleiters gleich der des Metalls ist, die Wirkung von Grenzflächenzuständen und Oxidladungen bleibt unberücksichtigt. Diese Situation wird als Flachbandfall bezeichnet, der sich hier ohne äußere Spannung einstellt. Ist die Austrittsarbeit des Halbleiters geringer als die des Metalls, so bewirkt dies eine positive Ladung im Halbleiter im Bereich der Grenzfläche Halbleiter/ Isolator. Bei einem n-Typ-Halbleiter wird diese positive Ladung durch die festen Ladungen der Donatoren in der Verarmungszone gebildet, wie aus Bild 5.2 rechts hervorgeht.

Der Flachbandfall bzw. die Verarmungsrandschicht stellen sich hier aufgrund der Austrittsarbeiten ein, können jedoch auch durch eine geeignete äußere Vorspannung U_G erzeugt werden. Bei der in Bild 5.2 rechts gezeigten Struktur würde eine positive Spannung U_G geeigneter Größe den Flachbandfall hervorrufen.

Wird bei dieser Struktur die positive Vorspannung über den Flachbandfall hinaus erhöht, so bildet sich an der Halbleiter/Isolator-Grenzfläche eine Zone

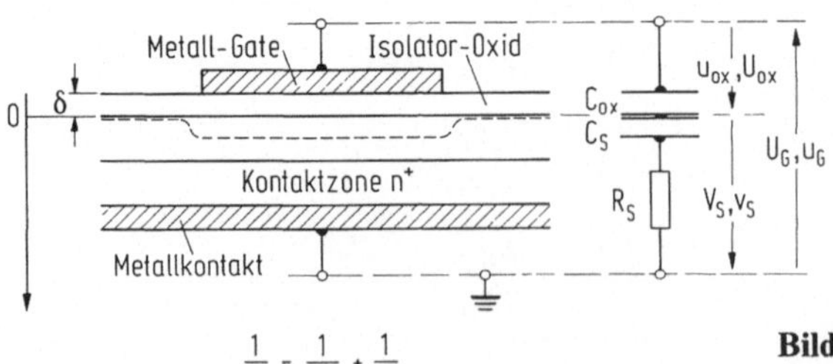

$$\frac{1}{C_T} = \frac{1}{C_{ox}} + \frac{1}{C_S}$$

Bild 5.1. Struktur eines MIS-Varaktors und idealisiertes Ersatzschaltbild

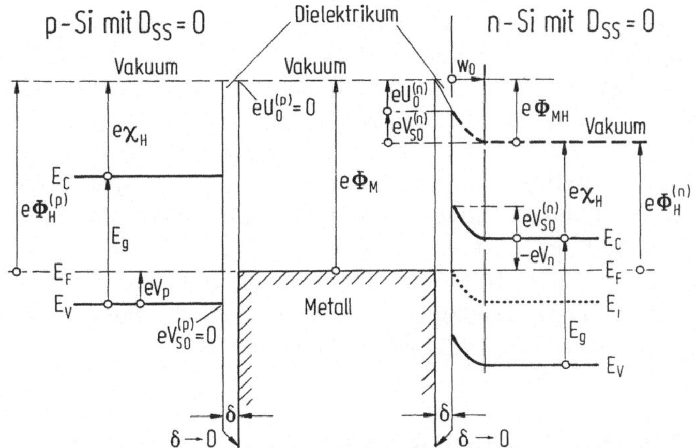

Bild 5.2. MIS-Struktur auf p- und n-Silizium ohne Oberflächenzustände ($D_{SS} = 0$). Thermisches Gleichgewicht, ohne äußere Spannung. Annäherung eines Metalls über eine (isolierende) Zwischenschicht δ. Aufbau einer Verarmungsrandschicht im Halbleiter und einer Potentialdifferenz in der Zwischenschicht δ, wenn $\Phi_M > \Phi_H$. Flachbandkonfiguration bei p-Si wegen $\Phi_M = \Phi_H$. Oberflächenpotential: V_S

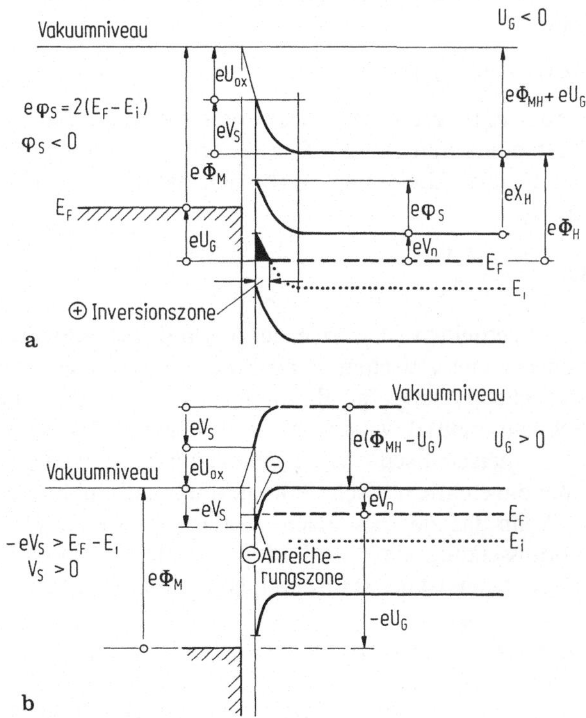

Bild 5.3. Inversion (**a**) und Anreicherung (**b**) beim MIS-Varaktor

aus, in der Elektronen angereichert sind. Das diesen Zustand (Anreicherung) beschreibende Bändermodell ist in Bild 5.3 b dargestellt.

Negative Vorspannungen bewirken zunächst eine Erweiterung der Raumladungszone über w_0 hinaus (Verarmung), bei weiterer Erhöhung das Ausbilden einer Inversionszone, wie in Bild 5.3 a dargestellt. Diese Betrachtung gilt nur für den Fall des thermischen Gleichgewichtes, wobei Vorspannungsänderungen an der Diode so langsam erfolgen, daß der vollständige Aufbau der Inversionsschicht möglich ist.

Beim realen MIS-Varaktor sind an der Grenzfläche Halbleiter/Isolator Zustände, deren Besetzung von der angelegten Spannung abhängt. Das Oxid kann feste oder bewegliche Ladungen enthalten.

5.2 Quasistatisches Verhalten

Unter einer quasistatischen Aussteuerung sei eine so langsam veränderliche Gatespannung $u_G(t)$ verstanden, daß alle in der MIS-Struktur enthaltenen elektrischen und thermischen Zeitkonstanten klein gegenüber der Zeitkonstante der Spannungsänderung sein sollen. Dies besagt, daß die MIS-Struktur während der Spannungsänderung $u_G(t)$ in die Lage versetzt wird, den Übergang von einem Zustand zum anderen unter dauerndem Angleich an die jeweilige thermodynamische Gleichgewichtsbedingung zu vollziehen: $p(x, t)\, n(x, t) = n_i^2$ und nach Bild 5.1

$$u_G(t) = u_{ox}(t) + v_S(t), \tag{5.1}$$

wobei $v_S(t)$ die Potentialdifferenz zwischen dem metallischen Basiskontakt des Halbleiters und seiner Oberfläche $x = 0$ unter der Gateelektrode darstellt. Aus der Poisson-Gleichung ergibt sich dann die im Halbleiter gespeicherte Ladung zu

$$Q_S = - \varepsilon_S \frac{\partial v_S}{\partial x}\bigg|_{x=0}. \tag{5.2}$$

Im allgemeinen ist jedoch der Verlauf des Schichtpotentials v_S in Abhängigkeit von der energetischen Verteilung der Ladungsträger nicht bekannt. Die quasistatische Lösung ist dadurch gekennzeichnet, daß man das (dynamische) Schichtpotential v_S durch ein statisches Potential V_S ersetzt. Trotzdem stellt diese quasistatische Methode ein Instrumentarium dar, das approximativ weit über ein elektrostatische Potentialbehandlung hinausführen kann [5.1].

Wenn das elektrostatische Potential V_S in (5.2) verwendet wird, hat dies zur Voraussetzung, daß die Ladungsdichte im Halbleiter allein eine Funktion von V_S ist. Dann ist die statische Lösung identisch mit der Raumladungslösung [5.2]

$$Q_S = - \varepsilon_S \frac{\partial V_S}{\partial x} = e\,(p - n + N_D^+ - N_A^-) = - Q_M. \tag{5.3}$$

Das heißt: Die im Halbleiter von außen induzierte Ladung wird dargestellt durch eine Verarmungsrandschicht w_S (oder eine Anreicherungsrandschicht),

132

die von Minoritätsträgern entblößt ist. Dadurch werden die fest eingebauten Störstellen als elektrisch aktive Raumladung zur alleinigen Beeinflussung des statischen Potentials V_S zur Verfügung gestellt (Bild 5.2).

Damit ist aber auch gesagt, daß bei Verwendung des elektrostatischen Potentials V_S die Oberflächenzustandsdichte $D_{SS} = 0$ sein muß. Die weitere Annahme, daß in der Oxidschicht δ (Dielektrikum) keine Ladungen vorhanden sind, führt zum idealisierten Modell der MIS-Struktur. Die Q_S kompensierende Gegenladung befindet sich auf der metallischen Feldelektrode: $Q_S = -Q_M$. Mit (5.1) bis (5.3) ist der Zusammenhang zwischen Gateladung und Schichtpotential V_S der Randschichtladung gegeben. Die Schichtkapazität

$$C_S = \frac{dQ_S}{dV_S} \tag{5.4}$$

repräsentiert dann eine Sperrschichtkapazität, die wie die einseitig atmende p^+n-Sperrschichtkapazität nach Abschn. 4.3 einen vom Dotierungsprofil abhängigen Kapazitäts-Spannungs-Verlauf aufweist. Dabei ist die Diffusionsspannung U_0 zu ersetzen durch das Oberflächenpotential V_S. In Serie zur Schichtkapazität C_S liegt die Oxidkapazität:

$$C_{ox} = \frac{\varepsilon_{ox}}{\delta}, \tag{5.5}$$

wobei die Ladung auf der Gateelektrode bestimmt wird von (5.2) und die Gatestromdichte durch

$$\frac{dQ_M}{dt} = i_G. \tag{5.6}$$

Im Bild 5.4 liegt der Ursprung der Kennlinie im Flachbandpunkt ($\Phi_H = \Phi_M$). Bei unterschiedlichen Vakuumaustrittsarbeiten zwischen Metall und Halbleiter verschiebt sich beim idealen MIS-Varaktor der Nullpunkt der Gatespannung bzw. der Nullpunkt des Oberflächenpotentials V_S um (Bild 5.2)

$$\Delta U_G = -\Phi_{MH}, \qquad \Delta V_S = V_{S0}. \tag{5.7}$$

Geht man in Bild 5.3 von der Flachbandspannung $V_S = 0 = U_G$ aus, so bildet sich bei positiven V_S- bzw. U_G-Werten im Halbleiter eine Anreicherungsrandschicht aus. Beim Vergleich mit Bild 5.2 ist zu beachten, daß es sich um eine energetische Darstellung mit Potentialwerten handelt: $eV > 0$ bedeutet $V < 0$. Die Kapazität C_T der MIS-Struktur begrenzt sich dann selbst auf den Wert der Oxidkapazität C_{ox}, wenn bei der Anreicherungsschicht die metallische Entartungsgrenze $V_S = V_n$ überschritten ist.

Bei negativen V_S- bzw. U_G-Werten bildet sich zunächst die Verarmungsrandschicht aus. Bei konstanter Dotierung dehnt sie sich nach dem Wurzelgesetz des einseitig abrupten pn-Überganges (4.12) aus, wobei die Diffusionsspannung U_0 durch das Gleichgewichtsoberflächenpotential V_{S0} zu ersetzen ist. Die Sperrschichtkapazität C_S des MIS-Varaktors hat also bei der Flachbandspannung $U_{FB} = -V_{S0}$ eine Unstetigkeitsstelle (s. Abschn. 4.3), in der die differentielle Sperrschichtkapazität über alle Grenzen wächst, die Ladekapazität (Verschiebe-

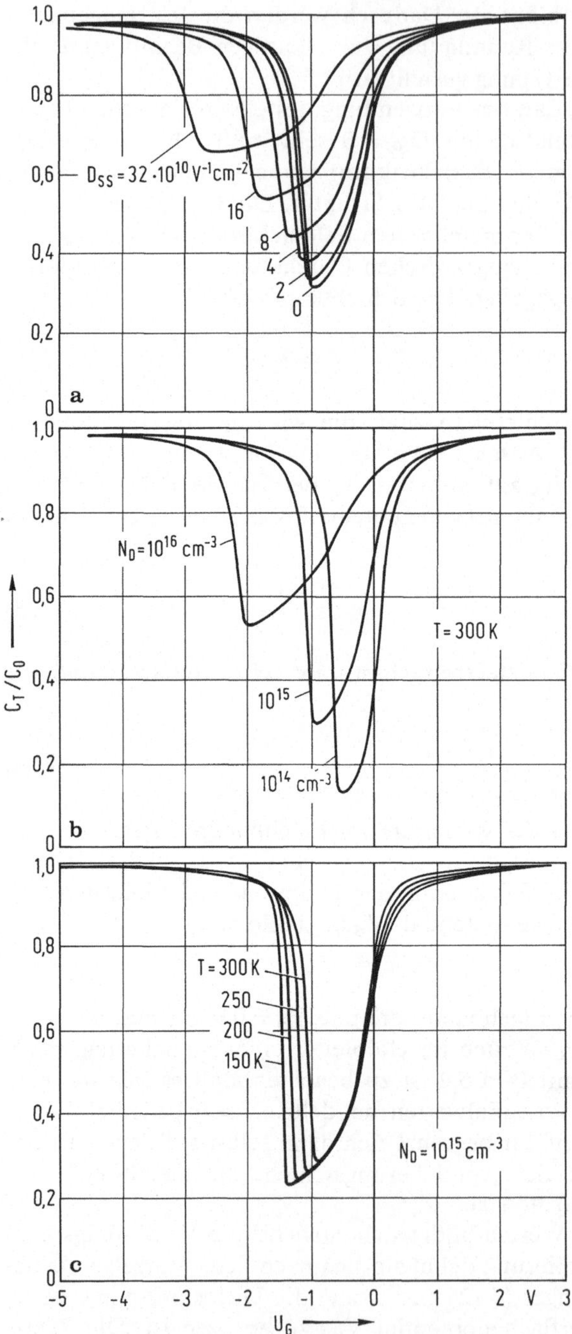

Bild 5.4. Thermisches Gleichgewicht: Einfluß der Oberflächenzustandsdichte D_{SS}, der Dotierung N_D und der Temperatur T auf das Umladungsverhalten eines MIS-Varaktors. Nach [5.1]; n-Silizium, Oxiddicke $d_{ox} = 0{,}1$ µm SiO$_2$

134

ladung) aber gegen Null geht. Daraus ersieht man, daß im Flachbandfall und darüber hinaus zur Anreicherung hin der Ladungstransport zur Oxidkapazität C_{ox} auch in der Randzone des Halbleiters über die Störstellenleitfähigkeit vollzogen wird. Das bedeutet, daß sowohl im Verarmungsfall als auch im Anreicherungsgebiet die majoritätsträgerbestimmten Halbleitermechanismen für die Erzeugung der MIS-Kapazität verantwortlich sind. Obwohl im Verarmungsfall die C_S-Variation des MIS-Varaktors diejenige eines pn-Sperrschichtvaraktors nicht übertrifft, kann der MIS-Varaktor Kapazitätshübe erreichen, die höher sind als die von hyperabrupten pn-Kapazitätsdioden (Bild 5.8). Der Grund ist darin zu sehen, daß der MIS-Varaktor zur Anreicherung hin ausgesteuert werden kann, weil die Oxidkapazität C_{ox} einen Wirkstrom in Durchlaßrichtung beim Abbau des sperrenden Oberflächenpotentials V_S verhindert. Dieser nullpunktnahe Spannungsbereich liefert die höchsten C-Variationen (Bild 5.4 b), kann aber vom pn-Sperrschichtvaraktor nicht ausgenutzt werden, weil der wachsende Sperrschichtleitwert den Gütewert zu weit herabsetzt.

Über den Verarmungsfall hinaus kann die MIS-Struktur weiter ausgesteuert werden in das Gebiet schwacher Inversion. Die Inversion beginnt dann, wenn das Mittenbandniveau E_i am Halbleiterrand das Fermi-Niveau E_F schneidet (Bild 5.3). Dann ist im thermischen Gleichgewicht das Auftreten eines Defektelektrons an der Valenzbandkante ($x = 0$) genauso wahrscheinlich wie das Auftreten eines Elektrons an der Leitungsbandkante ($x = 0$). Spätestens ab diesem Zustand kann am Halbleiterrand die Minoritätsträgerkonzentration gegenüber den Majoritätsträgern nicht mehr vernachlässigt werden, weil die Halbleiteroberfläche im Leitfähigkeitscharakter „invertiert". Man nennt eine Bandverbiegung (Bild 5.3) mit

$$E_F - E_i \leqq e\,V_S < 2\,(E_F - E_i) \qquad \text{das Gebiet schwacher Inversion,}$$

$$e\,V_S \geqq 2\,(E_F - E_i) \qquad \text{das Gebiet starker Inversion.}$$

Das von der Inversion betroffene Gebiet der Raumladungszone geht der Verarmungsrandschicht verloren. Sobald sich die Inversionsschicht schneller ausdehnt als die Verarmungsrandschicht, steigt die Kapazität der MIS-Struktur wieder an und erreicht im Gebiet starker Inversion (wie im Anreicherungsfall) den Wert der Oxidkapazität (Bild 5.4 b).

Im Gegensatz zur Schottky-Barriere, bei der das „Oberflächenpotential" in Form der Metall-Halbleiter-Barriere Φ_B konstant und spannungsunabhängig fixiert ist, kann das Oberflächenpotential V_S des MIS-Überganges von einer äußeren Spannung beeinflußt werden. Bild 5.3 zeigt, wie durch eine äußere Spannung U_G der MIS-Übergang vom Zustand starker Inversion ($U_G < 0$) in den der Eektronenanreicherung ($U_G > 0$) gebracht werden kann. Das Oberflächenpotential V_S wechselt dabei auch sein Vorzeichen.

Mit der Beschreibung der Oberflächeninversion ist das statische Verhalten der MIS-Struktur bereits weit überschritten. Im allgemeinen wird die Minoritätsträgerkonzentration im invertierten Gebiet durch Nichtgleichgewichtsvorgänge bestimmt, so daß ein statischer Potentialansatz nicht mehr erlaubt ist. Das quasistatische Modell ist allerdings in der Lage, zumindest bereichsweise, mit Hilfe von Quasi-Fermi-Niveaus solche Nichtgleichgewichtsvorgänge zu behandeln [5.1]. Bei der nun folgenden dynamischen Aussteuerung können die Aussagen des quasistatischen Modells angewendet werden, wenn die Kongruenz des quasistatischen Modells nun rückwirkend auf Quasi-Fermi-Niveaus mit einem dynamischen Potential v_S nach (5.2) wieder zugelassen wird.

5.3 Dynamisches Verhalten

Die thermodynamische Gleichgewichtsbedingung kann bei MIS-Strukturen schon bei Schwingungsdauern im Sekundenbereich nicht mehr erfüllt sein (Bild 5.5a). Beim Betrieb eines MIS-Varaktors im RF-Bereich kann angenommen werden, daß die Aussteuerung $u_G(t)$ unter Voraussetzungen abläuft, die zu einem extremen thermischen Nichtgleichgewichtsverhalten führen.

Der extreme thermodynamische Nichtgleichgewichtsfall

Unter dieser Annahme vereinfacht sich das Verhalten der MIS-Struktur modellmäßig: Die trägen Zustandsdichten im Oxid und an der Grenzschicht können der angelegten RF-Amplitude nicht mehr folgen und sind deshalb vernachlässigbar (Bild 5.5a).

Die entscheidende Vereinfachung kommt jedoch erst dann zustande, wenn weder die „schnellen" Zustandsdichten D_{SS} an der Grenze Oxid–HL noch der Generationsmechanismus der Minoritätsträger in der Verarmungsrandschicht dem Wechsel der RF-Amplitude folgen können. Dann unterbleibt die Ausbildung eines thermodynamischen Gleichgewichtszustandes zwischen Minoritäts- und Majoritätsträgern in jeder Phase der Aussteuerung und der Generationsstrom der Randschicht kann aus der Wechselstrombetrachtung eliminiert werden. Deshalb kann sich auch bei Aussteuerung in das Gebiet starker Verarmung keine Inversionsschicht unter der Gateelektrode ausbilden. Im Gegensatz zum thermodynamischen Gleichgewichtsverhalten findet dann bei einer schnellen Steigerung der Gatespannung kein Wiederanstieg des Gatestromes i_G statt (Bild 5.5).

Hier darf nicht unerwähnt bleiben, daß der Übergang zum Nichtgleichgewichtsverhalten nicht nur von der Vorschubgeschwindigkeit (Bild 5.5a) der Gatespannung bzw. ihrer Frequenz abhängig ist, sondern auch von dem Generations/Rekombinations-Verhalten der Verarmungsrandschicht und ihrer Oberfläche. Bild 5.5b zeigt das Übergangsverhalten zum Nichtgleichgewicht in Abhängigkeit von einer effektiven Generationszeitkonstanten τ_0 nach Bräunig [5.1]. Man sieht, daß die Generationsrate von Minoritätsträgern bei der Herstellung von MIS-Varaktoren reproduzierbar beherrscht werden muß, um das Übergangsverhalten festzulegen. Diese ist nicht nur von τ_0, sondern auch von der Dotierung und der Temperatur abhängig (Bild 5.5c). Bild 5.8 zeigt die C-V-Charakteristik eines MIS-Varaktors im thermischen Nichtgleichgewichtsfall. Bei positiven Spannungen u_G befindet sich die Schichtkapazität C_S im Anreicherungszustand. Die Gesamtkapazität C_T ist in diesem Fall limitierend gegeben durch die in Serie zu C_S geschaltete Oxidkapazität C_{ox}. Bei kleinen nega-

136

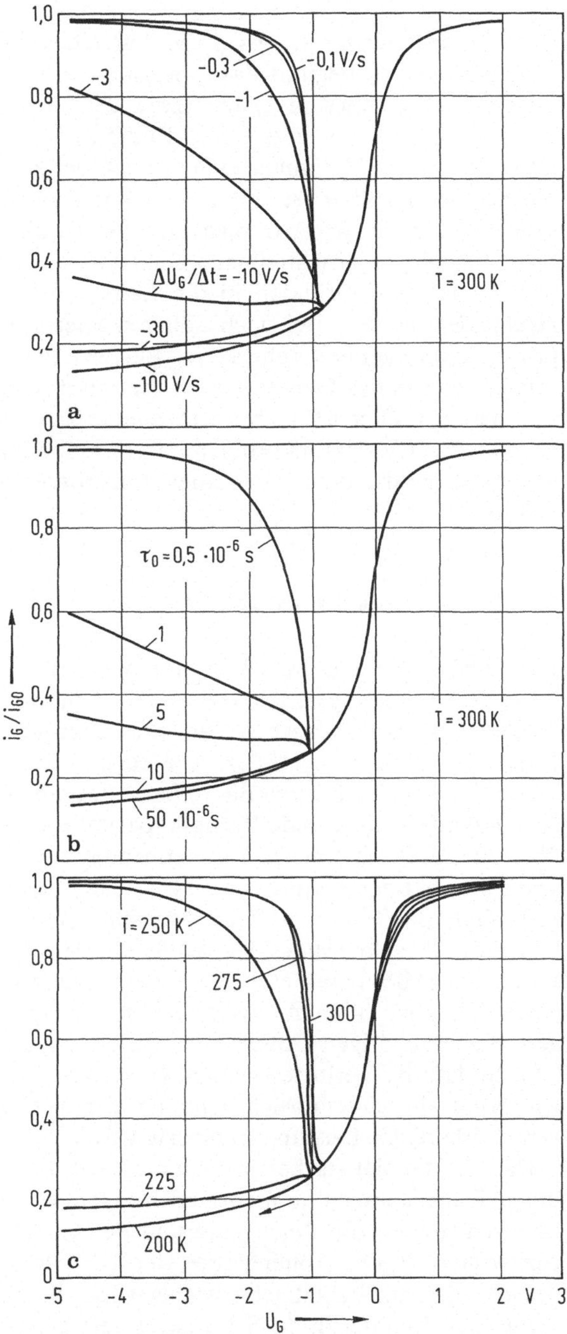

Bild 5.5. Thermisches Nichtgleichgewicht: Beeinflussung des Nichtgleichgewichtsverhaltens einer MIS-Struktur durch die Vorschubgeschwindigkeit $\Delta U_G/\Delta t$ (Bild **a**), effektive Generationszeitkonstante τ_0 (Bild **b**), Temperatur (Vorschubgeschwindigkeit $-0,06$ Vs^{-1}) (Bild **c**), n-Silizium $N_D = 1 \cdot 10^{15}$ cm^{-3}, Oxiddicke $d_{ox} = 0,1$ μm SiO_2, Polarisationsrichtung von Akkumulation in Richtung Inversion [5.1]

tiven Vorspannungen U_G wird die Anreicherung an der Halbleitergrenzschicht abgebaut und es beginnt das Übergangsverhalten in den Verarmungszustand. Dieser kennzeichnet in erster Linie den Arbeitsbereich des MIS-Varaktors: Zwischen etwa $-2\,V$ und $-5\,V$ (Bild 5.8) findet eine besonders hohe Kapazitätsvariation pro Spannungseinheit auch bei konstantem Dotierungsprofil statt, die nur vergleichbar ist mit den C-Variationen bei hyperabrupten pn-Übergängen (Kap. 4). Im extremen Nichtgleichgewichtsfall kann das zu höheren Sperrspannungen anschließende Gebiet der „schwachen Inversion" aus den bereits dargelegten Gründen in die Betrachtung des Verarmungsfalles mit eingeschlossen werden. Bei noch höheren Sperrspannungen wird die C-Variation pro Spannungseinheit sehr klein. Bei weiterer Steigerung der Sperrspannung gelangt man in das Gebiet, wo im thermischen Gleichgewichtsfall starke Inversion herrscht. Hier ist auch im extremen Nichtgleichgewichtsfall die Aussteuerung des MIS-Varaktors problematisch, weil die an der dünnen Oxidschicht anliegenden Feldstärken (Verschiebungsströme) zu Oxiddurchbrüchen führen können.

5.4 Dotierungsabhängigkeit

Die Abhängigkeit des MIS-Varaktors von der Dotierung des Halbleiters kann in erster Näherung abgeleitet werden aus dem Gleichgewichtsverhalten der MIS-Struktur. Nach Bild 5.4b ist im Anreicherungs- und Verarmungsbereich der Kapazitätshub um so größer, je niedriger die Dotierung im Halbleiter liegt. Dieses Verhalten ist durch die in Serie liegende Oxidkapazität C_{ox} gegeben, die als konstante, limitierende Bezugskapazität im Anreicherungsfall wirkt, wenn C_S über alle Grenzen wächst. Im Verarmungsfall wird hingegen C_S um so wirksamer die Serienschaltung $C_{ox} - C_S$ beeinflussen, je niedriger die „low-state"-Kapazität von C_S werden kann. Mit fallender Dotierung wird deshalb C_S mehr und mehr die „low-state"-Kapazität der MIS-Struktur beherrschen. Der beim Design von MIS-Varaktoren verwertbare Dotierungsbereich wird allerdings eingeschränkt (bei Silizium etwa $5 \cdot 10^{15}$ bis $5 \cdot 10^{16}$ cm^{-3}) durch weitere Forderungen. Bei zu niedrigen Dotierungen wird der Serienwiderstand R_S zu hoch (Bild 5.6), so daß die Verluste wachsen (Gütewert). Bei zu hohen Dotierungen sinkt wiederum die Durchbruchspannung der Halbleitersperrschicht, so daß die verarbeitbare RF-Leistung zu niedrig wird.

Daß das Gebiet starker Inversion nach Bild 5.4 vom Nullpunkt aus gesehen um so früher einsetzt, je niedriger die Dotierung liegt, entspricht der Rolle der Minoritätsträger, die ihnen aufgrund der Gleichgewichtskonzentration $pn = n_i^2$ zuzuordnen ist. Die Abhängigkeit der MIS-Struktur von der Dotierung im Fall des thermischen Nichtgleichgewichts wird z. B. in [5.1] behandelt.

Für den Einsatz als MIS-Varaktor setzen wir voraus, daß der Betrieb der MIS-Struktur im extremen thermischen Nichtgleichgewicht erfolgen soll (keine Inversionsschicht). Andernfalls würde durch Minoritätsträgereffekte eine starke, frequenzabhängige Dispersion der Kennlinie auftreten. Der Shockley-Readsche Generationsstrom i_g muß deshalb klein gehalten werden. Die Qualität des Kristallmaterials spielt also in Form einer Generations-Rekombinations-Zeitkonstanten [5.1] eine wichtige Rolle beim dynamischen Betrieb von MIS-Varaktoren (Bild 5.5b).

Auch die Problematik der Aussteuerung eines MIS-Varaktors in das Gebiet potentieller Inversion kommt damit zum Ausdruck: Kristallinhomogenitäten können z.B. als Generationszentren wirken, so daß örtlich beschränkte Inversionen zu Übersteuerungsdurchbrüchen im Kristall, aber auch in der Oxidschicht führen können [5.3]. Zuverlässigkeitsprüfungen im thermischen Gleichgewicht können deshalb nicht in allen Fällen eine dynamische Aussteuerung ersetzen. Da oxidseitige Spannungsdurchschläge meist zu irreversiblen Schädigungen der MIS-Struktur führen, sollte die Dotierung bei MIS-Varaktoren so ausgewählt werden, daß die Durchbruchspannung des Halbleiters niedriger liegt als diejenige des Gateoxides.

Zur besseren Übersicht sind die oben beschriebenen Zustände des MIS-Varaktors in Bild 5.7 zusammenfassend dargestellt.

5.5 Temperaturabhängigkeit

Das Temperaturverhalten des MIS-Varaktors läßt sich, wenn alle Dotierungsatome ionisiert sind, im Fall des thermischen Gleichgewichts in erster Näherung gut überblicken (Bild 5.4c). Im Verarmungsfall ist die Temperaturabhängigkeit vor allem gegeben durch die Sperrschichtkapazität C_S der Halbleiterrandschicht (Bild 5.6). Die Temperaturabhängigkeit der Oxidkapazität C_{ox} ist dagegen meist vernachlässigbar. Solange das Oxid ladungsfrei ist, kann auch der Parallelwiderstand R_{pox} als beliebig groß angenommen werden. Ist das nicht der Fall, so ist die Temperaturabhängigkeit von C_{ox} und R_{pox} ein wesentlicher Grund für die thermische und elektrische Drift (Bild 5.7, Fall 5). Hingegen kann die Temperaturabhängigkeit des Parallelwiderstandes R_{pS} zu C_S (Bild 5.6) auch beim idealen MIS-Varaktor eine Rolle spielen.

Die Temperaturabhängigkeit von C_S entspricht derjenigen einer Sperrschichtkapazität, wobei die Diffusionsspannung U_0 durch das Gleichgewichtsoberflächenpotential V_{S0} zu ersetzen ist (Bild 5.2). Demgemäß ist der Temperaturkoeffizient des MIS-Varaktors nach Bild 5.9 bei höheren Sperrspannungen

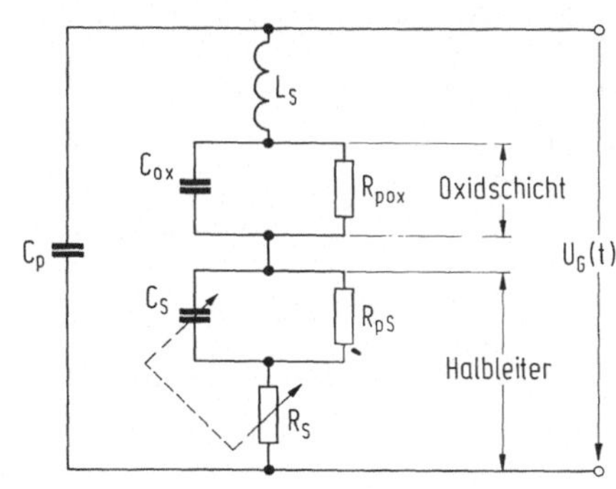

Bild 5.6. Ersatzschaltbild eines MIS-Varaktors beim Betrieb als Sperrschichtvaraktor

Fall	Zustand		Kennzeichnung
1	*Ox:*	Ideales Dielektrikum	*Idealisiertes Modell.*
	GS:	Keine Zustände	Unrealistisches Modell, statisches
	HL:	Sperrschicht ohne G/R	Verhalten als Sperrschichtkapazität
		Kein Sperrstrom I_R	mit Anreicherungskapazität zu
			positiven U_G-Werten.
			Keine Inversion
2	*Ox:*	Alle Ladungen konstant und fixiert	Stabiles thermisches Gleichgewicht.
	GS:	Keine Zustände	Statisches Verhalten als Sperr-
	HL:	Sperrschicht mit G/R.	schichtkapazität mit Anreicherungs-
		Sperrschichtladung folgt trägheits-	kapazität zu positiven U_G-Werten.
		los Aussteuersignal. Statisches	Übergangsgebiet zur Inversion aus-
		Potential V beschreibt Zustand	geschlossen. Nichtgleichgewicht
			ausgeschlossen
3	*Ox:*	Alle Ladungen konstant und fixiert	Stabiles thermisches Nichtgleich-
	GS:	Keine Zustände	gewicht. Quasistatische Approxima-
	HL:	Sperrschicht mit G/R.	tion (bereichsweise möglich)
		Sperrschichtladung folgt mit Verzö-	Inversionsschicht möglich
		gerung dem Aussteuersignal. Nicht-	
		statisches Potential v beschreibt Zu-	
		stand. Näherung: bereichsweise	
		Quasi-Fermi-Potential	
4	*Ox:*	Alle Ladungen konstant und fixiert	Stabiles extremes thermisches
	GS:	Keine Zustände	Nichtgleichgewicht. Dynamisches
	HL:	Minoritätsträger können Aussteuer-	Verhalten. Bereichsweise quasistati-
		signal nicht mehr folgen. Sperr-	sche Approximation möglich. Keine
		schicht mit G/R	Inversion
5	*Ox:*	Bewegliche Ionenladungen	Instabiles Gleichgewicht mit ther-
	GS:	Oberflächenzustände	mischer und elektrischer Drift.
	HL:	Sperrschicht mit G/R	Quasistatisch nicht erfaßbar

Bild 5.7. Physikalische Zustände der MIS-Struktur. *Ox:* Oxidschicht, *GS:* Grenzschicht, *HL:* Halbleiter, G/R: Generation/Rekombination

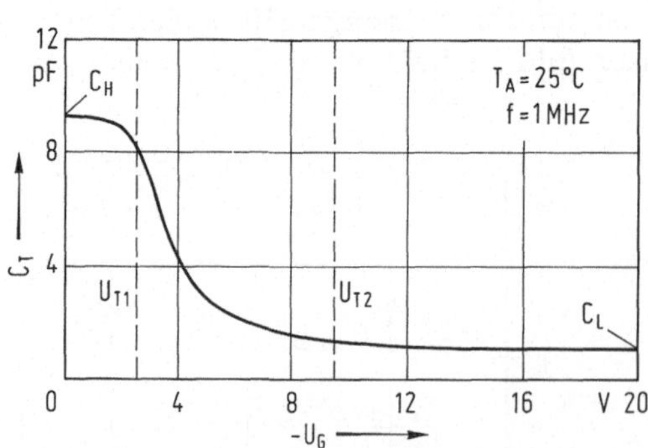

Bild 5.8. Typischer Kapazitätsverlauf eines Mikrowellen-MIS-Varaktors BV 140 nach [5.4].

Daten: $U_{BR} = 25$ V ($I_R = 10$ µA); $f_C = \dfrac{1}{2 \pi R_L C_L} = 150$ GHz bei $U_R = 20$ V

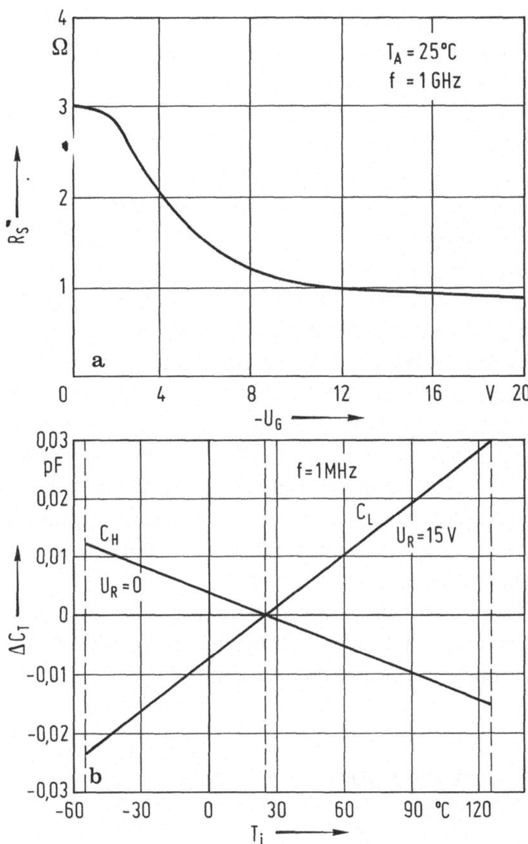

Bild 5.9. a) Typischer Serienwiderstandsverlauf des MIS-Varaktors BV 140 aus Bild 5.8 [5.4], **b)** typische Temperaturvariation ΔC_T der Kapazität C_T (25 °C) beim MIS-Varaktor BV 140 aus Bild 5.8 [5.4]

(Bereich von C_L im Bild 5.8) positiv und entspricht etwa dem TK einer pn-Sperrschicht im Bereich von $10^{-4}\,K^{-1}$. Zur Anreicherung hin (Bereich von C_H in Bild 5.8) durchläuft hingegen der TK des MIS-Varaktors den Wert Null, um dann negativ zu werden. Dieser negative TK von C_H (Bild 5.9) resultiert aus dem Temperaturgang der beweglichen Ladungsträgerkonzentration (Majoritäts-träger). Die Anreicherungskonzentration der Elektronen am Halbleiter ist in der Boltzmann-Approximation (8.2) gegeben, wobei U_0 durch V_S zu ersetzen ist. Mit steigender Temperatur wird die Raumladungskonzentration n_R kleiner, so daß die Anreicherungskapazität sinkt (negativer TK von C_H).

Der Parallelwiderstand R_{pS} zur Schichtkapazität C_S ist bei Wechselstromaus-steuerung auch bezüglich des Temperaturverhaltens entsprechend dem R_p parallel zu einer pn-Sperrschicht gemäß Abschn. 4.7.1 zu behandeln. Er geht entsprechend zu R_p transformiert nach (4.34) in den Gütewert des MIS-Varaktors ein.

Als letzter Betriebszustand bei (quasi-)statischer Aussteuerung (Bild 5.7, Fall 2 und 3) bleibt nun die Inversion der Oberflächenzone als Übergang zum thermischen Nichtgleichgewichtsverhalten übrig. Bei starker Inversion befolgt die invertierte Löcherkonzentration die gleiche Gesetzlichkeit (8.2) wie die Elektronenkonzentration im Anreicherungsfall, nur daß jetzt $V_S > 0$ ist. Mit steigender Temperatur steigt die Inversionskonzentration p_R der Defektelektronen, so daß die Inversionskapazität zunimmt bzw. bereits bei niedrigeren absoluten Gatespannungen einsetzt (Bild 5.4c). Der TK der Schichtkapazität C_S ist im Inversionsgebiet also positiv.

Der extreme thermische Nichtgleichgewichtsfall (Bild 5.7, Fall 4) zeigt bezüglich seiner Temperaturabhängigkeit ein komplexes Verhalten, da die Generations-Rekombinations-Mechanismen von der Temperatur stark abhängig sind. Man kann aber eine generelle Gesetzlichkeit erkennen (Bild 5.5): Mit sinkender Temperatur wird der Generations-Rekombinations-Mechanismus stark eingeschränkt, so daß das Gebiet starker Inversion zurückgedrängt wird. In diesem Fall dehnt sich der Betriebsbereich im Verarmungsmode bzw. unter schwacher Inversion immer mehr über den Gatespannungsbereich aus. Man sieht aber aus Bild 5.5c, daß um 200 °C im potentiellen Inversionsbereich der Gatestrom stark ansteigt. Deshalb ist der stabile Betrieb von MIS-Varaktoren bei höheren Temperaturen (Leistungsumsetzer, Frequenzvervielfacher) stark abhängig von der exakten Beherrschung der thermischen Ableitprobleme (Sperrschichttemperatur, thermischer Widerstand).

5.6 Anwendung

Der wesentliche Vorteil des MIS-Varaktors liegt in seiner Eigenart, große Kapazitätsvariationen zu erzeugen, die beim Konkurrenten, der hyperabrupten Kapazitätsdiode, nur durch sehr spezielle Dotierungsprofile in der Sperrschichtzone ermöglicht werden. Ein Vorteil des hyperabrupten pn-Sperrschichtvaraktors liegt wiederum in der durch Störstellenprofile unveränderlich fixierten Kapazitätscharakteristik. Beim idealen MIS-Varaktor ist die Kapazitätscharakteristik hingegen fixiert durch ein Oberflächenpotential. Vergleicht man den idealen MIS-Varaktor mit der hyperabrupten Kapazitätsdiode, können beide als majoritätsträgerbestimmte Halbleiteranordnungen bezeichnet werden. Denn die Aussteuerung des hyperabrupten pn-Varaktors in den Flußstrombereich ist im allgemeinen nicht nützlich. Beim realen MIS-Varaktor ist allerdings das Oberflächenpotential auch noch beeinflußbar durch Oxidladungen, Grenzschichtzustandsdichten und Generations-Rekombinations-Vorgänge in der Sperrschichtzone. Damit treten Umladungsvorgänge über potentialabhängige Zustandsdichteverteilungen und ihre Temperaturabhängigkeiten in das Blickfeld der realen technologischen Beherrschbarkeit. Mit Blickpunkt auf die notwendige Prozeßkontrolle kann nicht ohne weiteres von einer technologisch einfacheren Herstellung des MIS-Varaktors gegenüber pn-Varaktoren gesprochen werden. Andererseits dürfte die MOS-Technologie, insbesondere in Silizium, in den nächsten Jahren ein Schwerpunktgebiet der technologischen Halbleiterentwicklung bleiben.

Im Vergleich zu bipolaren Injektionsdioden (PIN-Diode und Speichervaraktor) ersetzt beim MIS-Varaktor die Anreicherungskapazität C_H (Bild 5.8) die Injektionsadmittanz. Allerdings besitzt der MIS-Varaktor auch einen minoritätsträgerbestimmten Arbeitsbereich, das Gebiet starker Inversion, das im (extremen) thermischen Nichtgleichgewichtsfall zu komplexem Betriebsverhalten neigt.

Im allgemeinen sind zur Zeit die Verlustwiderstände des MIS-Varaktors, die sich zu einem transformierten Serienwiderstand aufaddieren und den Gütewert bestimmen, insbesondere im Mikrowellenbereich, nicht niedriger als diejenigen von pn-Dioden.

Der eigentliche Vorteil des MIS-Varaktors liegt in seiner weitgehenden technologischen Identität mit Siliziumtechnologien, die zur Großintegration auf dem MOS-Sektor führen.

5.6.1 Digitale Phasenschieber und Kapazitätsschalter

Der hohe Kapazitätshub zwischen den Übergangsspannungen U_{T1} und U_{T2} nach Bild 5.8 zeigt, daß MIS-Varaktoren besonders geeignet sind, im Mikrowellenbereich digitale Schaltaufgaben des Charakters Ein–Aus oder bestimmte Phasenschrittfolgen auszuführen. In dieser Hinsicht tritt der MIS-Varaktor in direkte Konkurrenz zur PIN-Diode als RF-Impedanzschalter (Abschn. 2.3). Zwei Vorteile sind gegenüber der PIN-Diode unbedingt vorhanden: Erstens ist die aufzuwendende Gleichstromleistung in beiden Schaltstellungen verschwindend gering (weniger als 0,1 mW). Die PIN-Diode hat solch kleine Vorstromdissipationen nur in der Aus-Stellung (Sperrpolung) anzubieten. In der Ein-Stellung (Flußpolung) sind Vorstromleistungen im Bereich 5 bis 50 mW notwendig.

Zweitens ist der MIS-Varaktor ein majoritätsträgerbestimmter Ladungsspeicher, der zumindest als „ideale" MIS-Struktur im Rahmen der $R_S \cdot C_T$ Zeitkonstante umschaltet. Es sind also Umschaltzeiten im Nanosekunden-Bereich möglich. Die PIN-Diode ist hingegen eine minoritätsträgerbestimmte pin/psn-Struktur, bei der möglichst kurze Umschaltzeit und hoher Impedanzhub in einen Designkonflikt führen können.

Die genannten Vorteile sind besonders bei der Konstruktion von Mikrowellenphasenschiebern nützlich, insbesondere bei ihrer Anordnung zu „Phased-Array Antennen". Um die Phasenfront zu koordinieren und die Apertur zu erreichen, werden mehrere tausend gesteuerte Phasenschieber benötigt [5.4, 5.5]. Hierbei ist die möglichst verzögerungsfreie Phasenübergangzeit und eine nicht zu hohe Steuerleistung von besonderem Interesse. Bei einer [5.4] Anordnung von 40 000 Phasenschiebern in MIS-Technik würde z. B. eine Phasenhalteleistung von etwa 40 W insgesamt ausreichen, die Antenne zu betreiben. Demgegenüber soll vergleichsweise angenommen werden, daß ein ähnlicher Phasenschieber mit je vier PIN-Dioden aufgebaut sein könnte, von denen zwei Dioden jeweils in der Flußpolung betrieben werden. Bei einem Vorstrom von 10 mA und ca. 1 V Versorgungsspannung würde das bedeuten, daß bei 40 000 Phasenschiebern eine Phasenhalteleistung von ca. 2 kW erforderlich wäre.

Die MIS-Lösung hat auch einige Nachteile gegenüber der mit PIN-Dioden. Die Aus-Stellung ist zwar bei beiden Diodenarten gleich (reaktiv). Bei richtiger Dimensionierung ist hingegen der Ein-Zustand bei der PIN-Diode gekennzeichnet durch einen niedrigeren Widerstand in der Größe von $R_S \ll 1\ \Omega$. Das absolute Impedanzverhältnis der PIN-Diode

$$\gamma_Z = \frac{|Z_H|}{|Z_L|} \qquad (5.8)$$

mit

$$|Z_H| = (\omega\, C_{min})^{-1} \quad \text{und} \quad |Z_L| \approx R_{S\,min}$$

ist deshalb im allgemeinen größer: $Z_L = 0,5\ \Omega$, $C_H = 0,1$ pF bei 10 GHz bedeutet: $\gamma_Z \approx 400$. Hingegen sind beim MIS-Varaktor entsprechende Impedanzverhältnisse im Bereich $\gamma_Z \approx 10$ zu erwarten. Deshalb wird häufig die antiserielle Schaltung von zwei MIS-Varaktoren im symmetrischen Phasenschieber angewendet, um den Impedanzhub zu vergrößern. Zur Integration zweier antiseriell geschalteter MIS-Varaktoren der Struktur MISIM siehe [5.7, 5.8].

Aufgrund des niedrigen R_S-Wertes von PIN-Dioden in Flußpolung und der Möglichkeit, hohe Sperrspannungen zu realisieren, ist die beherrschbare RF-Steuerleistung bei PIN-Dioden wesentlich höher (Abschn. 2.5). Demgegenüber hat der MIS-Varaktor im Bereich kleiner RF-Leistungen bei Array-Anordnungen den Vorteil besserer Integrationsfähigkeit in zukünftige monolithische Schaltungen.

Als kapazitiver Schalter hat sich der MIS-Varaktor noch dem Vergleich mit pn-Kapazitätsdioden zu stellen. Man definiert das C-Verhältnis über den anwendbaren Spannungsschaltbereich als Spannungsverhältnis β_{CV}:

$$\beta_{CV} = \frac{C_H}{C_L\, \Delta U}\,. \qquad (5.9)$$

Wir setzen voraus, daß der MIS-Varaktor β_{CV}-Werte von 1 erreicht. Die Tabelle zu Bild 4.2 zeigt, daß der hyperabrupten pn-Diode BB 113 entsprechend ein $\beta_{CV} \approx 0,9$ zuzuordnen ist. Daraus folgt, daß das Schaltverhältnis bei MIS-Varaktor und hyperabruptem pn-Varaktor etwa gleich groß ist. Wegen der höheren R_S-Werte, die beim MIS-Varaktor, insbesondere bei C_H, auftreten, ist der MIS-Varaktor ein Impedanz- oder Phasenschalter, der bei nicht zu hohen Leistungen und Frequenzen als Alternative zur PIN- und pn-Diode eingesetzt werden kann. Der „ideale" MIS-Varaktor hat gegenüber der PIN-Diode noch den Vorteil zu verzeichnen, daß Exzeßrauschen, das evtl. von hochinjizierenden Minoritätsträgerbauelementen ausgeht (Generations-, Rekombinationsrauschen, Plasmafluktuationen, Spotemissionen, Oberflächenrekombination), vermieden werden kann. Da das Minoritätsträgerverhalten beim MIS-Varaktor als Störeffekt ebenfalls vorhanden ist, Nichtgleichgewichtsvorgänge eine Rolle spielen und die HL-Oberfläche unter der Feldelektrode ebenfalls Oberflächenzustände enthält, kann eine allgemeine Aussage bezüglich Rauschen und Geräuschquellen nicht gemacht werden. Es muß deshalb statuiert werden, daß in jedem Fall exzeßstromfreie Dioden miteinander verglichen werden.

5.6.2 MIS-Abstimmvaraktoren

Wegen seines hohen C-Schaltverhältnisses nach (5.9) von $\beta_{CV} \approx 1$ ist der MIS-Varaktor auch als Abstimmdiode einsetzbar: Der Kapazitätshub

$$\alpha = \frac{C_H}{C_L} \tag{5.10}$$

kann über $\alpha = 10$ gesteigert werden, durch schwache Dotierung des Halbleiters und damit kleinen C_L-Werten, allerdings auf Kosten der R_S-Werte. Andererseits können mit extrem dünnen Oxiden (unter 50 nm SiO_2) MIS-Varaktoren theoretisch hergestellt werden, die bei $\alpha > 10$ niedrigere R_S-Werte besitzen als entsprechende hyperabrupte Kapazitätsdioden. Allerdings wird die Durchschlagsfestigkeit des Oxides (zu) niedrig und das Oxid empfindlich gegenüber Verunreinigung und Kontamination.

5.6.3 MIS-Frequenzvervielfacher

Als majoritätsträgerbestimmtes Varaktanzelement mit steiler $C(U)$-Kennlinie ist der MIS-Varaktor auch zur Frequenzvervielfachung geeignet. Für hohe Ausgangsleistungen und kleine Vervielfachungszahlen ($n = 2, 3, 4$) werden vorzugsweise Idler-Vervielfacher herangezogen, die mit Blindkreisen auf den einzelnen Harmonischen für den notwendigen Energieaustausch zwischen Eingangs- und Ausgangsfrequenz sorgen (Kap. 3).

Um vom 100-MHz-Gebiet in den Bereich von 10 GHz zu kommen, sind hierbei mehrere Vervielfacherstufen hintereinander zu schalten. Die Wirkungsgrade der Einzelstufen gehen multiplikativ in den Gesamtwirkungsgrad der Kombination ein. Da im allgemeinen die Verluste mit wachsender Frequenz steigen, ist der Wirkungsgrad der höchstfrequenten Stufen von besonderem Interesse, weil der Verlust an bereits „veredelter" Leistung technisch und ökonomisch ungünstig ist.

Bei einem MIS-Verdoppler von 2,7 auf 5,4 GHz wurden bereits 5,5 W Ausgangsleistung erzielt mit 55% Wirkungsgrad bei einer 3 dB Bandbreite von 8% [5.9]. Diese Werte liegen in einem Bereich, der einen Vergleich mit Varaktorvervielfachern zuläßt. Allerdings mußte bei dieser Ausgangsleistung mit einem Tastverhältnis 1:1 gepulst werden, um eine Kennliniendrift wegen Übertemperatur zu vermeiden. Die Art der Drift ließ den Schluß zu, daß bei der thermischen Belastung der MIS-Varaktoren die Isolatorschicht (Oxid) am empfindlichsten reagierte. Dies zeigt, daß die Ableitung der dissipativ erzeugten Wärme aus der Halbleiteroberfläche eine wesentliche Voraussetzung für den stabilen Betrieb von MIS-Varaktoren ist.

Es handelt sich um dasselbe Problem, das sich bei Speichervaraktoren (Kap. 3) und Sperrschichtvaraktoren (Kap. 4) auch stellt, beim MIS-Varaktor aber pointiert in den Vordergrund tritt. Bei Speicher- und Sperrschichtvaraktor wird durch Upside-down-Montage die in der aktiven Zone erzeugte Wärme auf dem kürzesten Weg aus dem Halbleiter in die „Wärmesenke" transportiert. Diese Montageart ist beim MIS-Varaktor ebenfalls möglich und vorgeschlagen [5.9, 5.10]. Diese Wärmeableitprobleme sind beim MIS-Varaktor besonders hervorzuheben, weil die kritische Stelle thermisch beeinflußbarer Oberflächenzustände N_{SS} und Oxidzustände zusammenfällt mit der Übergangszone Halbleiter/Oxid und damit bei Upside-down-Montage mit der Stelle höchsten Wärmestaus zur metallischen Wärmesenke hin. Ein MIS-Varaktoraussteuerungsmodell mit Berücksichtigung der Sättigungsdriftgeschwindigkeit wird in [5.9] behandelt.

Eine zweite Möglichkeit ist die, in einer Stufe mit hoher Vervielfachungszahl n die Umsetzung zu bewerkstelligen. Dann ist es natürlich nicht mehr möglich, auf allen Harmonischen der Ausgangsfrequenz Blindkreise abgestimmt arbeiten zu lassen. Hier wird vielmehr das Prinzip des „Spektralapparates" realisiert, bei dem durch ein entsprechendes Filter die geforderte Linie aus einem Frequenzspektrum „ausgeblendet" wird. Für solche Aufgaben ist unter den Minoritätsträgerbauelementen die Step-recovery-Diode, ein abrupt abschaltender Speichervaraktor, am besten geeignet (Abschn. 3.3).

Der MIS-Varaktor hat zwar keinen so abrupten Impedanzsprung anzubieten wie die Step-recovery-Diode und damit nicht den harmonischen Inhalt. Sein Vorteil ist jedoch darin zu sehen, daß durch eine gezielte Gestaltung der Ladungs-Spannungs-Kennlinie das nichtlineare Element selbst Filteraufgaben des äußeren Kreises übernimmt, in dem es − theoretisch gesprochen − nur diejenigen Linien erzeugt, die erwünscht sind. MIS-Varaktoren sollten deshalb bei „idlerfreien" Vervielfachern mit mittleren Vervielfachungsfaktoren $3 < n < 10$ technische Vorteile haben.

Verhältnismäßig einfach lassen sich alle geradzahligen Oberwellen unterdrücken, indem man eine rein ungerade Ladungs-Spannungs-Kennlinie erzeugt. Diese lassen sich durch antiserielle oder antiparallele Schaltung von Varaktoren erzielen [5.11]. Durch die relativ stark entkoppelte Designflexibilität im C_H und C_L ist die Möglichkeit gegeben, Übergangskennlinien der Zusammenschaltungen von MIS-Varaktoren aufeinander abzustimmen. Gegentaktschaltungen solcher Art sind in der Lage, alle geradzahligen Oberwellen um mehr als 40 dB zu unterdrücken. Will man erreichen, daß darüber hinaus von den ungeradzahligen Oberwellen nur eine einzige mit großer Amplitude erzeugt wird, muß durch Parallel- und Serienschaltung von mehreren MIS-Varaktoren eine Art Mäanderkennlinie realisiert werden [5.11].

Da die Mittelpunktvorspannung von seriell geschalteten MIS-Varaktoren vom Aussteuerungspegel abhängig ist, muß der zusätzliche elektronische Aufwand abgewogen werden gegenüber den Vereinfachungen im Vervielfacheraufbau. In [5.7] wurden diese Fragen untersucht und ein praktisch gangbarer Weg für eine Vervielfacherkette von 0,1 auf 12 GHz, bestückt mit MIS-Varaktoren, aufgezeigt. Mit Einzelvaraktoren wurde ein Gesamtwirkungsgrad der Vervielfachung von 114 MHz auf 12 GHz von 2,6% erreicht mit einer Ausgangsleistung von 5 mW bei 12 GHz. Diese Ausgangsleistung ist z.B. ausreichend, um einen Gunn-Oszillator durch Injektionssynchronisation in der Frequenz zu stabilisieren. Von den im Rahmen dieses Projektes gesammelten Erfahrungen scheinen folgende von allgemeiner Bedeutung [5.7] zu sein:

Der Wirkungsgrad der Vervielfacher nimmt in Übereinstimmung mit der Theorie mit steigender Gütefrequenz des MIS-Varaktors zu.

Die Abstimmung des Vervielfachers wird mit zunehmendem C_H/C_L kritischer. Bei großem C_H/C_L ist der Idler-Kreis hinsichtlich einer Erhöhung des Wirkungsgrades wirksamer als bei einem kleinen Sprung.

Um $n \approx 7$ sinkt der Wirkungsgrad rapide ab: Es erscheint sinnvoll, n nicht größer als 9 zu wählen.

Literatur zu Kapitel 5

5.1. Bräunig, D.: Diss. TU Berlin 1974, Ber. Hahn-Meitner-Inst. f. Kernforschung, Berlin HMI-B 160 (D 16)
5.2. Kingston, R. H.; Neustadter, S. F.: J. Appl. Phys. 26 (1955) 718
5.3. Schroen, W.; Woodruff, R. D.; Farrington, D.: IEEE Trans. ED-13 (1966) 570
5.4. Siegal, B.: Microwave J. 13,5 (1970) 45
5.5. Ince, W. J.: Microwave J. 15,9 (1972) 36; Microwave J. 15,10 (1972) 31
5.6. Pfann, W. G.; Garret, C. G. B.: Proc. IRE 47 (1959) 2011
5.7. Fritzsche, D.; Sah, H.: BMFT Forschungsber. W75-02 (1975)
5.8. Feuersänger, A. E.; Frankl, D. R.: IEEE Trans. ED-10 (1963) 143
5.9. Abschlußbericht der TU Braunschweig zum BMFT Forschungsvorhaben 5/53, 5/42, 5/36 (1973)
5.10. Schuhmacher, F.: Diss. TU Braunschweig 1972
5.11. Schiek, B.; Marquardt, J.: AEÜ 24 (1970) 237

6 Schottky-Diode

6.1 Einleitung

Schottky schloß 1939 die Theorie der Verarmungsrandschicht ab [6.1]. Um die Schottkysche Theorie außerhalb der Spitzendioden an planen Metall-Halbleiter-Flächenkontakten technisch zu demonstrieren, bedurfte es eines weiteren technologischen Fortschrittes: der Planartechnik zur Erzeugung kleinster Flächenstrukturen mit einer oxidgeschützten Peripherie (Band 4). Diese Technik steht seit 1960 zur Verfügung.

Wird auf einen Halbleiter eine Metallschicht aufgebracht, so bildet sich eine Potentialbarriere an der Grenzschicht zum Halbleiter aus, oder sie wird modifiziert, sofern vorher schon Oberflächenzustände eine Grenzschichtpotentialdifferenz induziert haben. Für alle diese Potentialbarrieren gibt es zwei limitierende Modellvorstellungen: Schottky-Barriere und Bardeen-Barriere.

6.2 Metall-Halbleiter-Potentialbarrieren

6.2.1 Schottky-Barriere

Bild 6.1 zeigt die Bandstruktur eines Metalls und eines p-Typ- bzw. eines n-Typ-Halbleiters im oberflächennahen Bereich, wie sie für das Modell der Schottky-Barriere vorausgesetzt wird.

Die Bandstruktur des Halbleiters setzt sich beim Fehlen von Oberflächentermen bis zur Oberfläche unverändert fort und paßt sich erst bei Annäherung an das Metall durch eine „Bandverbiegung" an. Durch die dabei entstehende Grenzflächengegenspannung U_D wird dann der Elektronenübertritt unterbunden.

$$U_D = \Phi_M - \Phi_H = \Phi_M - (X_H + V_n),$$

$$Q_M = - Q_{RL}. \tag{6.1}$$

Φ_M ist die Vakuumaustrittsarbeit des Metalls, Φ_H diejenige des Halbleiters. Letztere setzt sich zusammen aus der Elektronenaffinität X_H und V_n, dem Abstand des Fermi-Niveaus von der Leitungsbandkante. Die im Metall entstandene Raumladung kann wegen der hohen Zustandsdichte von $n_M \approx 10^{22}\ \mathrm{cm}^{-3}$ als Flächenladung vernachlässigbarer Dicke unmittelbar vor der Halbleiter-

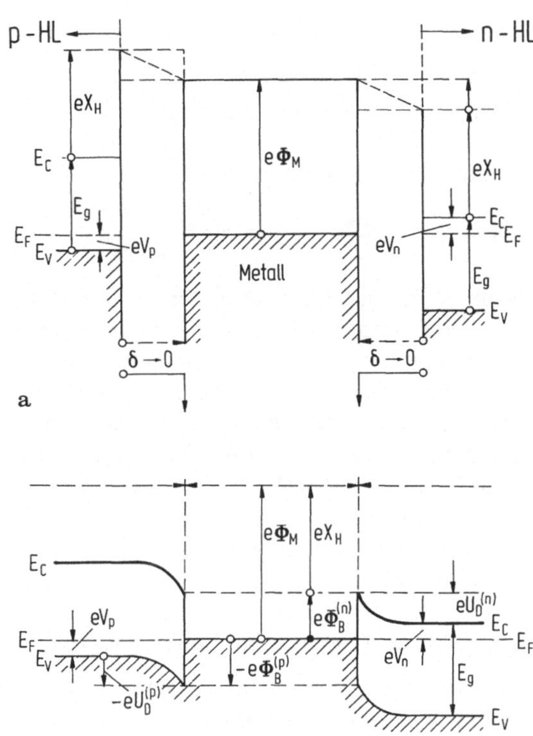

Bild 6.1. Schottky-Modell einer Elektronen- und Defektelektronenbarriere. Oberflächenzustandsdichte $N_{so}=0$. Ohne äußere Spannung. **a)** Annäherung M-HL, **b)** Endzustand

oberfläche behandelt werden. Das sind formal die gleichen Voraussetzungen, die beim einseitig abrupten pn-Übergang zur Vernachlässigung der Raumladungstiefe auf der höher dotierten Seite geführt haben. Man hat dabei die innere Potentialdifferenz U_0 (Offsetspannung) in (4.7) zu ersetzen durch die Grenzschichtspannung U_D

$$w = \left(\frac{2\,\varepsilon_H}{e\,N_B}\,U_D \right)^{1/2} \geqq 0. \tag{6.2}$$

Der Ladungsbeitrag der Minoritätsträger ist in (6.2) vernachlässigt.

Wenn $\Phi_M > \Phi_H$ ist, bedeutet dies beim Metall-n-Halbleiterkontakt, daß sich die Metalloberfläche negativ auflädt. Die Energiebänder im n-Halbleiter verbiegen sich (Bild 6.1) nach oben. Dann ergibt sich mit (6.1) für die Elektronenbarriere im Verarmungsfall

$$\Phi_B^{(n)} = \Phi_M - X_H = U_D + V_n. \tag{6.3}$$

Das heißt: Für den Austritt von Elektronen aus dem Metall in den Halbleiter ist nicht mehr die Vakuumaustrittsarbeit $e\,\Phi_M$, sondern die Barrierenhöhe Φ_B maßgebend. Bei einem p-Halbleiter bedeutet hingegen der Aufbau einer Verarmungszone w, daß sich das Metall positiv auflädt. Die Energiebänder verbiegen sich gemäß Bild 6.1 nach unten. Dann ergibt sich für die Löcherbarriere im Verarmungsfall

$$- \Phi_B^{(p)} = - (U_D + V_p) = \Phi_M - X_H - \frac{E_g}{e} \tag{6.4}$$

und mit (6.3) zusammen

$$\Phi_B^{(n)} + \Phi_B^{(p)} = \frac{E_g}{e}, \qquad 0 \leqq \Phi_B^{(n,\,p)} \leqq \frac{E_g}{e}. \tag{6.5}$$

Nach (6.3) und (6.4) sind die Barrieren unabhängig von der Dotierung der Halbleiter und werden allein von deren Elektronenaffinität X_H und der Austrittsarbeit $e\,\Phi_M$ des Kontaktmetalls bestimmt. Beide Barrieren werden nach (6.5) durch den Bandabstand im Halbleiter begrenzt. Im Fall $\Phi_M < X_H$ bildet sich beim n-Halbleiter aufgrund einer Bandabsenkung eine Anreicherungsrandschicht aus. Beim p-Halbleiter entsteht entsprechend die maximal mögliche Barrierenhöhe (Verarmungsrandschicht). Es vertauschen sich also nur die Rollen von n- und p-Halbleiter bezüglich des Aufbaues von Verarmungs- und Anreicherungsrandschichten, so daß wir uns hinfort auf den n-Halbleiter beschränken können.

6.2.2 Bildkraftbarriere und Spiegelpotential

Die Metall/Halbleiter-Grenzfläche wirkt wegen der hohen Leitfähigkeit des Metalls wie eine Ladungsspiegelfläche für die Elektronen bzw. Löcher im Halbleiterinnern. Das daraus resultierende Spiegelpotential muß dem Potential der Raumladungszone überlagert werden, das im grenzflächennahen Bereich als Dreieckspotential angenähert werden kann (F = const). Damit ergibt sich nach Bild 6.2

$$\Phi\,(x) = \frac{- e}{16\,\pi\,\varepsilon_S\,x} - F\,x \tag{6.6}$$

mit dem Feldstärke-Maximum bei

$$x_m = \left(\frac{e}{16\,\pi\,\varepsilon_S\,F} \right)^{1/2}. \tag{6.7}$$

(6.7) eingesetzt in (6.6) ergibt

$$\Phi_m = - 2\,F\,x_m = - \Delta\Phi. \tag{6.8}$$

Bezeichnet man die Höhe der Dreieckbarriere einschließlich des Spiegelpotentials mit Φ_B^*, so ergibt die Berücksichtigung des Spiegelpotentials eine Absenkung der maximalen Potentialwallhöhe Φ_B um $\Delta\Phi$

$$\Phi_B^* = \Phi_B + \Delta\Phi. \tag{6.9}$$

In den Bildern der Potentialstrukturen ist wegen der besseren Übersicht die Verrundung durch das Spiegelpotential nicht eingezeichnet. Solange $\Delta\Phi$ konstant ist, tritt es nur als additive Konstante in den Bestimmungsgleichungen für die Höhe des Potentialwalles auf.

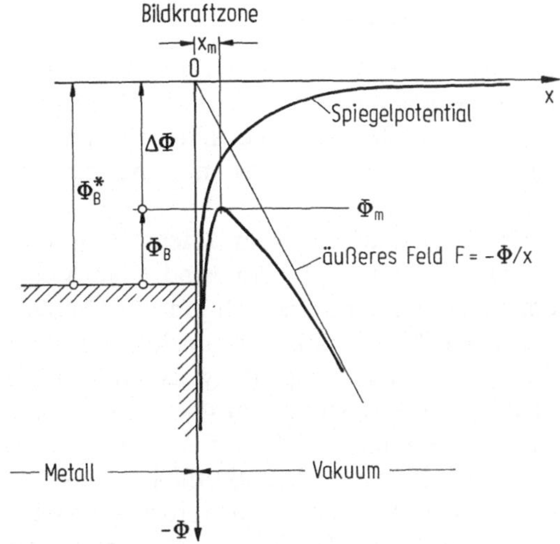

Bild 6.2. Bildkraftbarriere der Tiefe x_m, Spiegelpotentialabsenkung $\Phi_B = \Phi_B^* - \Delta\Phi$

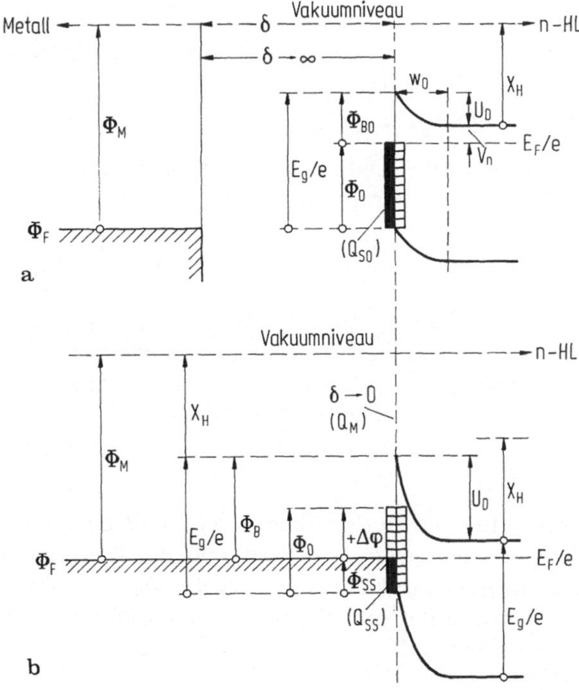

Bild 6.3. a) Bardeen-Modell. Ausgangszustand. Kontaktmetall weit entfernt. HL-Oberfläche im Gleichgewicht mit dem HL-Volumen. **b)** Schottky-Bardeen-Modell. Endzustand. Kontaktmetall auf Oberfläche. HL-Oberfläche nicht im Gleichgewicht mit dem HL-Volumen

6.2.3 Bardeen-Barriere

Bei der Bardeen-Barriere [6.2] wird der entgegengesetzte Grenzfall wie bei der Schottky-Barriere angenommen: Nicht das kontaktierende Metall setzt sich in das energetische Gleichgewicht mit dem Halbleiter, sondern seine Oberflächenzustände. Das ist zunächst nur möglich, wenn keine Metallschicht vorhanden ist.

Die Grenzflächenzustandsdichte D_{SS} sei vom Akzeptortyp: Alle Zustände unterhalb des Fermi-Niveaus sind negativ geladen und aktiv, sie sollen über den betrachteten Energiebereich in ihrer Dichte konstant verteilt sein.

Nach Bild 6.3 baut sich an der Oberfläche des Halbleiters ein Potentialwall Φ_{B0} auf (Indizierung „0" weist auf die Halbleiteroberfläche ohne Kontaktmetall hin). Die Höhe von Φ_{B0} wird bestimmt durch das Oberflächenpotential Φ_0, das definiert ist als der Abstand des Fermi-Niveaus von der Valenzbandkante an der Halbleiteroberfläche. Das Oberflächenpotential Φ_0 sorgt für das energetische Gleichgewicht mit dem inneren Halbleiter. Bei einer Bandaufwölbung nach Bild 6.3 führt das zu einer Verarmungszone. Die Oberflächenladung Q_{S0} wird dabei abgesättigt und tritt in Korrespondenz mit der Donatorladung Q_{R0} der Verarmungszone w_0

$$- Q_{S0} = Q_{R0}. \tag{6.10}$$

Durch diesen Vorgang wird der Halbleiter nach außen ladungsneutral, trotzdem unter dem Fermi-Niveau geladene Akzeptorniveaus N_{S0} der Oberflächenzustandsdichte D_{SS} existieren (Bild 6.3)

$$Q_{S0} = - e\,N_{S0} = - e\,D_{SS}\,\Phi_0. \tag{6.11}$$

Diese negative Ladung steht im Gleichgewicht mit der positiven Donatorladung N_D^+ der Verarmungszone

$$Q_{R0} = e\,N_D^+\,w_0 = \left[2\,e\,\varepsilon_H\,N_D^+\left(\Phi_{B0} - V_n - \frac{k\,T}{e}\right)\right]^{1/2}. \tag{6.12}$$

Bei (6.12) handelt es sich um die Raumladung einer einseitigen Sperrschichtzone nach (8.9), bei der das innere Potential U_D ersetzt ist durch den Bardeen-Übergang mit $\Phi_{B0} - V_n$. Die Barrierenhöhe dieses abgesättigten Oberflächenzustandes ist gegeben zu (Bild 6.3)

$$\Phi_{B0} = \frac{E_g}{e} - \Phi_0. \tag{6.13}$$

Mit (6.10) und (6.12) erkennt man, daß bei gegebenen D_{SS} und N_D das Oberflächenpotential Φ_0 einerseits und die Raumladungsweite w_0 andererseits das Ladungsgleichgewicht (6.10) regeln. Φ_0 bestimmt somit Φ_{B0} und w_0. Diese Ladungsneutralität der abgesättigten Dipolschicht an der Oberfläche des Halbleiters dient als Bezugspunkt für alle weiteren Betrachtungen.

6.2.4 Barrierenhöhen als Mischform zwischen Schottky- und Bardeen-Theorie

Bild 6.4 zeigt experimentell gemessene Barrierenhöhen an Metall-n-Silizium-Kontakten. Man ersieht, daß die reale Barrierenhöhe Φ_B' zwischen denen nach

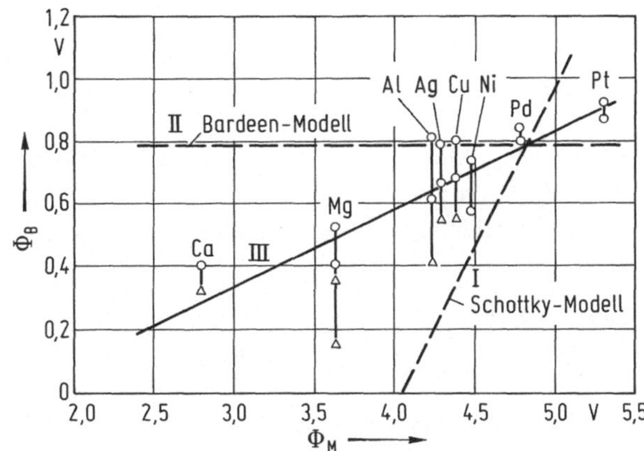

Bild 6.4. Experimentell ermittelte Barrierenhöhen bei Metall-n-Silizium-Kontakten im Vergleich zum Schottky- und Bardeen-Modell [6.12 – 6.15]

dem Schottky-Modell (Gerade I) und nach dem Bardeen-Modell (Gerade II) liegt. Schottky-Gleichung (6.3) und Bardeen-Barriere (6.13) treten als limitierende Grenzfälle auf [6.3]. Es ist möglich, empirisch eine Mischform beider Beiträge zu gewichten (Faktor C). Eine lineare Überlagerung von (6.3) und (6.13) ergibt dann

$$\Phi'_B = C\,(\Phi_M - X_H) + (1 - C)\left(\frac{E_g}{e} - \Phi_0\right), \tag{6.14}$$

mit $\Phi'_B \geqq 0, \quad 0 \leqq C \leqq 1$.

Die Gerade III in Bild 6.4 stellt den Zusammenhang

$$\Phi'_B = C\,\Phi_M + D \tag{6.15}$$

mit $C \approx 0{,}27$ und $D \approx -0{,}45$

gemäß einer Vereinfachung von (6.14) dar.

6.2.5 Das System Halbleiter mit Oberflächenzuständen und Metallkontakt

Im Bild 6.3a ist die Bardeen-Barriere, d.h. der Halbleiter mit Oberflächenzuständen, aber ohne metallische Kontaktschicht, dargestellt. Bringt man zusätzlich einen Metallkontakt auf die Halbleiteroberfläche auf, so entsteht eine Potentialstruktur nach Bild 6.3b.

Man sieht, daß sich das Gleichgewichtsoberflächenpotential Φ_0 nach (6.14) bei Annäherung des Metalls mit Hilfe der Potentialdifferenz $\Delta\varphi$ so lange verschiebt, bis die Differenz der Austrittsarbeiten nach Schottky (6.4) gleich ist der neuen Barrierenhöhe Φ_B

$$\Phi_B = \frac{E_g}{e} - (\Phi_0 - \Delta\varphi) = \frac{E_g}{e} - \Phi_{SS} = \Phi_M - X_H \tag{6.16}$$

153

mit dem Oberflächenpotential

$$\Phi_{SS} = \Phi_0 - \Delta\varphi \leqq \frac{E_g}{e}. \tag{6.17}$$

$\Delta\varphi$ gibt die Abweichung des Oberflächenpotentials Φ_{SS} vom Neutralwert Φ_0 vorzeichenrichtig an.

Die Oberflächenladung Q_{S0} der Bardeen-Barriere (6.11) verändert sich dabei zu

$$Q_{SS} = - e\, D_{SS}\, \Phi_{SS}. \tag{6.18}$$

Der Ladungsunterschied beträgt dann

$$\Delta Q_{SS} = Q_{SS} - Q_{S0} = e\, D_{SS}\, \Delta\varphi. \tag{6.19}$$

ΔQ_{SS} wird über die Dipolschicht hinaus wirksam. Teilweise influenziert ΔQ_{SS} auf dem Metall eine Gegenladung, teilweise trägt es zu einer Änderung der Verarmungsrandschicht bei.

$$\underset{\text{Metall}}{- Q_M} = \underset{\text{Oberfläche}}{\Delta Q_{SS} + Q_{S0}} + \underset{\text{Randschicht}}{Q_{RL}}. \tag{6.20}$$

Mit (6.10) ergibt sich

$$- Q_M = \Delta Q_{SS} + Q_{RL} - Q_{R0}. \tag{6.21}$$

(6.20) stellt ein neues Ladungsgleichgewicht unter Beteiligung der Metallelektrode, relativiert auf den elektrodenlosen Neutralfall der Halbleiteroberfläche nach (6.13) dar. In (6.21) ist Q_{S0} eliminiert, so daß sich das neue Gleichgewicht ergibt aus nicht neutralisierter Oberflächenladung Q_{SS}, nicht neutralisierter Randschichtraumladung $(Q_{RL} - Q_{R0})$ und Metalladung Q_M. (6.21) läßt sich mit Hilfe von (6.12) und (6.19) darstellen als

$$- Q_M = e\, D_{SS}\, \Delta\varphi + e\, N_D^+ (w - w_0), \tag{6.22}$$

wobei das kontaktierende Metall über Φ_B die Verteilung des neuen Ladungsgleichgewichtes auf Metall und Randschichtraumladung bestimmt. Die mit einer Metallschicht versehene Bardeen-Barriere (ohne Zwischenschicht) wird also zu einer modifizierten Schottky-Barriere, mit einer durch Oberflächenladungen veränderten Ladungsverteilung (Bild 6.3b). Trotz der Annahme von Oberflächenzuständen haben wir also noch nicht die Mischbarrierenform nach (6.14) vorliegen.

6.2.6 Die Barrierenhöhe unter der Einwirkung von Zwischenschichten und Grenzflächenzuständen

Bild 6.5 zeigt die Potentialstruktur eines Metall/Halbleiter-Kontaktes mit einer zusätzlichen Fremdschicht zwischen Metall und Siliziumoberfläche. An diese Zwischenschicht der Tiefe δ werden folgende Bedingungen gestellt:

a) δ soll nur in der Größenordnung weniger Atomlagen sein, so daß Elektronen die Schicht durchtunneln können oder den Potentialwall am Rande des

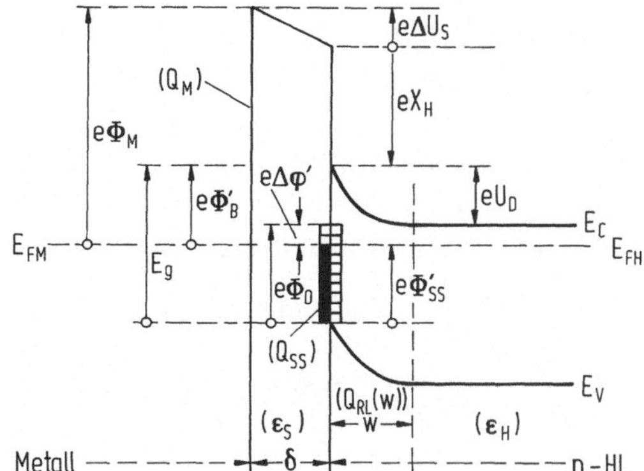

Bild 6.5. Mischformbarriere mit Zwischenschicht δ und Grenzflächenzuständen N_{SS}

Halbleiters ohne Streuprozeß erreichen (waagerechtes Fermi-Niveau in der Zwischenschicht δ).

b) Die Zwischenschicht soll dielektrischer Natur sein, so daß elektrostatische Potentialdifferenzen auftreten können.

c) Die Grenzflächenzustandsdichte D_{SS} soll ausschließlich an der Halbleiteroberfläche liegen und nur vom Halbleiter in ihrer Lage und Dichte bestimmt werden.

Aus Bild 6.5 ist zu entnehmen, daß (6.16) folgendermaßen modifiziert wird

$$\Phi'_B = \frac{E_g}{e} - (\Phi_0 - \Delta\varphi') = \frac{E_g}{e} - \Phi'_{SS} = (\Phi_M - X_H) - \Delta U_S. \tag{6.23}$$

Alle gestrichenen Größen stellen Modifikationen gegenüber den vorher behandelten Fällen dar. Die Barrierenhöhe Φ'_B wird bestimmt von dem Oberflächenpotential

$$\Phi'_{SS} = \Phi_0 - \Delta\varphi'. \tag{6.24}$$

Mit ΔU_S, der Potentialdifferenz an der Zwischenschicht δ, tritt eine zusätzliche Potentialvariante in (6.23) auf. Das durch ΔU_S erzeugte Feld an der Zwischenschicht δ mit der DK ε_S endet an der Metalladung Q_M

$$\Delta U_S = -\frac{Q_M}{\varepsilon_S}\,\delta. \tag{6.25}$$

Eingesetzt in (6.26) ergibt sich damit das neue Ladungsgleichgewicht zu

$$\frac{\varepsilon_S}{\delta}\,\Delta U_S = \quad \Delta Q'_{SS} \quad + \quad Q'_{RL} - Q_{R0} \tag{6.26}$$

Metalladung   HL-Oberflächen-   HL-Randschicht-Ladungsänderung

mit $\quad \Delta Q'_{SS} = e\,D_{SS}\,\Delta\varphi'$ (6.27)

entsprechend (6.19). Im Gegensatz zu (6.20) und (6.22) wird nun die Ladungsverteilung im Gleichgewicht nicht mehr allein bestimmt durch Φ_B, bei gegebenem Φ_{B0} und N_D, sondern zusätzlich durch den „Plattenkondensator" (6.25). Damit ist diese Metall-Halbleiter-Barriere frei geworden von der bedingungslosen Anpassung an das Metallniveau nach (6.16). Aus Bild 6.5 entnimmt man

$$\Phi_M - X_H = \Phi'_B + \Delta U_S, \tag{6.28}$$

$$\frac{E_g}{e} - \Phi_0 = \Phi'_B - \Delta\varphi'. \tag{6.29}$$

Das sind die Bestimmungsgrößen für (6.14), die eingesetzt ergeben

$$\Phi'_B = C(\Phi'_B + \Delta U_S) + (1 - C)\,(\Phi'_B - \Delta\varphi'), \tag{6.30}$$

$$C = \frac{1}{1 + \dfrac{\Delta U_S}{\Delta\varphi'}}, \qquad 0 \leqq C \leqq 1, \qquad \frac{\Delta U_S}{\Delta\varphi'} \geqq 0. \tag{6.31}$$

Der Gewichtungsfaktor C der Mischbarriere (6.14) ist mit (6.31) explizit dargestellt. Aus (6.31) können folgende Extremalfälle abgeleitet werden:

Fall 1: Die Annäherung an die Schottky-Barriere mit $C \rightarrow 1$ ergibt in (6.14)

$$\Phi'_B \rightarrow \Phi_B. \tag{6.32}$$

Es wird also die metall-halbleiter-definite Barriere nach (6.16) erreicht. Geht der Quotient in (6.31) bei endlichem $\Delta\varphi'$ gegen Null, dann muß ΔU_S Null werden: Dies ist sicher der Fall, wenn die Zwischenschicht verschwindet.

Mit der modifizierten Schottky-Barriere (6.32) sollte auch der Grenzfall der „reinen" Schottky-Barriere (6.3) erreichbar sein. Dazu notwendig und hinreichend ist, daß zusätzlich zu δ gegen Null auch Q_{SS} und Q_{S0} gegen Null gehen. Dies ist nach (6.11) und (6.18) der Fall, wenn D_{SS} gegen Null geht.

$$\Phi_B \rightarrow \frac{E_g}{e} - \Phi_0 = \Phi_M - X_H = \Phi_B^{(n)} \quad \text{für} \quad D_{SS} \rightarrow 0. \tag{6.33}$$

Φ_0 wird also bei der „reinen" Schottky-Barriere zur Differenz zwischen Bandabstand und Barrierenhöhe und damit zum Oberflächenpotential der Schottky-Diode ohne Oberflächenzustände N_{SS}.

Fall 2: Mit $C \rightarrow 0$ wird in (6.31) die oberflächendefinite Bardeen-Barriere (6.13) erreicht

$$\Phi'_B \rightarrow \frac{E_g}{e} - \Phi_0 = \Phi_{B0} \quad \text{für} \quad C \rightarrow 0. \tag{6.34}$$

Bei einem endlichen ΔU_S muß dabei $\Delta\varphi'$ gegen Null gehen. Im Gegensatz zum Fall 1 ist jedoch das Verschwinden von $\Delta\varphi'$ nicht an die Zusatzbedingung D_{SS} gegen Null gebunden. Es genügt, daß Φ'_{SS} gegen Φ_0 geht. Dann wird nach (6.19) $\Delta Q_{SS} = 0$, die Oberflächenladung Q_{SS} nach (6.18) bleibt jedoch endlich.

Zur energetischen Verteilung der Oberflächenzustände

Die in Bild 6.6 wiedergegebenen D_{SS}- und Φ_0-Werte zur Berechnung von Mischbarrieren beziehen sich auf die Definition der Bardeenschen Oberflächenladung Q_{S0} nach (6.11). Dazu ist notwendig, daß D_{SS} eine Konstante über den jeweiligen Energiebereich ist und daß der Nullpunkt des Oberflächen-

156

Halbleiter	C	$D \cdot eV$	$X_H \cdot eV$	$D_{SS} \cdot 10^{-13}$ $(cm^2 \, eV)^{-1}$	$\Phi_0 \cdot eV$
Si	$0{,}27 \pm 0{,}05$	$-0{,}55 \pm 0{,}22$	4,05	$2{,}7 \pm 0{,}7$	$0{,}30 \pm 0{,}36$
GaP	$0{,}27 \pm 0{,}03$	$-0{,}01 \pm 0{,}13$	4,0 (geschätzt)	$2{,}7 \pm 0{,}4$	$0{,}66 \pm 0{,}2$
GaAs	$0{,}07 \pm 0{,}05$	$+0{,}49 \pm 0{,}24$	4,07	$12{,}5 \pm 10$	$0{,}53 \pm 0{,}33$
CdS (Mead, Spitzer)	$0{,}38 \pm 0{,}16$	$-1{,}20 \pm 0{,}77$	4,8	$1{,}6 \pm 1{,}1$	$1{,}5 \pm 1{,}5$
CdS (Goodman)	$0{,}84 \pm 0{,}05$	$-3{,}3 \pm 0{,}23$	4,8	$0{,}2 \pm 0{,}07$	$-2{,}1 \pm 1{,}5$

Bild 6.6. Daten zur Berechnung von Mischbarrieren nach (6.14) und (6.15) [6.3]

potentials auf dem niedrigst möglichen Belegungsniveau der Oberflächenzustände, der Valenzbandkante, definiert wird (Bilder 6.3 und 6.4). In der Praxis muß man hingegen davon ausgehen, daß die Oberflächenzustandsdichte D_{SS} ungleichmäßig über das verbotene Band verteilt ist [6.3]. Bild 6.6 zeigt in der letzten Spalte, daß für Si, GaAs und GaP ein dem Bandabstand proportionales Bardeensches Oberflächenpotential Φ_0 der Form

$$e \, \Phi_0 \approx \tfrac{1}{3} E_g \tag{6.35}$$

auftritt. Das gleiche gilt auch für Ge und die meisten III/V-Verbindungshalbleiter [6.4]. Ist (6.35) gültig, liegt das metallseitige Fermi-Niveau soweit über $E_g/3$, daß der überwiegende Teil der möglichen Zustände besetzt und damit aufgeladen ist. Einen von der Regel (6.35) abweichenden Fall kann man z. B. bei dem II/VI Halbleiter CdS beobachten [6.4]. Bei der Herstellung von Metall-Halbleiter-Dioden sollte man Zwischenschichten vermeiden. Die überwiegende Zahl der „Schottky-Dioden" sind heute Si- und GaAs-Dioden, d. h. nach Bild 6.6 Vertreter der Mischbarrierenform mit $\delta \to 0$ entsprechend dem Fall 1 aus diesem Abschnitt.

6.2.7 Temperaturabhängigkeit der Barrierenhöhe

Wir nehmen an, daß der Gewichtungsfaktor C in erster Näherung unabhängig von der Temperatur ist. Diese Annahme ist zulässig, wenn nach (6.31):

a) der Quotient $\Delta U_S/\Delta \varphi'$ gegen Null geht; dann wird mit $C \to 1$ die „reine" Schottky-Diode angenähert;

b) der Quotient $\Delta U_S/\Delta \varphi'$ als endliche Größe eine nur wenig variierende Funktion der Temperatur ist.

Der Fall b kann immer dann angenommen werden, wenn die Dicke der Zwischenschicht und ihre DK nur schwach temperaturabhängig ist und Φ_0 bzw. Φ_{SS} keine stärkere Temperaturabhängigkeit aufweist als der Bandabstand E_g selbst. Dann kann die Differentiation von (6.14) ausgeführt werden

$$\frac{\partial}{\partial T} \Phi'_B = C \frac{\partial}{\partial T} (\Phi_M - X_H) + (1 - C) \frac{\partial}{\partial T} E_g. \tag{6.36}$$

Für zwei Fälle ist die Temperaturabhängigkeit der Mischbarriere nach (6.36) nur von der Temperaturabhängigkeit des Bandabstandes E_g gegeben:

c) für kleines C: Bardeen-Barriere,

d) für kleine Temperaturabhängigkeit der Funktion $(\Phi_M - X_H)$.

Für diese Fälle gilt

$$\frac{\partial}{\partial T}\,\Phi_B' = k\frac{\partial E_g}{\partial T}\,, \quad k \lesseqqgtr 1. \tag{6.37}$$

Bei Gold-Silizium-Barrieren schwankt z. B. im Temperaturbereich 100 bis 400 K die Barrierenhöhe genauso wie der Bandabstand [6.5], d. h. in der Größe [6.6]

$$\frac{\partial E_g}{\partial T} \approx -2{,}4 \cdot 10^{-4}\,\mathrm{eV/K} \tag{6.38}$$

und

$$\frac{\partial \Phi_M}{\partial T} \approx 1{,}3 \cdot 10^{-4}\,\mathrm{eV/K} \tag{6.39}$$

bei Ag auf n-Silizium. Für die Elektronenaffinität X_H kann

$$\frac{\partial X_H}{\partial T} \approx 1{,}0 \cdot 10^{-4}\,\mathrm{eV/K} \tag{6.40}$$

angenommen werden. Der Vergleich von (6.39) und (6.40) mit (6.38) zeigt, daß für Silizium-Elektronen-Barrieren mit monovalenten Metallen der Fall d angenommen werden kann.

6.2.8 Oberflächenzustandsdichte von Metall-Halbleiter-Systemen

Mit (6.25) und (6.27) ergibt sich aus (6.31)

$$C = \cfrac{1}{1 + \cfrac{e\,D_{SS}\,\delta}{\varepsilon_S}\;\cfrac{-Q_M'}{\Delta Q_{SS}'}}\,. \tag{6.41}$$

Dazu wird die Annahme eingeführt, daß die Abweichung der Ladungsverteilung (6.26) vom Bardeenschen Gleichgewichtsfall auf der Metallelektrode ungefähr so groß ist wie auf der Halbleiteroberfläche $-\,Q_M' \approx \Delta Q_{SS}'$.

Aus (6.41) ergibt sich dann für Si mit $\delta = 0{,}5$ nm, $\varepsilon_S = \varepsilon_0$, $C = 0{,}27$ eine Abschätzung der Oberflächenzustandsdichte

$$D_{SS} \approx 3 \cdot 10^{13}\,\frac{1}{\mathrm{eV\,cm^2}}\,. \tag{6.42}$$

In Bild 6.6 sind für verschiedene Metall-Halbleiter-Systeme Abschätzungen der Mischbarrierenparameter zusammengetragen.

6.3 Der stromdurchflossene Metall-Halbleiter-Kontakt

6.3.1 Thermionisches Emissionsmodell (Diodentheorie)

Beim thermionischen Emissionsmodell wird der thermionischen Emission der Metallelektronen über den Potentialwall an der Stelle $x = 0$ eine entgegengesetzte thermionische Emission aus dem Halbleiterinneren an der Stelle $x = w$ gegenübergestellt (Bild 6.7). Diese beiden Strömungen überlagern sich ohne äußere Spannung zum Boltzmann-Gleichgewicht (8.2). Wird eine äußere Spannung angelegt, so soll der Nettostrom im Außenkreis durch kleine Abweichungen vom Boltzmann-Gleichgewicht zustande kommen: Diodentheorie von Bethe [6.8].

Die mittlere freie Stoßlänge der beweglichen Ladungsträger soll dabei groß gegenüber der Randschichtdicke sein. Dann erleiden die strömenden Ladungsträger keine Kollisionen — weder mit ihresgleichen noch mit dem Gitter. Bei der thermionischen Emission vom Metall her handelt es sich an der Stelle $x = 0$ um eine Sättigungsstromdichte i_{MH}, weil das elektrische Feld in der Verar-

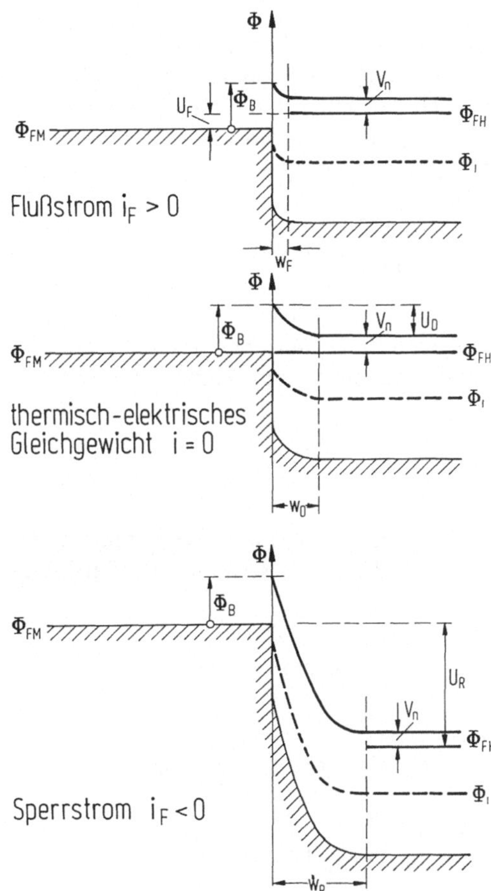

Bild 6.7. Der stromdurchflossene Metall-HL-Kontakt nach dem Schottky-Modell

mungszone w alle eintretenden Elektronen zum Halbleiterinneren absaugt.

$$i_{MH} = e\, v_E\, n_R = i_{SE} \quad \text{mit} \quad n_R = n\,(x = 0). \tag{6.43}$$

Im Gegensatz zu diesem Sättigungsstrom müssen die am Ende der Verarmungszone $x = w$ emittierten Elektronen gegen das Feld der Randschicht anlaufen. An der Stelle $x = 0$ steht also dem Sättigungsstrom (6.43) vom Metall ein thermischer Anlaufstrom aus dem Halbleiterinneren entgegen:

$$i_{HM} = e\, v_E\, n_H \exp\left(-\frac{e\,\Delta U}{kT}\right) \tag{6.44}$$

mit $n_H = n\,(x = w), \quad \Delta U = U_D - U.$

Mit (8.2) und der Strombilanz aus (6.43) und (6.44) ergibt sich die Kennliniengleichung des thermionischen Emissionsmodells:

$$i = i_{HM} - i_{MH} = i_{SE}\left[\exp\left(\frac{e\,U}{kT}\right) - 1\right]. \tag{6.45}$$

n_R und v_E in (6.43) sind unabhängig von der Dotierung. Die Größe der dotierungsabhängigen Kontaktspannung U_D in (6.44) wird im thermischen Gleichgewicht ausschließlich von n_H bestimmt.

Die mittlere thermische Geschwindigkeit v_{th} der Elektronen ist aufgrund des Gleichverteilungstheorems der Thermodynamik [6.9] gegeben zu:

$$v_{th} = \left(\frac{3\,kT}{m^*}\right)^{1/2}. \tag{6.46}$$

m^* ist die effektive Masse, v_{th} der quadratische Mittelwert der Geschwindigkeitsverteilung. Wir benötigen hingegen die durchschnittliche thermische Geschwindigkeit v_E im Sinne einer einseitig gerichteten thermischen Emission [6.10]:

$$v_E = \frac{v_{th}}{(6\,\pi)^{1/2}}. \tag{6.47}$$

Wenn man n_R durch die effektive Zustandsdichte (8.4) ausdrückt und v_E nach (6.47), ergibt sich für die Sättigungsstromdichte i_{SE} der thermionischen Emission

$$i_{SE} = e\, v_E\, N_{LM} \exp\left(-\frac{e\,\Phi_B}{kT}\right),$$

$$= \frac{m^*}{m_0} A\, T^2 \exp\left(-\frac{e\,\Phi_B}{kT}\right),$$

$$= A^*\, T^2 \exp\left(-\frac{e\,\Phi_B}{kT}\right). \tag{6.48}$$

160

(6.48) zeigt, daß bei der thermionischen Emission die Höhe des Sättigungsstromes bestimmt wird von der Randschichtkonzentration n_R. Diese wiederum hängt von der Höhe des Potentialwalles Φ_B ab.

Interessant ist, daß als weitere halbleiterspezifische Größe nur mehr m*, die effektive Masse der Elektronen an der Leitungsbandkante des Halbleiters, auftritt. m* bestimmt bei thermischem Gleichgewicht die mittlere thermische Geschwindigkeit v_{th} nach (6.46), die in der Verarmungsrandschicht des Metall-Halbleiter-Überganges wiederum das Boltzmann-Gleichgewicht herbeiführt. In (6.48) ist

$$A = \frac{4\,\pi\,e\,m_0\,k^2}{h^3} \approx 120\ A\,K^{-2}\,cm^{-2} \tag{6.49}$$

der materialunabhängige Faktor, der die Größe des Sättigungsstromes bei der jeweiligen Temperatur bestimmt. Man erkennt, daß es sich bei A um die Richardson-Konstante der thermionischen Emission eines freien Boltzmann-Gases der Ruhemasse m_0 über eine Elektronenbarriere Φ_B hinweg ins Vakuum handelt [6.11]. Es ist naheliegend, in (6.48) die ursprüngliche Form der Richardson-Gleichung wieder herzustellen

$$A^* = A\,\frac{m^*}{m_0} = \frac{4\,\pi\,e\,m^*\,k^2}{h^3}\,. \tag{6.50}$$

Dabei ist eine Vereinfachung vorweggenommen worden, die nur bei bestimmten Halbleitern durchgeführt werden darf: Es sind Halbleiter, deren niedrigstes Leitungsbandminimum im Zentrum der Brillouin-Zone $k = 0$ liegt. In diesem speziellen Fall ist die parabolische Verteilungsfunktion $E(k)$ um den Punkt $k = 0$ symmetrisch aufgebaut und eine Funktion der skalaren Größe $|k|$. Die Fläche konstanter Energie ist dann kugelsymmetrisch um $k = 0$. Solche Halbleiter – wie z. B. n-GaAs – nennt man isotrop bezüglich ihrer effektiven Masse.

Befindet sich hingegen das niedrigste Leitungsbandminimum nicht im Zentrum der Brillouin-Zone, wird im allgemeinen $E(k)$ richtungsabhängig variieren. Die Gitterstruktur zahlreicher Halbleiter ist so weit bekannt, daß die effektiven Massen in den Orientierungsebenen der jeweiligen Einheitszellen in Form von „longitudinalen" und „transversalen" effektiven Massen tabelliert sind [6.12]. Eine Zusammenstellung von effektiven Emissionskonstanten gibt Bild 6.8.

Da wir bisher nur die Emission des „idealen" Metall-Halbleiter-Überganges, ohne Zwischenschichten, Oberflächenzustände und Kristallimperfektionen be-

Halbleiter	Ge	Si	GaAs	
p-Dotierung	0,34	0,66	0,62	
n-Dotierung				
$\langle 111 \rangle$	1,11	2,2	0,068	niedriges Feld
$\langle 100 \rangle$	1,19	2,1	1,2	hohes Feld

Bild 6.8. Emissionsfaktor A*/A [6.42]

handelt haben, ist die Abweichung von A* gegenüber A allein dem Halbleiter selbst zuzuordnen. Dabei kam die spezielle energetische Struktur des Leitungsbandes nur durch eine modifizierte effektive Masse m* über v_{th} zum Ausdruck. Daraus wird deutlich, daß der Begriff der „effektiven Zustandsmasse" m* eine schwerwiegende „klassisch umschriebene" quantenmechanische Erweiterung des Potentialmodells aufgrund der diskreten Energiezustände im Halbleiter darstellt.

6.3.2 Diffusionsstrom-bestimmtes Emissionsmodell

Die mittleren freien Stoßlängen sind auch in perfekten Kristallen nur im Bereich von einigen hundert Gitterkonstanten [6.13], was bei klassischen Halbleitern in den Bereich von 10^{-5} bis 10^{-6} cm führt. Die Forderung zum thermionischen Emissionsmodell wird also nicht selbstverständlich bei allen Raumladungszonen erfüllt sein: Wenn w groß gegenüber der freien Stoßlänge ist, erleiden die emittierten Elektronen während ihres Durchganges durch die Verarmungszone Zusammenstöße mit Gitteratomen oder Störstellen und werden gestreut. Aus dem thermischen Emissionsstrom (6.45) wird durch die Streuprozesse ein Diffusionsstrom, der aufgrund des Konzentrationsverlaufes in der Verarmungszone aus dem Halbleiterinneren zum Metallkontakt hin gerichtet ist (Bild 6.9).

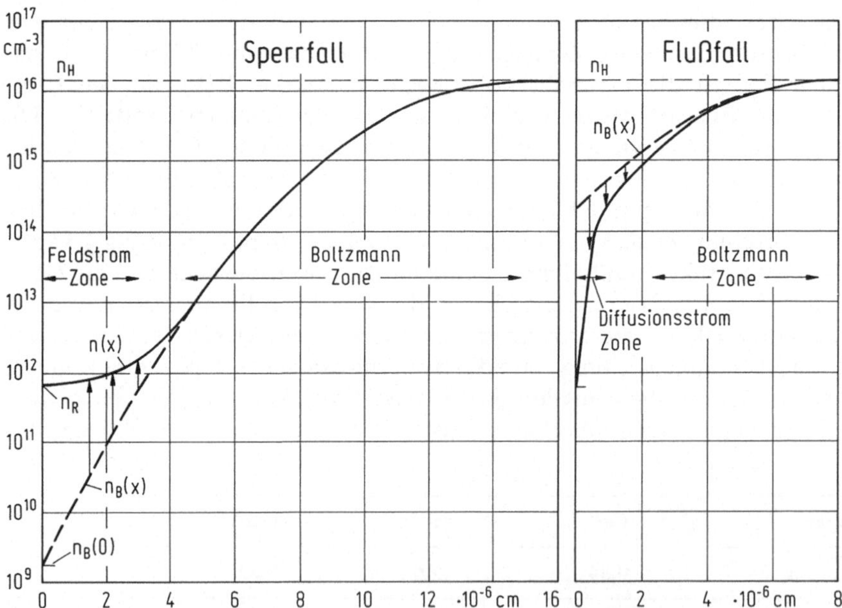

Bild 6.9. Konzentrationsverteilung beim diffusionsstrombestimmten Emissionsmodell, Abweichung von der Boltzmann-Verteilung n_B, Zusatzkonzentration Δn_Z [6.14]. Diffusionsbzw. Feldstromzone innerhalb der Sperrschicht.

$$U_R = 6 \frac{kT}{e} = U_F; \quad U_D = 10 \frac{kT}{e}; \quad n_H = 1{,}3 \cdot 10^{16} \text{ cm}^{-3}$$

Dieser Diffusionsstrom wird gebremst durch einen Potentialgradienten. Die Kontinuitätsgleichung bei divergenzfreiem Strom durch die Verarmungszone lautet dann

$$i = \mu_n \, kT \, \frac{dn}{dx} - e \, \mu_n \, n \, (x) \, \frac{dV}{dx}, \qquad 0 \leqq x \leqq w. \tag{6.51}$$

Die Lösung dieser Differentialgleichung erster Ordnung ergibt [6.13]

$$n \, (x) = n_H \exp \left(\frac{e \, (V(x) - V(w))}{kT} \right) - \frac{i}{\mu_n \, kT} \int\limits_{\varphi = x}^{w} \exp \left(\frac{e \, (V(x) - V(\varphi))}{kT} \right) d\varphi \tag{6.52}$$

mit $0 \leqq x \leqq w, \qquad n(w) = n_H$.

Der erste Term in (6.52) repräsentiert nach (6.44) ein Boltzmann-Gleichgewicht, wobei $V(0) - V(w) = - \Delta U$ die Potentialdifferenz an der Verarmungsrandschicht w ist. Dann ergibt sich aus (6.52) am metallseitigen Rand der Verarmungszone: $n \, (0) = n_R = n_B \, (0) - \Delta n_Z$

$$n_R = \underbrace{n_H \exp \left(\frac{- e \, U_D}{kT} \right)}_{\substack{\text{Boltzmann-} \\ \text{Gleichgewicht}}} \underbrace{\exp \left(\frac{e \, U}{kT} \right)}_{\substack{\text{Störung durch} \\ \text{äußere Spannung}}} \underbrace{- \frac{i}{\mu_n \, kT} \int\limits_{x = 0}^{w} \exp \left(\frac{e \, (V(0) - V(x))}{kT} \right) dx}_{\substack{\text{Störung durch} \\ \text{Zusatzkonzentration } \Delta n_Z}}. \tag{6.53}$$

Der Integralterm in (6.53) stellt eine Abweichung der Elektronenkonzentration von einer Boltzmann-Verteilung dar, die aufgrund des Diffusionsstromansatzes (6.51) unter dem Stromfluß i zustande kommt. Ein Näherungsverfahren nach Spenke [6.14] führt den Integranden in (6.53) einer Lösung zu

$$\Delta n_Z \approx \frac{- i}{e \, \mu_n \, F_R}, \quad \text{mit} \quad \begin{array}{l} i_F = i > 0, \\ - i_R = i < 0, \end{array} \quad n(x) = n_B(x) + \Delta n_Z(x). \tag{6.54}$$

(6.54) eingesetzt in (6.53) ergibt die genäherte Kennliniengleichung für den Diffusionsstrom einer Schottky-Diode

$$i \approx i_{SD} \left[\exp \left(\frac{e \, U}{kT} \right) - 1 \right], \tag{6.55}$$

$$i_{SD} = e \, \mu_n \, F_R \, n_R = e \, v_D \, n_R. \tag{6.56}$$

v_D ist die mittlere effektive Driftgeschwindigkeit beim Diffusionsmodell. Die „Sättigungsstromdichte" i_{SD} ist von der Randfeldstärke F_R am Metall-Halbleiter-Übergang und damit von der Außenspannung U beeinflußbar. Im Gegensatz dazu ist der thermionische Emissionsstrom i_{SE} (6.48) von der äußeren Spannung U unabhängig, zeigt dafür aber eine ausgeprägte Temperaturabhängigkeit.

Bild 6.9 zeigt die Elektronenkonzentration in der Verarmungsrandschicht einer Schottky-Diode unter Fluß- und Sperrspannung. Die gestrichenen Kurven zeigen die in (6.52) enthaltene Boltzmann-Verteilung, die ausgezogenen Kurven die Gesamtkonzentration. Die Differenz aus den jeweiligen Kurven ergibt die

Zusatzkonzentration Δn_Z nach (6.54). Man sieht, daß am Metallkontakt die Abweichung Δn_Z von der Boltzmann-Verteilung $n_B(x)$ mehrere Größenordnungen beträgt. Die charakteristische Eigenart des Diffusionsmodells ist aus (6.53) und Bild 6.9 zu erkennen: Die Fixierung der Gesamtkonzentration $n_B(0) \pm \Delta n_Z$ $= n(0) = n_R$ auf den konstanten Randwert n_R. Im Gegensatz dazu wird bei der thermionischen Emission gemäß (8.2) der Boltzmann-Randwert $n_B(0)$ auf n_R fixiert. Das führt beim Diffusionsmodell dazu, daß $n_B(0)$ frei wird und sich entsprechend der Zusatzkonzentration nach (6.53) einstellt. Im Sperrfall bewirkt nach Bild 6.9 die positive Zusatzkonzentration $+\Delta n_Z$, daß die Gesamtkonzentration $n(x)$ in der Nähe des metallseitigen Randes von der Boltzmann-Verteilung abweicht und auf das höher liegende n_R einschwenkt. Diese Abweichung hat zur Folge, daß der Konzentrationsgradient in (6.51) klein wird und damit auch die Diffusionsstromkomponente vom Halbleiter zum Metall. Die Feldstromkomponente vom Metall zum Halbleiter wird dadurch relativ erhöht.

Diese gegenüber der reinen Boltzmann-Verteilung hervorgehobene Driftstromkomponente wird aber nur über eine relativ zu w kleine Wegstrecke aufrechterhalten. Im tieferliegenden Teil der Verarmungszone wird der überhöhte Driftfeldstrom dann von dem ansteigenden Ast der „normalen" Boltzmann-Verteilung zur Weiterleitung übernommen. Auch beim Diffusionsstrommodell kommt aus dem Metall über den Potentialwall ein thermisch emittierter Elektronenstrom, der die Randkonzentration n_R bestimmt. Da jedoch der Randwert $n_B(0)$ der Boltzmann-Verteilung nicht mehr auf n_R fixiert ist, wird eine von i und Δn_Z nach (6.54) abhängige Randfeldstärke F_R auftreten. Diese nun nicht mehr konstante Randfeldstärke direkt am „Emissionskontakt" $x = 0$ transportiert die emittierten Elektronen mit einer von F_R abhängigen Driftgeschwindigkeit v_D nach (6.56) ab.

Der in Bild 6.9 dargestellte Flußstromfall zeigt, daß sich die Verhältnisse in der Verarmungsschicht w gegenteilig zum Sperrfall entwickeln. Die dabei auftretende negative Zusatzkonzentration $-\Delta n_Z$ bewirkt, daß die Gesamtkonzentration $n(x)$ in der Nähe des metallseitigen Randes von der höherliegenden Boltzmann-Verteilung abweicht und zu n_R steil abfällt. Diese Abweichung hat zur Folge, daß der Konzentrationsgradient in (6.51) groß wird und deshalb die Diffusionsstromkomponente in der Randlage gegenüber der Driftfeldkomponente bevorzugt wird.

6.3.3 Feldabhängiges Diffusions-Emissions-Modell

In der ersten Stufe handelt es sich bei diesem Modell um eine Kombination von Emissionsmodell (Abschn. 6.3.1) und Diffusionsmodell (Abschn. 6.3.2).

In der zweiten Stufe wird das Potentialmaximum vom Rand in das Innere des Halbleiters verlegt, denn das Bildkraftpotential beeinflußt nicht nur die Höhe des Potentialwalles, sondern auch seine Lage.

In einer dritten Ausbaustufe werden dann Phononenstreuung und Tunnelemissionsvorgänge am Potentialwall berücksichtigt (Abschn. 6.3.6).

Zurück zur Stufe 1. Der Stromfluß kommt durch eine Störung des Boltzmann-Gleichgewichtes zustande. Deshalb entscheidet erst die spezielle Modifikation der Boltzmann-Verteilung und ihr Randwert zum Metall hin über den Anteil der beiden Modellvorstellungen am Stromfluß.

Unter Einbeziehung von (8.5) ergibt sich aus (6.45) beim thermionischen Emissionsmodell

$$i_E = e \, v_E \, N_{LM} \exp \left(\frac{-e \, \Phi_B}{k \, T} \right) \left[\exp \left(\frac{e \, U}{k \, T} \right) - 1 \right] \tag{6.57}$$

und aus (6.55) und (6.56) beim Diffusionsmodell

$$i_D = e \, v_D \, N_{LM} \exp \left(\frac{-e \, \Phi_B}{k \, T} \right) \left[\exp \left(\frac{e \, U}{k \, T} \right) - 1 \right], \tag{6.58}$$

wobei die thermische Richtungsgeschwindigkeit v_E bei gegebener effektiver Masse nur von der Temperatur bestimmt wird. Die mittlere Driftgeschwindigkeit v_D beim Diffusionsmodell resultiert hingegen aus der Feld-Weg-Approximation (6.54) und (6.56) über die Verarmungszone.

Wegen der prinzipiell gleichen Kennlinienstruktur von (6.57) und (6.58) kann man versuchen, bei konstanter Stromdichte eine Zusammenfassung der stromerzeugenden Mechanismen vorzunehmen. Dabei soll der gleiche Spannungsabfall U, der gleiche Potentialwall Φ_B und das gleiche Kontaktmetall mit N_{LM} über die Schichtstruktur vorhanden sein. Dabei begrenzt die geringere Teilgeschwindigkeit v_E bzw. v_D den Gesamtstrom.

$$\frac{1}{i} = \frac{1}{i_E} + \frac{1}{i_D},$$

$$i = \frac{v_E}{1 + (v_E/v_D)} \, e \, N_{LM} \exp \left(\frac{-e \, \Phi_B}{k \, T} \right) \left[\exp \left(\frac{e \, U}{k \, T} \right) - 1 \right]. \tag{6.59}$$

Fall 1: $v_D \gg v_E$. Hier reduziert sich (6.59) auf (6.45), und die thermionische Emission beschreibt den Stromfluß.

Fall 2: $v_D \ll v_E$. Hier reduziert sich (6.59) auf (6.55), und das Diffusionsmodell beschreibt den Stromfluß.

Ohne äußere Spannung befinden sich Diffusions- und Feldstromkomponenten im Gleichgewicht. Welcher Stromführungsmechanismus in der Verarmungsrandschicht w überwiegt, entscheidet die freie Stoßlänge der Elektronen. Da die Ausdehnung der Verarmungsrandschicht spannungsabhängig in weiten Grenzen variiert, kann der Gültigkeitsbereich nicht nur vom Halbleitermaterial und seiner Dotierung abhängen, sondern bei ein und derselben Diode auch von dem betrachteten Kennlinienbereich und der Sperrschichttemperatur.

Sperrspannungsbereich. Mit wachsender Sperrspannung U_R zieht sich die Boltzmann-Verteilung der beweglichen Ladungsträger immer weiter in den Halbleiter zurück, so daß sich eine von Ladungsträgern verdünnte Feldzone (Bild 6.9) vor dem metallischen Kontakt im Halbleiter aufbaut. Dadurch kommt der Diffusionsstrom vom Halbleiter zum Metall fast vollständig zum Erliegen. Die am Kontakt in Richtung Halbleiter thermisch emittierten Elektronen treten infolge der kurzen Stoßlänge mit dem Gitter in Wechselwirkung (elastische Stöße) und werden gleichzeitig durch das Driftfeld zum Halbleiterinneren abtransportiert. Je höher die Driftgeschwindigkeit v_D gegenüber der Emissionsgeschwindigkeit v_E ist, um so geringer ist die Wahrscheinlichkeit, daß die am Kontakt emittierten Elektronen in der verdünnten Zone der Konzentration $n = n_R$ eine Zusatzkonzentration $+\Delta n_Z$ nach (6.53) aufbauen, die das Driftfeld F_R schwächt und damit v_D herabsetzt. Je höher v_D ist, desto schneller werden die thermionisch emittierten Elektronen „abgesaugt", so daß ein thermionisch bestimmter Sättigungsstrom mit v_E entsteht. Der Betrachtungskreis schließt sich, wenn man bedenkt, daß (6.52) und (6.53) für $\Delta n_Z \to 0$ die thermionische Stromgleichung (6.45) ergibt. Danach erscheint das thermionisch bestimmte Verhalten von (6.59) bei höheren Sperrspannungen (Fall 1) hinreichend plausibel.

Flußstrombereich. Nach (6.53) wird durch eine positive Spannung $U_F = U$, $n_B(0)$ um den Faktor $\exp(KU)$ angehoben. Nur die negative Zusatzkonzentration $-\Delta n_Z$ verhindert, daß der Randwert $n(0) = n_R$ an der Stelle $x = 0$ verlassen wird (Bild 6.9). $-\Delta n_Z$ ist so beschaffen, daß die Diffusionsstromkomponente in (6.51) gegenüber der Feldstromkomponente überbetont wird. $v_D \ll v_E$ besagt also, daß ein starker Diffusionsstrom aus dem Halbleiter die Driftfeldkomponente überspielt.

$U_F \to U_D$ wäre also ein klassischer Gültigkeitsbereich des Diffusionsstrommodells (Fall 2), wenn nicht für kleine Driftgeschwindigkeiten $v_D \to 0$ nach (6.55) und (6.56) auch $F_R \to 0$ und damit der Sättigungsstrom i_S gegen Null ginge, was jeder experimentellen Erfahrung widerspricht.

Wenn für hohe Flußspannungen F_R gegen Null geht (was die Ursache für das Versagen dieser Modellvorstellung ist), wird die Feldstromzone ebenfalls gegen Null gehen. Dann kann aber angenommen werden, daß die freie Stoßlänge für Elektronen wieder groß gegen den zu überbrückenden Felddriftweg ist: Für hohe Flußstromdichten $U \to U_D$ kann deshalb die Gültigkeit des thermischen Emissionsmodells wieder angenommen werden (Fall 1).

Der Gültigkeitsbereich der beiden Modellvorstellungen kann also qualitativ folgendermaßen abgegrenzt werden:

in Flußrichtung durch das thermionische Emissionsmodell (Fall 1),
in Sperrichtung durch das diffusionsbestimmte Modell (Fall 2), wobei das Sättigungsstromverhalten dem Emissionsmodell (Fall 1) entspricht.

Um den Nullpunkt ergibt sich ein Verhalten, das durch die Proportionen von v_E/v_D in der Mischform-Kennliniengleichung (6.59) bestimmend wirkt.

Die zweite Stufe des feldabhängigen Diffusions-Emissions-Modells ist dadurch gekennzeichnet, daß die Verlagerung des Potentialwallmaximums in das Innere des Halbleiters nicht mehr ausgeschlossen wird. Wenn die Abmessung der Bildkraftzone mit einigen 10 Atomlagen weit unterhalb der freien Stoßlänge der Elektronen von einigen 100 Atomlagen liegt, kann die einseitige thermische Emissionsgrenze von der Grenze des Metalls zum Potentialwallmaximum x_m verschoben werden, und zwar unter Beibehaltung der effektiven Zustandsdichte im Leitungsband N_{LM}. Die einseitige thermische Emissionsgeschwindigkeit v_E wird dann nach (8.4) und (6.48) an der Stelle x_m unter Ver-

166

nachlässigung der Phononenwechselwirkung (Abschn. 6.3.4) sein

$$v_E = \frac{A^* T^2}{e\, n_R} \exp\left(\frac{-e\, \Phi_B^*}{kT}\right) = \frac{A\, T^2}{e\, N_{LM}} \left(\frac{m_0}{m^*}\right)^{1/2} = v_R \, , \tag{6.60}$$

wobei Φ_B^* die durch das Spiegelpotential erniedrigte Barrierenhöhe (6.9) bedeutet. Da n_R jedoch durch die gleiche Exponentialfunktion (8.4) beeinflußt wird, bleibt v_E von der Spiegelpotentialabsenkung unberührt, was in dem vorletzten Glied von (6.60) zum Ausdruck kommt. Nur die Sättigungsstromdichte (6.48) wird von Spiegelpotential beeinflußt. m^* war bereits bei der thermionischen Emission (6.48) vorhanden, stellt also die Halbleitereigenschaften jenseits der Bildkraftzone $x > x_m$ dar.

(6.60) darf sich an der Stelle $x = x_m$ nicht nur auf die einseitige Emission aus der Bildkraftzone beschränken, sondern gilt auch für die Annahmeergiebigkeit einer thermionischen Gegenströmung aus dem Halbleiter, so daß v_E in (6.60) gleichzeitig einer Rekombinationsgeschwindigkeit v_R entspricht. Rekombination, weil Elektronen aus einer Maxwellschen Geschwindigkeitsverteilung im Halbleiter, nach Überwindung der Potentialdifferenz, hinter x_m in der Bildkraftzone „verschwinden", um als Stromkomponente im Metall wieder zu erscheinen. Dazu ist notwendig, daß das Elektron bei der Durchquerung der Bildkraftzone am Metallübergang nicht reflektiert oder gestreut wird. Dann kann auch (6.59) unverändert für die Bildkraftbarriere einschließlich der Fallunterscheidungen übernommen werden.

6.3.4 Phononenwechselwirkung

Wir nehmen an, daß ein Elektron beim Durchgang durch die Bildkraftzone eine endliche Wahrscheinlichkeit besitzt, mit optischen Gitterphononen in Austauschwechselwirkung zu treten (Bilder 6.10 und 6.11). Massendefektmoden [6.15] und das akustische Phononenspektrum seien ausgeschlossen. Die Rechtfertigung ergibt sich aus der Tatsache, daß die Bildkraftzone in ihrer Tiefe vergleichbar ist mit Wellenlängen im optischen Phononenspektrum und deshalb Resonanzkopplungen wahrscheinlich werden. Außerdem treten in der Bildkraftzone die höchsten Feldstärken innerhalb der Randschichtzone auf. Diese Felder sind notwendig, damit die Wellenzahl des Elektrons (de Broglie-Wellenlänge) in den Bereich der Gitterkonstanten kommen und mit dem Wirtsgitter in Austauschwechselwirkung treten kann. Der kinetische Rückstreumechanismus betrifft thermische Elektronen aus dem Metall. Von besonderem Interesse für den thermionischen Emissionsstrom (6.60) sind diejenigen Elektronen, die aufgrund ihrer kinetischen Energie imstande wären, das Potentialwallmaximum bei x_m zu überschreiten. Aus Untersuchungen ist bekannt [6.16], daß bei „heißen" Elektronen zwei charakteristische Stoßlängen den ballistischen Flug begrenzen: die Elektron-Phonon-Stoßlänge l_p und die Elektronen-Dämpfungslänge l_e.

Die Dämpfungslänge l_e gibt Auskunft über die Wegstrecke, die ein „heißes" Elektron benötigt, um sich durch Wechselwirkung mit Elektronen eines Boltzmann-Gases in die Maxwellsche Verteilung wieder einzupassen. Die mittlere freie Weglänge L_B für den wechselwirkungsfreien ballistischen Flug eines „hei-

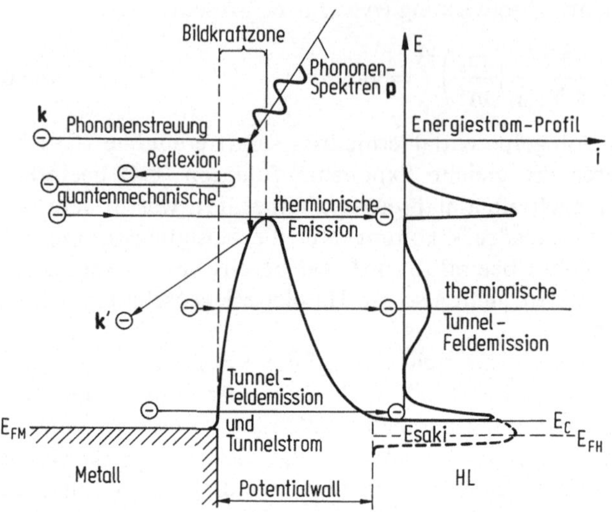

Bild 6.10. Elektronenwechselwirkung am Potentialwall: thermionische Emission (Normalprozeß), optische Phononenstreuung, quantenmechanische Reflexion, thermionische Tunnel-Feldemission (bei hoher Dotierung), Tunnel-Feldemission (bei hohen Sperrspannungen), Tunnelstrom (bei Entartungsdotierung)

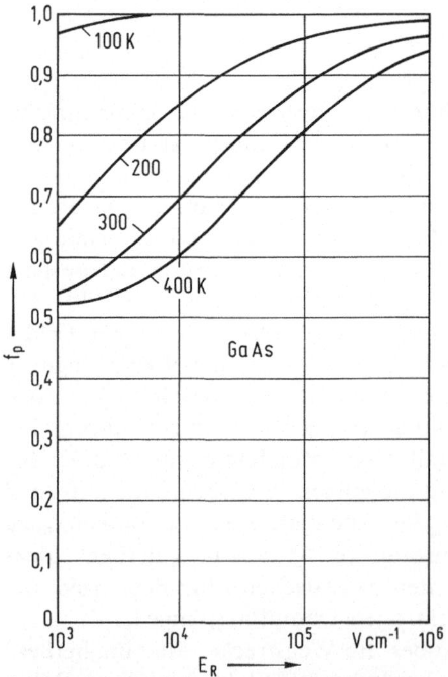

Bild 6.11. Elektronenrückstreuung durch Phononenwechselwirkung in der Bildkraftzone des Potentialwalles. Transmissionskoeffizient f_p als Funktion der Randfeldstärke E_R und der Temperatur in GaAs [6.43]

ßen" Elektrons definieren Crowell und Sze [6.17] zu

$$\frac{1}{L_B} = \frac{1}{l_p} + \frac{1}{l_e} \, . \tag{6.61}$$

Im allgemeinen ist l_p kürzer, so daß L_B der Phononenstoßlänge l_p ähnlich ist. Die Wahrscheinlichkeit, daß ein Elektron eine Basiszone der Breite x ballistisch durchläuft, ist dann gegeben zu

$$f_p = \exp\left(-\frac{x}{L_B}\right) \approx \exp\left(-\frac{x_m}{l_p}\right). \tag{6.62}$$

Wir setzen $x = x_m$ und $L_B = l_p$.

Dann ist f_p ein Transmissionskoeffizient, der die Wahrscheinlichkeit wiedergibt, mit der ein Elektron die Bildkraftzone x_m ohne Phononenwechselwirkung durchdringt und damit den Potentialwall Φ_B klassisch überschreitet. Wenn die Bildkraftzone x_m klein gegen die mittlere Stoßlänge der Phononen ist, verschwindet die Phononenwechselwirkung und f_p wird eins. Mit wachsendem x_m steigt die Wahrscheinlichkeit der Phononenrückstreuung und f_p wird kleiner 1. Man sieht daraus, daß die Ausdehnung der Bildkraftzone x_m als Wechselwirkungsstrecke des Elektrons in Relation gesetzt wird zur mittleren Stoßlänge l_p der Phononen. Zu beachten ist bei (6.61), daß nur die Generation von Phononen impliziert ist, nicht die Absorption, daß also die kinetische Energie des Elektrons nach der Wechselwirkung kleiner ist als zuvor. Dehalb ist auch immer $f_p \leqq 1$ (Bild 6.11).

Multipliziert man f_p mit dem Sättigungsstrom i_{SE} der klassischen thermionischen Emission (6.48), so erhält man den thermionischen Sättigungsstrom i_{SP} unter Phononenwechselwirkung

$$i_{SP} = e \, f_p \, v_E \, N_{LM} \exp\left(-\frac{e \, \Phi_B}{k \, T}\right). \tag{6.63}$$

N_{LM} und Φ_B sind unabhängig von der Phononenrückstreuung. Die Phononenrückstreuung selektiert aus dem „freien" Boltzmann-Gas bestimmte Energiespektren aus, so daß die mittlere Richtungsgeschwindigkeit bei Überschreitung des Potentialwalles Φ_B nicht mehr v_E, sondern

$$v_p = f_p \, v_E \tag{6.64}$$

ist. Die in f_p nicht berücksichtigte effektive Masse erscheint „klassisch" in v_E bzw. A* nach (6.48).

6.3.5 Quantenmechanische Reflexion und Transmission

Bei hohen Feldstärken an der Randschichtzone ($E_R > 10^5$ V cm^{-1}) tritt ein zusätzlicher physikalischer Effekt am Potentialwall auf: die Tunnel-Feld-Emission (Abschn. 7.5).

Die Lösung der Schrödinger-Gleichung besagt, daß die auf den Potentialwall einlaufende Welle aufgespalten wird in eine reflektierte und eine durchgehende. Die reflektierte Welle entspricht der quantenmechanischen Reflexion am Potentialwall. Die durchgehende Welle entspricht der quantenmechanischen Transmission durch den Potentialwall. Das Produkt aus der Transmissionswahrscheinlichkeit τ und der Austauschfunktion der Besetzungsdichte N (E) ergibt dann die zugehörige Transmissionsdichte

$$S_Q = \int_0^\infty \tau \, (E) \, N \, (E) \, dE. \tag{6.65}$$

τ (E) ist unterhalb des Potentialwallmaximums die Tunnelwahrscheinlichkeit (7.12) und darüber die quantenmechanische Emissionswahrscheinlichkeit der einfallenden Welle.

Man kann annehmen, daß bei den hohen Feldstärken, die zur quantenmechanischen Transmission bzw. Reflexion nötig sind, höhere Sperrspannungen anliegen. In diesen Fällen stehen dem metallseitigen Fermi-Niveau im Halbleiter fast nicht besetzte Zustände im Leitungsband gegenüber (7.13). Dann degeneriert die Austauschbesetzungsdichte N (E) zu einer Ausgangsbesetzungsdichte im metallischen Leitungsband. Sie kann dargestellt werden als ein freies Fermi-Gas mit der Zustandsdichte N_{LM} auf dem Energieniveau der Fermi-Kante E_F.

$$N \, (E) \, dE = N_{LM} \, \frac{1}{\exp \left(\dfrac{E - E_F}{kT} - 1 \right)} \cdot d \left(\frac{E - E_F}{kT} \right),$$

$$\approx N_{LM} \exp \left(- \frac{E - E_F}{kT} \right) \cdot d \left(\frac{E - E_F}{kT} \right). \tag{6.66}$$

Diese Fermi-Verteilung geht für höhere Energien $E - E_F \gg kT$ in einen „Maxwell-Schwanz" über (Näherungslösung).

Der energetische Bezugspunkt der Schottky-Diode ist das Fermi-Niveau E_F im Metall. Auf dieses bezieht sich auch die effektive Zustandsdichte N_{LM} des „freien Fermi-Boltzmann-Gases". Dann kann man (6.66) in (6.65) einsetzen. Dabei soll τ (E) die Transmissionswahrscheinlichkeit eines bekannten Barrierenmodells sein [6.18, 6.19]. Integriert man (6.65) über den gesamten Energiebereich, ergibt sich eine quantenmechanische Transmissionsdichte S_Q der metallseitigen Boltzmann-Verteilung von

$$S_Q \approx N_{LM} \int_0^\infty \tau_Q \, (E, T) \exp \left(- \frac{E - E_F}{kT} \right) d \left(\frac{E - E_F}{kT} \right). \tag{6.67}$$

Beachtet man noch, daß beim eindimensionalen Modell die Überschreitung des Potentialwalles durch die einseitige thermische Richtungsgeschwindigkeit v_E nach (6.47) bewerkstelligt wird, ergibt sich für (6.67)

$$E - E_F = E_x + e \, \Phi_B, \tag{6.68}$$

wobei E_x die einseitige thermische Richtungsenergie ist, die vom Potentialwallmaximum als Nullpunkt in positiver und negativer Richtung gemessen wird

$$S_Q \approx f_Q \, N_{LM} \exp \left(\frac{- e \, \Phi_B}{kT} \right) d \left(\frac{E_x}{kT} \right) \tag{6.69}$$

mit

$$f_Q = \int\limits_{-\infty}^{+\infty} \tau_Q\,(E_x)\,\exp\left(\frac{-E_x}{kT}\right)\cdot d\left(\frac{E_x}{kT}\right).$$

$\tau\,(E_x)$ ist die Transmissionswahrscheinlichkeit senkrecht zum Potentialwall. Andererseits findet die rein thermionische Emission über den Potentialwall Φ_B nach (6.57) mit der Transmissionsdichte

$$S_E = N_{LM}\,\exp\left(-\frac{e\,\Phi_B}{kT}\right) \tag{6.70}$$

statt. Ein Vergleich von (6.70) mit (6.69) zeigt mit $i = e\,v\,S$:

$$\frac{S_Q}{S_E} = f_Q = \frac{i_{SQ}}{i_{SE}} = \frac{i_Q}{i_E} = \frac{v_Q}{v_E} \quad \text{mit} \quad v_Q = f_Q\,v_E\,. \tag{6.71}$$

In (6.71) ist f_Q ein Transmissionskoeffizient, der angibt, um wieviel die quantenmechanische Sättigungsstromdichte i_{SQ} von der thermionischen i_{SE} abweicht. Ein Vergleich (6.71) mit (6.57) und (6.59) zeigt, daß nur die Sättigungsströme betrachtet werden müssen, weil die spannungsabhängigen Exponentialfunktionen gleich sind.

Durch das quantenmechanische „Transmissionssieb" wird die mittlere thermische Richtungsgeschwindigkeit v_E der Maxwell-Verteilung im Metall bei der Übertragung in den Halbleiter verändert. f_Q gibt an, um welches Verhältnis sich v_E nach der Transmission verändert hat, wenn sich eine neue Boltzmann-Verteilung mit der effektiven Zustandsdichte $N_{LH} = n_R$ und der mittleren Geschwindigkeit v_Q auf dem halbleiterseitigen Fermi-Niveau wieder aufgebaut hat. Mit wachsender Feldstärke nimmt die Transmission unter dem Potentialwall zu (thermionische Feldemission und Tunnelemission), über dem Potentialwall aber ab (quantenmechanische Reflexion) (Bild 6.12).

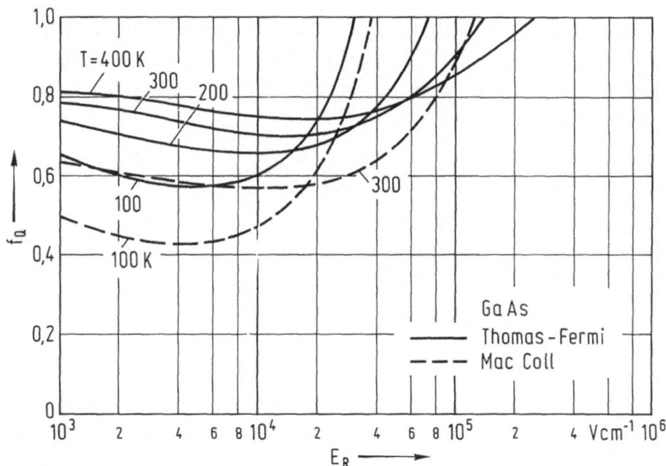

Bild 6.12. Quantenmechanische Reflexion und Transmission am Potentialwall. Integraler Transmissionskoeffizient f_Q als Funktion der Randfeldstärke E_R, Potentialwall: Au/GaAs [6.43]

6.3.6 Zusammenfassendes Feldemissions-Diffusions-Modell

Die thermionische Emission am Potentialwall der Schottky-Diode kann nun unter Einbeziehung folgender physikalischer Zusatzeffekte zusammenfassend behandelt werden:

a) als rein thermionische Emission nach 6.3.1;

b) mit Phononenrückstreuung dargestellt durch f_p nach 6.3.4;

c) mit quantenmechanischer Reflexion und Transmission dargestellt durch f_Q nach 6.3.5;

d) mit einem Diffusionsstrom aus dem Halbleiter nach 6.3.2;

e) mit feldabhängigem Diffusions- und Emissionsstromanteil nach 6.3.3.

Ausgangspunkt für alle Kombinationen ist die mittlere thermionische Richtungsgeschwindigkeit v_E nach (6.60). Im rein thermionischen Fall a) führt sie zur Kennliniengleichung (6.57); im rein diffusionsstrom-bestimmten Fall d) zu (6.58).

Wenn man die Phononenrückstreuung Fall b) und die quantenmechanische Reflexion Fall c) zusammenfaßt, muß beachtet werden, daß es sich um zwei ursächlich nicht im Zusammenhang stehende Wechselwirkungen handelt. Ein zum Übertritt bereitstehendes Elektron kann sowohl durch Phononenstreuung als auch quantenmechanische Reflexion am Übertritt gehindert werden. Formal durchläuft deshalb das Elektron zweimal den Wechselwirkungsbereich

$$f = f_p\, f_Q. \tag{6.72}$$

Dann ergibt sich bei der thermionischen Emission unter Phononenrückstreuung und quantenmechanischer Reflexion einschließlich Feldemission aus (6.63), (6.71), (6.72)

$$i_{SPQ} = (f_p\, f_Q\, v_E)\, e\, N_{LM} \exp\left(-\frac{e\,\varPhi_B}{kT}\right). \tag{6.73}$$

Der gleiche Formalismus ist auch anzuwenden beim Fall e. Die Sättigungsstromdichte i_{SG} beim thermionischen Emissions-Diffusions-Modell mit Phononenstreuung und quantenmechanischer Reflexion einschließlich Feldemission ergibt dann

$$i_{SG} = \frac{f_p\, f_Q\, v_E}{1 + f_p\, f_Q\, \dfrac{v_E}{v_D}}\, e\, N_{LM} \exp\left(-\frac{e\varPhi_B}{kT}\right). \tag{6.74}$$

Ein Vergleich mit (6.48) und (6.50) zeigt

$$i_{SG} = A^{**}\, T^2 \exp\left(-\frac{e\,\varPhi_B}{kT}\right), \tag{6.75}$$

so daß die ursprüngliche Form des rein thermionischen Sättigungsstromes wiederhergestellt ist mit der effektiven Richardson-Konstanten

$$A^{**} = \frac{1}{1 + f_p\, f_Q\, \dfrac{v_E}{v_D}}\, A^*. \tag{6.76}$$

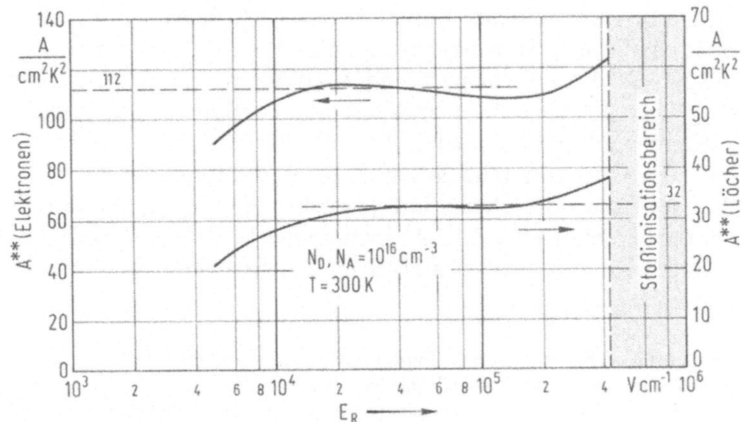

Bild 6.13. Effektive Richardson-Konstante A** nach (6.76) für Elektronen und Löcher in Si als Funktion der Randfeldstärke E_R [6.44]

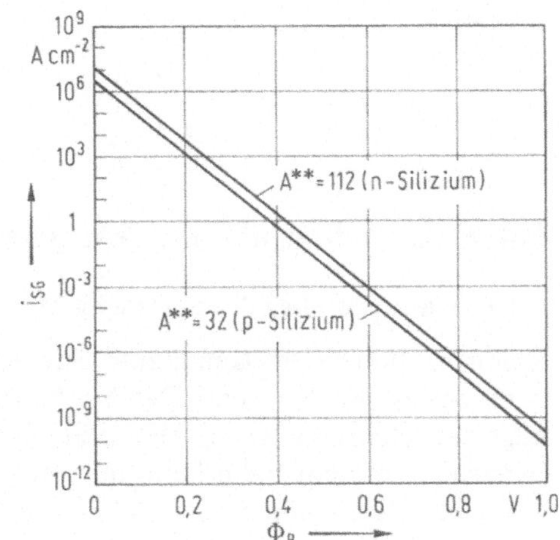

Bild 6.14. Quasisättigungsstrom i_{SG} nach (6.75) als Funktion der Barrierenhöhe für Elektronen- und Löcherbarrieren auf Silizium [6.44]

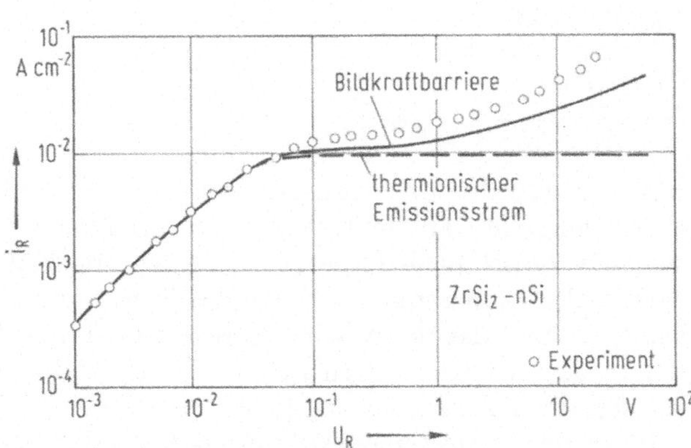

Bild 6.15. Abweichung des Sperrstromes einer Zirkonsilizid/n-Si Schottky-Diode von Modellvorstellungen [6.44]

173

Bild 6.13 zeigt A** als Funktion der Randfeldstärke am Potentialwall. Man sieht, daß für Elektronenbarrieren A** ≈ 112 und für Löcherbarrieren A** ≈ 32 A/cm² K² zwischen 10^4 und $2 \cdot 10^5$ V cm^{-1} genähert werden kann. Der Anstieg über 10^5 V cm^{-1} ist zunächst der Barrierenerniedrigung durch das Bildkraftpotential und bei noch höheren Feldstärken f_Q zuzuschreiben. Eine Berechnung der Übergangsfeldstärken ist zur Fallunterscheidung in Tab. 6.1 enthalten. Bild 6.14 zeigt die Quasi-Sättigungsstromdichte i_{SG} für Silizium als Funktion der Barrierenhöhe Φ_B. Für A** wurde der Mittelwert aus Bild 6.13 verwendet.

Bild 6.15 zeigt ein Beispiel für das Sperrstromverhalten einer n-Si-Schottky-Diode.

Tabelle 6.1. Thermionisches Feldemissions-Diffusions-Modell. Abschätzung der Übergangsfeldstärken nach Crowell und Sze [6.43]

Modell	Diffusion	Thermionische Emission	Feldemission
Halbleiter		E V cm^{-1}	E V cm^{-1}	
GaAs		$9 \cdot 10^3$	$1 \cdot 10^5$	
Si		$2 \cdot 10^2$	$4 \cdot 10^5$	
Ge		$2 \cdot 10^3$	$4 \cdot 10^5$	

6.4 Ersatzschaltbild und Rauschen

6.4.1 Schrotrauschen der Sperrschicht

Schottky-Dioden ersetzen heute Spitzendioden auch im Bereich hoher Frequenzen als Mischer- und Detektorbauelement. Bei solchen Anwendungen genügt ein Kleinsignalersatzschaltbild für den nullpunktnahen Fluß- und Sperrbereich. In diesem Falle kann man auf das einfache thermionische Emissionsmodell der Diodentheorie zurückgreifen (6.45)

$$i = i_S \left[\exp\left(\frac{e\,U}{m\,k\,T} \right) - 1 \right],$$

$$G_j = \frac{di}{dU} = \frac{e}{m\,k\,T} (i + i_S), \tag{6.77}$$

wobei eventuelle Abweichungen von der Diodentheorie durch einen Faktor $m > 1$ zumindest abschnittsweise berücksichtigt werden können. Im Bild 6.16 sind die Rauschquellströme (Band 2) der Ersatzbildelemente eingetragen. Als „natürliche" Rauschquellen treten das Schrotrauschen i_{Sch} des Sperrschichtleitwertes G_j und das thermische Rauschen i_{th} des Serienwiderstandes auf. Überschuß- oder Exzeßrauschen i_{ex} wird durch Ladungsträgerbewegungen hervorgerufen, die in der einfachen Modellvorstellung (6.77) nicht enthalten sind.

Büchs folgert aus seinen Messungen [6.20], daß bei Schottky-Dioden ohne Exzeßstrom die Laufzeit der Ladungsträger bei 10 GHz noch keinen wesentlichen Einfluß auf die Schrotrauschtemperatur hat. Dementsprechend wird beim

174

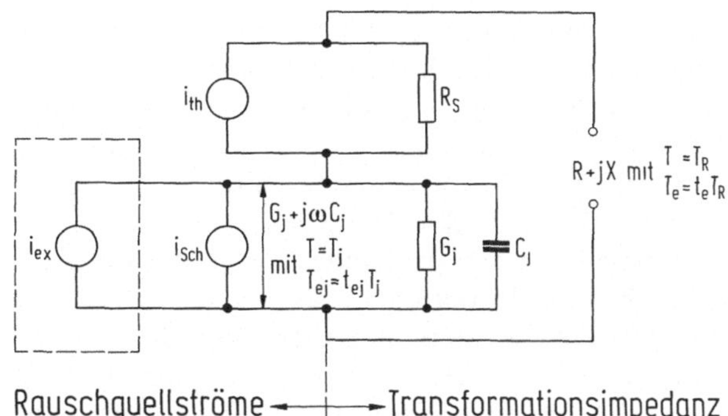

Bild 6.16. Rauschstromquellen und Ersatzschaltbild eines Schottky-Kontaktes im Kleinsignalfall

Schrotrauschen der Verarmungsrandschicht angenommen, daß es sich um eine nicht korrelierte Überlagerung der Rauschkomponenten aller Ladungsträgerströmungen handelt, die den Potentialwall Φ_B in jeder Richtung überqueren. Das mittlere Rauschstromquadrat als Leistungsäquivalent der Elementarprozesse ergibt sich dann zu

$$\overline{i_{Sch}^2} = 2\,e\,(i + 2\,i_S)\,\delta f \tag{6.78}$$

als Schrotrauschen der Randschichtzone.

δf ist die Bandbreite des Frequenzintervalls, in dem eine konstante Rauschleistung gemessen wird. i_S ist der Sättigungsstrom der thermionischen Emissionstheorie nach (6.48). Im Nullpunkt kompensieren sich die entgegengesetzten Majoritätsträgerströmungen nach (6.45). Als unkorrelierte Rauschströmungen addieren sich jedoch i_{MH} und i_{HM}, deshalb der Faktor 2 bei i_S in (6.78).

Bei Sperrpolung ist hingegen: $i_R = i_S = -\,i$, so daß sich (6.78) vereinfacht zu

$$\overline{i_{Sch}^2} \approx 2\,e\,i_S\,\delta f\,. \tag{6.79}$$

Entsprechend dem Schrotrauschen des Sperrschichtleitwertes wird dem Serienwiderstand R_S in Bild 6.19 ein thermischer Rauschquellstrom (Nyquist-Rauschen) der Größe

$$\overline{i_{th}^2} = \frac{4\,k\,T}{R_S}\,\delta f \tag{6.80}$$

zugeordnet [6.21]. Setzt man im einfachsten Fall $R_S = 0$ und $m = 1$, so ist ohne Exzeßrauschen die an R anliegende Rauschkomponente allein das Schrotrauschen der Verarmungsrandschicht nach (6.79)

$$\overline{i_R^2} = \frac{4\,k\,T_e}{R}\,\delta f = t_e\,\frac{4\,k\,T_R}{R}\,\delta f = \overline{i_{Sch}^2}\,. \tag{6.81}$$

(6.81) ergibt mit (6.77) und (6.78) mit $R = R_j$

$$t_{ej} = \frac{m}{2}\left(1 + \frac{i_S}{i + i_S}\right)\frac{T_j}{T_R}\,, \tag{6.82}$$

wobei t_{ej} der äquivalente Rauschfaktor der Sperrschicht allein ist. Für $R_S = 0$ geht der kapazitive Schichtwiderstand $(\omega\, C_j)^{-1}$ direkt über in den Blindwiderstandsanteil X von Z. In diesem Fall ist t_{ej} unabhängig von C_j. Man sieht, daß für $i = 0$ der Rauschfaktor $t_{ej} = 1$ wird, wenn Temperaturgleichgewicht $T_j = T_R$ vorhanden ist. Für wachsenden Strom $i \gg i_S$, d.h. in Flußrichtung, sinkt t_{ej} auf 1/2 ab. Die Schottky-Diode stellt deshalb vom physikalischen Konzept her — verglichen mit der pn-Diode — eine optimale Lösung zur Erzielung niedriger Rauschtemperaturen dar. Dies gilt mit Einschränkung auch für den Sperrspannungsbereich, solange man die in Abschn. 6.3 behandelten zusätzlichen Stromführungsmechanismen ausschließen kann. Im Sperrspannungsbereich ist allerdings die Schottky-Diode dem pn-Übergang nicht grundsätzlich überlegen, zumal durch die Spannungsabhängigkeit der Barrierenhöhe (Spiegelpotential, Abschn. 6.2.2) der Rauschfaktor verschlechtert wird. Dies ist in Rechnung zu stellen, wenn bei Leistungsumsetzern (Modulator, Frequenzversetzer) die Schottky-Diode mit anderen Bauelementen (z. B. Varaktoren) verglichen wird. Ähnliches gilt bei der Auswahl von nichtlinearen Bauelementen für parametrische Verstärker mit höheren Pumpleistungen.

Bild 6.17 zeigt, daß experimentell mit Schottky-Dioden ein Rauschfaktor $T_e \approx 0{,}6$ erreicht werden kann. Das entspricht einer äquivalenten Rauschtemperatur $T_e \approx 180$ K bezogen auf eine Umgebungstemperatur $T_R = T_j = 300$ K. Die minimale Rauschtemperatur wird bei kleinen Flußströmen i_F unter 1 mA er-

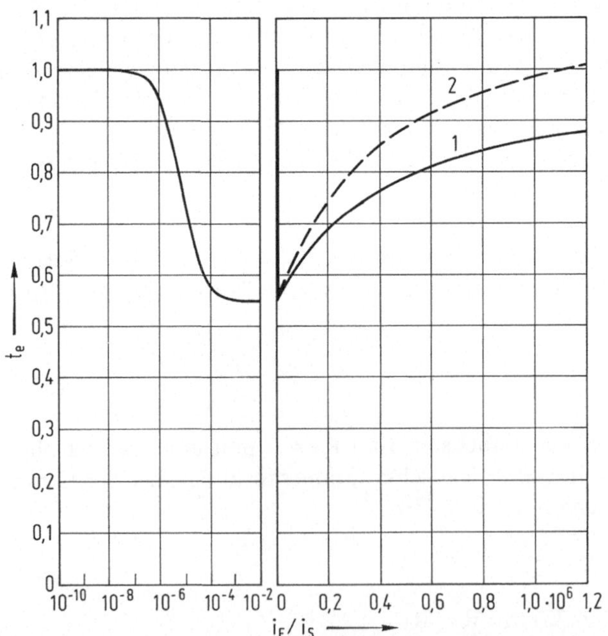

Bild 6.17. Äquivalenter Rasuchfaktor t_e (bezogen auf Raumtemperatur) als Funktion des Flußstromes i_F. $i_S = 4{,}1$ nA; $m = 1{,}118$; $R_S = 15{,}2\ \Omega$; Kurve 1: ohne Exzeßrauschen, Kurve 2: $k_{ex}/ef^b = 360\ A^{-1}$ [6.20]

reicht und steigt mit wachsendem i_F schnell an. Dieser Anstieg von t_e ist aus (6.82) nicht zu entnehmen. Der Grund liegt in zwei unzulässigen Vereinfachungen: Der Vernachlässigung des Serienwiderstandes R_S und der Exzeßstrom-Rauschkomponente i_{ex}.

6.4.2 Einfluß des Exzeßrauschens und des Serienwiderstandes

Unter einem Exzeßstrom versteht man eine Strombewegung, die im elementaren physikalischen Funktionsmodell weder erwünscht noch vorgesehen war.

Bei Schottky-Dioden ist exemplarspezifisch (aber von der Herstellungstechnologie nicht unabhängig) ein Exzeßstrom wahrscheinlich, der das 1/f-Rauschen zur Folge hat, dazu zählt auch das Funkelrauschen oder flicker noise [6.21, 6.22].

Bei Halbleitern können an Grenz- und Oberflächenschichten − insbesondere in Raumladungs- und Feldzonen − Schwankungen der Stromdichte, Emission oder Leitfähigkeit auftreten. Sogar im Volumen sind Schwankungen der Leitfähigkeit durch Einfang und Emission von Ladungsträgern an Traps möglich („trapping noise"). Bei Schottky-Dioden sind in Flußrichtung Exzeßströme am wahrscheinlichsten durch atomare Zwischenschichten (Abschn. 6.2.6), in Sperrrichtung durch Randfeldinhomogenitäten an der Metallisierungsgrenze. In beiden Aussteuerungsbereichen können auch kristalline Korngrenzen von chemischen Metall-Halbleiter-Verbindungen (z. B. bei Silizid-Schottky-Dioden) spontane Emissionsschwankungen zur Folge haben. Im allgemeinen spielt das 1/f-Exzeßrauschen bei Schottky-Dioden erst unter 3 kHz eine Rolle und kann in vielen Fällen bereits über 1 kHz vernachlässigt werden.

Die Exzeßrauschkomponenten vom 1/f-Typ können durch Einführung eines den Gegebenheiten anpassungsfähigen Rauschstromquadrates behandelt werden [6.20]

$$\overline{i_{ex}^2} = k_{ex}\, i^a f^{-b}\, df. \tag{6.83}$$

k_{ex} ist eine vom Rauscheffekt abhängige Konstante, f die Bandmittenfrequenz. a und b sind von den physikalischen Mechanismen abhängig, die das jeweilige Funkelrauschen verursachen. Für diese gibt es noch keine allgemein gültige Theorie. Bei regulären Schottky-Dioden kann $a \approx 2$ und $b \approx 1$ gesetzt werden [6.23]. Das Exzeßrauschen (6.83) wird nach Bild 6.16 parallel zur Schrotrauschkomponente (6.78) auf R_j angesetzt. Im Flußfall ist $i \gg i_S$. Dann kann das Exzeßrauschen berücksichtigt werden mit dem Ersatz von (6.81) durch

$$\overline{i_R^2} = \overline{i_{Sch}^2} + \overline{i_{ex}^2}\ . \tag{6.84}$$

Statt (6.82) ergibt sich dann

$$t_{ej} = \frac{m}{2}\left(1 + \frac{k_{ex}}{2\,e}\, i^{a-1} f^{-b}\right), \tag{6.85}$$

$$i \gg i_S, \quad T_j = T_R\ .$$

Nun gilt es noch, den Serienwiderstand R_S zu berücksichtigen. Dazu wird das Rauschspannungsquadrat der Sperrschicht

$$\overline{u_j^2} = 4\,k\,T_{ej}\,R_j\,\delta f \tag{6.86}$$

und des Serienwiderstandes R_S

$$\overline{u_S^2} = 4\,k\,T_S\,R_S\,\delta f \tag{6.87}$$

gleichgesetzt mit dem Rauschspannungsquadrat am Realteil der Ausgangsimpedanz R

$$\overline{u_R^2} = 4\,k\,T_{eR}\,R\,\delta f. \tag{6.88}$$

Dann ergibt sich

$$R_j\,T_{ej} + R_S\,T_S = (R_j + R_S)\,T_{eR} = R\,T_{eR}. \tag{6.89}$$

Das heißt: Die Rauschspannung am Sperrschichtwiderstand R_j mit der äquivalenten Rauschtemperatur T_{ej} kann zur Rauschspannung am Serienwiderstand R_S mit der Rauschtemperatur T_S addiert werden. Dann ergibt sich eine „offene" Rauschspannung am Realteil R der transformierten Ausgangsimpedanz Z mit der äquivalenten Rauschtemperatur T_{eR}. Nach (6.89) gilt:

$$T_{eR} = t_e\,T_R \quad \text{und} \quad T_{ej} = t_{ej}\,T_j.$$

Es ist sinnvoll, die thermische Rauschtemperatur T_R der Ausgangsimpedanz auf die Raumtemperatur zu beziehen: $T_R = T$. Bei Detektor- und Mischeranwendungen dürfte die Rauschtemperatur T_S des Serienwiderstandes nicht sehr verschieden von der Sperrschichttemperatur sein: $T_S \approx T_j$. Dann ergibt sich aus (6.89) der äquivalente Rauschfaktor des Ersatzschaltbildes (Bild 6.16) zu

$$t_e = \frac{t_{ej}\,R_j + R_S}{R_j + R_S}\,\frac{T_j}{T}. \tag{6.90}$$

Setzt man in (6.90) die transformierte Größe von R_j nach Bild 6.16 ein:

$$R_j = \frac{G_j}{G_j^2 + (\omega\,C_j)^2} \tag{6.91}$$

mit G_j nach (6.77), so erhält man aus (6.90) mit (6.85)

$$t_e = \frac{m}{2}\,\frac{\left(1 + \dfrac{k_{ex}}{2\,e}\,i^{a-1}\,f^{-b}\right)\left(\dfrac{G_j}{G_j^2 + (\omega\,C_j)^2}\right) + R_S}{\dfrac{G_j}{G_j^2 + (\omega\,C_j)^2} + R_S}\,\frac{T_j}{T}, \tag{6.92}$$

$$i \gg i_S, \quad T_R = T, \quad T_S = T_j.$$

Bild 6.17 zeigt den Verlauf des äquivalenten Rauschfaktors t_e entsprechend (6.92) als Funktion des Flußstromes i.

Der Verlauf von Kurve 1 (kein Exzeßrauschen) kann nun anhand des Ersatzschaltbildes in Bild 6.19 interpretiert werden:

178

Im stromlosen Zustand $i = 0$ ist der Nullpunktwiderstand von R_j so groß (6.77), daß dagegen die Rauschimpedanz R_S vernachlässigt werden kann. An den Klemmen erscheint die Impedanz der Sperrschicht G_j^{-1} mit dem Rauschwirkwiderstand $R \approx R_j$ nach (6.91) und dem Rauschfaktor $t_e \approx 1$. Man sieht, daß der transformierte Rauschquellwiderstand R frequenzabhängig ist und für hohe Frequenzen Null wird. Dann rauscht der Serienwiderstand R_S an R.

Bei Strombelastung in Flußrichtung mit $i \gg i_S$ fällt t_e auf 1/2 (von m und R_S abhängig), weil der dominierende einseitige Schrotrauschstrom i niedriger rauscht als eine entsprechende thermische Komponente (6.82). Der transformierte Rauschquellwiderstand R wird dabei immer noch von G_j bestimmt.

Steigt der eingeprägte Flußstrom i weiter an, so wird die weitere Annäherung von $t_e \rightarrow 1/2$ nach (6.85) und (6.90) gestört durch die mit i fortschreitende Absenkung der Sperrschichtimpedanz R_j nach (6.91). Sobald R_j in die Größenordnung von R_S kommt, ist die thermische Rauschimpedanz von R_S nicht mehr vernachlässigbar. Im Gegenteil: Bei hohen Flußströmen i wird das thermische Rauschen von R_S dominieren und t_e strebt gegen den Wert 1 für thermisches Rauschen.

In Kurve 2 ist der Kurve 1 zusätzlich eine Exzeß-Rauschkomponente nach (6.83) und (6.85) überlagert mit $k_{ex}/e\, f^b = 360\ \mathrm{A}^{-1}$.

Man sieht, daß bei hohen Strömen durch den Exzeßstrom $t_e > 1$ wird.

Exzeßrauschen kann durch thermische und elektrische Überlastungen oder Umwelteinflüsse auch nachträglich induziert werden (burn out und spike burn out).

6.5 Aufbau und Technologie der Schottky-Dioden

Es gibt eine große Zahl von Lösungsvorschlägen, Metall-Halbleiter-Dioden vorteilhaft herzustellen. Zwei Arten unterscheiden sich wesentlich voneinander:

a) die „reinen" Schottky-Dioden mit einem konsequenten Metall-Halbleiter-Aufbau einschließlich der Randzone;

b) die „hybriden" Schottky-Dioden mit zusätzlichen technologischen Maßnahmen zur Beherrschung oder Unterdrückung der Randzoneneffekte.

Das Hauptanwendungsgebiet der „reinen" Schottky-Diode erstreckt sich bis in den Millimeterwellenbereich (Detektoren und Mischer). In zunehmendem Maße werden hybride Schottky-Dioden auch in der Leistungselektronik eingesetzt.

6.5.1 Die reine Schottky-Diode

Im einfachsten Fall ist sie zu definieren als eine Metallelektrode auf der reinen Halbleiteroberfläche (Abschn. 6.2.1). Die Größe des Metallflecks ist zunächst nur begrenzt durch das „know how" bei der strukturerzeugenden Technologie.

Bild 6.18 zeigt ein Oxidfenster nach der Ätzung mit einem Durchmesser von $6\ \mu\mathrm{m}$. Die Belichtung erfolgte durch Maskenprojektion [6.24] im langwelligen UV-Bereich. Mit solchen Methoden lassen sich Sperrschichtkapazitäten $C_j\,(0)$

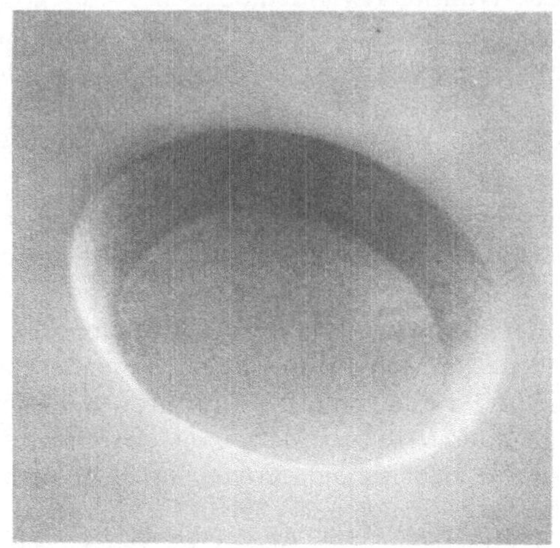

Bild 6.18. Fototechnik. Oxidfenster mit 6 μm Durchmesser; thermische Oxidschicht 0,7 μm stark, REM Aufnahme 45°, 20 kV (Werkfoto Siemens AG, UBB-IS, Losehand 784)

unter 0,1 pF erzielen. Am bekanntesten ist die „planare" Ausführung nach Bild 6.19. In der Praxis stellt man allerdings fest, daß die Kontaktierung von Metallflecken im Mikrometer-Bereich und ihre zentrische Justierung im Oxidfenster bereits vor dem Erreichen der lichtoptischen Auflösungsgrenze beträchtliche Schwierigkeiten bereitet. Die Folge sind azentrische Überlappungsfehler, die

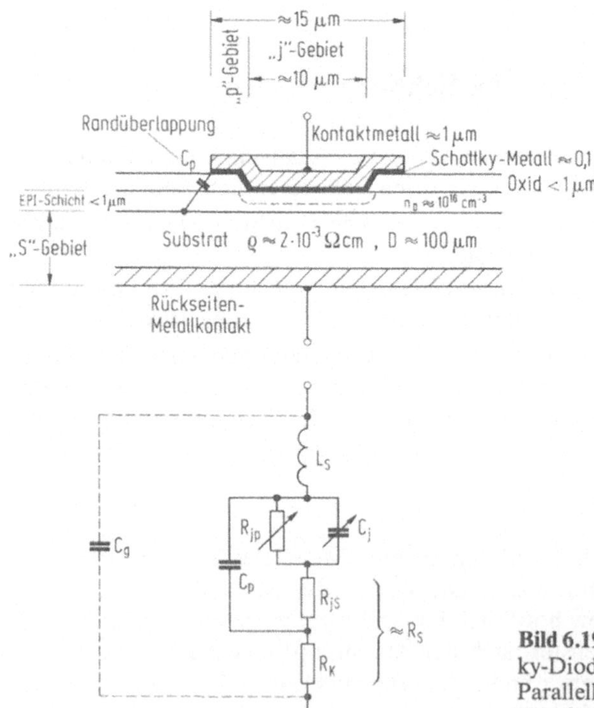

Bild 6.19. Planare Mikrowellen-Schottky-Diode mit Metall-Oxid-Halbleiter-Parallelkapazität (Überlappungskapazität), Querschnitt und Ersatzschaltbild

über ein schwankendes Bedeckungsverhältnis der Oxidumrandung zu einer fertigungstechnisch schwer kontrollierbaren Schwankung der Parallelkapazität C_p führen. Eine weitere Verkleinerung der Struktur ist dann sinnlos, wenn der Blindleitwert der Diode nicht mehr abnimmt, sondern dem der konstanten Randschichtkapazität zustrebt. Die wachsende Bedeutung der Randregion erzeugt einen weiteren schädlichen Effekt: die Parallelschaltung einer MOS-Kapazität zur Metall-Halbleiter-Übergangszone (Kap. 5). Zwei technologische Möglichkeiten stehen zur Verfügung, um die Randschichtstreuadmittanzen zurückzudrängen:

a) die Mesatechnologie als konventionelles Mittel mit Hilfe der dritten Dimension im Halbleiter eine Separierung der Kontakte zu erreichen;

b) die elektrische Isolation durch zusätzliche Schichtfolgen.

Die Mesatechnologie (Band 4) hat bei Schottky-Dioden den grundsätzlichen Nachteil, daß die metallische Randbegrenzung zusammenfällt mit der Ätzkante des Mesaberges (Bild 6.20c). Da sich der Ort höchster Feldstärke unmittelbar unterhalb der Metallgrenze befindet, führen kleinste Unregelmäßigkeiten in der geätzten Kantenstruktur zu Feldinhomogenitäten, die einer Prozeßkontrolle schwer zugänglich sind.

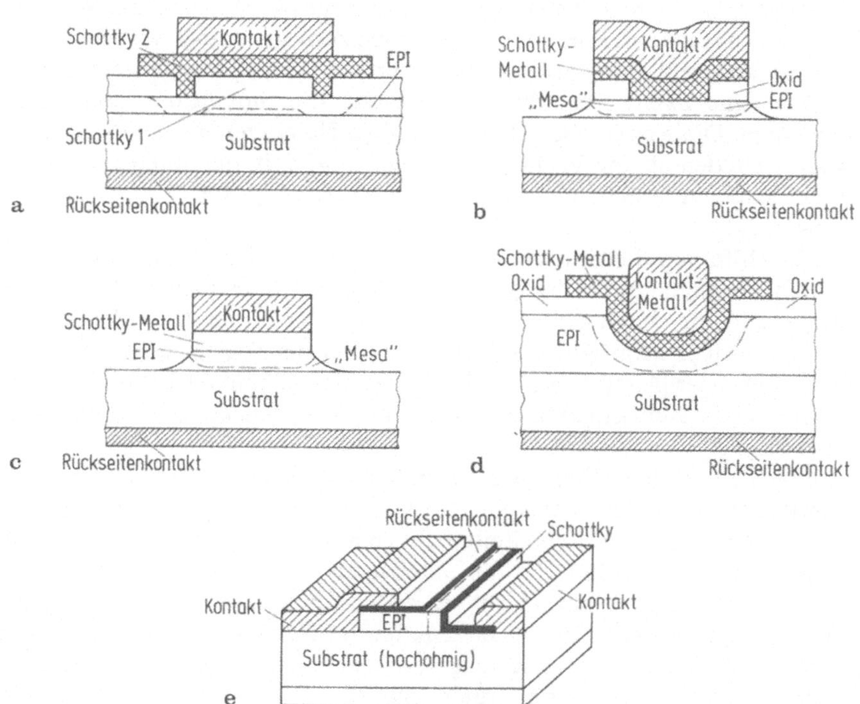

Bild 6.20. Technologische Ausführungsformen: Schottky-Dioden-Varianten; **a)** Doppelmetall-Diode nach [6.45], **b)** Mesatechnik mit Oxidkantenabdeckung, **c)** Mesatechnik, **d)** Moat-etch-Diode nach [6.25], **e)** vertikaler „Stripline"-Kontakt nach [6.28]

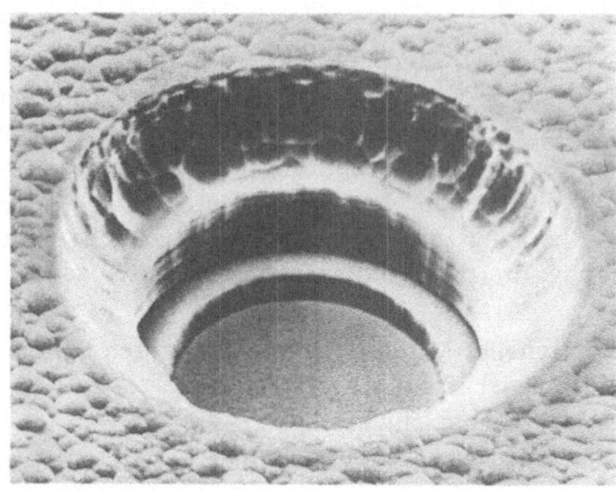

Bild 6.21. „Walltechnologie" bei einer Schottky-Diode (Werkfoto Siemens AG [6.27]

Eine interessante Technologievariante ist die „negative Mesatechnik", genannt „Moat-etch"-Technik [6.25] nach Bild 6.20 d. Eine Vertiefung im Halbleiter erzeugt eine Randkrümmung des Halbleiters, die einer Konzentration der Feldlinien an der Metallisierungsgrenze entgegenwirkt. Auf diese Weise können Frühdurchbrüche an Randinhomogenitäten zurückgedrängt werden [6.26].

Eine andere Lösung ist von Esaki und d'Heurle angegeben worden (Bild 6.20 a): eine zweite Schottky-Metallschicht, die die Primärschicht am Rand überlappt. Diese zweite Schicht soll mit dem Halbleiter einen höheren Potentialwall ausbilden als die Primärschicht. Dann wird in der Randzone die Durchbruchspannung erhöht und damit dem Krümmungsdurchbruch relativ entgegengewirkt.

Mit Hilfe von dielektrischen Isolationsschichten lassen sich die Streuadmittanzen ebenfalls zurückdrängen: zunächst wird eine planare Schottky-Diode hergestellt, die durch eine Dickschichtisolation an der Metallkante „isoliert" wird. Bild 6.21 zeigt ein Ausführungsbeispiel der sogenannten „Walltechnologie" nach Eger [6.27]. Der „überlappende" Metallkontakt ist hierbei durch ein pyrolytisches Tieftemperaturoxid von 5 bis 10 µm Dicke vom Schottky-Kontakt separiert.

Eine weitere Herstellungsversion soll noch erwähnt werden: Die planare Ausführung einer Streifenleiterdiode (Flankendiode) [6.28] gemäß Bild 6.20 e. Hierbei werden zwei metallische Leiterbahnen auf semiisolierendem GaAs-Substrat aneinander herangeführt. An der „Stoßstelle" wird dann eine Flankenstruktur erzeugt, die aus einer abrupt abbrechenden Epitaxieschicht mit einem Winkelkontaktfinger besteht. Diese Konstruktion ist für MIC-Substrate besonders gut geeignet, da die lineare Anordnung der Übergangszone eine reflexionsarme Ankopplung der Schottky-Diode ermöglicht.

Eine weitere Ausführungsform der Schottky-Diode besteht in einer „Wabenstruktur" (honey comb structure) [6.29]. Es handelt sich dabei um ein Diodenraster von Kleinstflächendioden in einem Abstand von ca. 50 µm.

6.5.2 Die hybride Schottky-Diode

Die im letzten Abschnitt geschilderten Möglichkeiten zur Stabilisierung der Sperrkennlinie und des Durchbruchverhaltens bei „reinen" Schottky-Dioden bringen zwar Verbesserungen, aber keine grundsätzliche Behebung der schädlichen Randeffekte. Das Sperrverhalten und die Stromführungsmechanismen des Metall-Halbleiter-Kontaktes sind zu komplex (Abschn. 6.3), so daß mit „systemimmanenten" Methoden allein eine Behebung der Nachteile schwer erreichbar ist. Die gesteuerte Epitaxie und Ionenimplantation dürfte allerdings auch hier neue Wege eröffnen.

Die radikalste Lösung ist in der Ausführungsform mit diffundiertem oder implantiertem pn-Schutzring zu sehen (Bild 6.22). Zschauer hat gezeigt [6.30], daß bereits bei verschwindend kleiner Eindringtiefe der Diffusion die Durchbruchspannung der diffundierten Diode über der Durchbruchspannung der planaren Schottky-Diode liegt. Der diffundierte Schutzring schirmt also bei richtiger topographischer Dimensionierung den Rand der Schottky-Diode gegen Frühdurchbrüche ab. Diese Konstruktion hat aber einen entscheidenden Nachteil gegenüber der „reinen" Schottky-Diode: In Flußrichtung werden vom p-Kontakt des Schutzringes Minoritätsträger in den Basisraum injiziert. Nun ist zu beachten, daß auf der Oberfläche der p-Schutzring-Diffusion durch das Schottky-Metall ebenfalls ein „äußerer" Schottky-Übergang Me/p-HL geschaffen wird, und zwar in gegenläufiger Polungsrichtung zur „inneren" Schottky-Diode Me/n-HL (Bild 6.22). Wählt man ein Metall, dessen Φ_{B0} etwa halb so groß ist wie der Bandabstand, so entsteht sogar eine symmetrische Potentialwallstruktur. Die Schutzring-Schottky-Diode D_2 hat dann die Aufgabe, den darunterliegenden pn-Übergang für eine wesentliche Minoritätsträgerinjektion zu sperren.

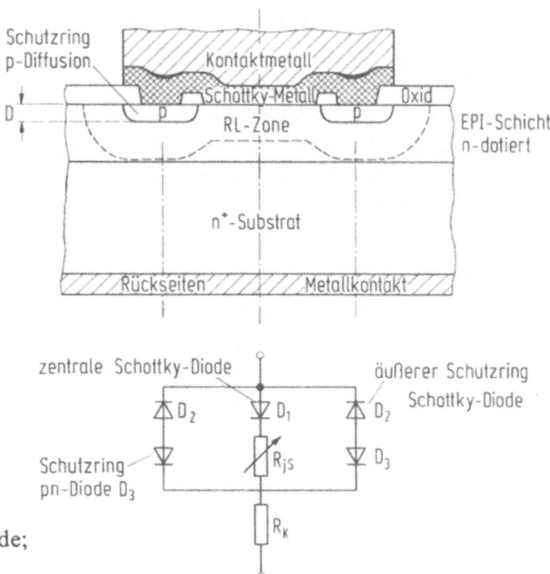

]**Bild 6.22.** Schutzring Schottky-Diode;
(Querschnitt und Ersatzschaltbild

Der „hybride" Aufbau bringt zumindest Veränderungen im Ersatzschaltbild der Diode bzw. deren Impedanzverhalten mit sich. Die hybride Ausführung ist also nicht gleichzusetzen mit einer höher entwickelten Form der „reinen" Schottky-Diode. Sie stellt, insbesondere im Mikrowellenbereich, nicht grundsätzlich den optimaleren Weg dar, sondern eine der möglichen Spielarten.

6.5.3 Bauformen von Schottky-Dioden

Als Kleinsignal-Bauelemente werden Schottky-Dioden in den Mikrowellen-Keramikgehäusen zum Beispiel nach Bild 1.2 montiert. Besonders geeignet ist die randlose Ausführung „T" wegen einer geringen Gehäusekapazität um 0,1 pF. Für kleinste Sperrschichtkapazitäten $C_j < 0,15$ pF ist eine gehäuselose Bauform anzustreben. Diese eignen sich besonders zur Montage auf MIC-Substraten mit geätzten Leitbahnverdrahtungen (Bild 6.28). Besonders geeignet dafür sind Beamlead-Ausführungen (Band 4) und Chip-Versionen mit Schutzpassivierungen (Bild 6.21).

6.6 Anwendung von Schottky-Dioden

Aufgrund der nichtlinearen Strom-Spannungs-Kennlinie der Schottky-Diode ist Gleichrichtung, Erzeugung von Oberwellen, Mischen von Signalen und ihre Frequenzversetzung möglich. Bei diesen Anwendungen nutzt man häufig eine besondere Eigenart der Schottky-Diode aus: Die vernachlässigbar niedrige Minoritätsträgerinjektion in die Raumladungszone über weite Bereiche der Flußkennlinie. Dadurch werden Trägheitseffekte durch Ausräumphasen und Transitzeiten vermieden (Kap. 2 und 3). Im allgemeinen gilt die Regel, daß Schottky-Dioden mit Vorteil da einsetzbar sind, wo das Konzept des nichtlinearen Wirkwiderstandes angestrebt wird. Das ist insbesondere bei Breitbanddetektoren bzw. -mischern der Fall und bei Mischstufen, die über ein breites Frequenzband durchgestimmt werden müssen. Bei sehr hohen Frequenzen bietet auch die trägheitslose Sperrschichtreaktanz Vorteile, so daß Schottky-Dioden auch für parametrische Verstärker und Frequenzumsetzer [6.31], die im Millimeterwellengebiet gepumpt werden, geeignet sind.

Zum Empfang von Mikrowellensignalen stehen zwei Prinzipien zur Verfügung:

I. Der Geradeausempfänger (homodyn)
Bei ihm wird das Videosignal durch direkte Gleichrichtung (Bild 6.23) aus der modulierten Radioträgerfrequenz (RF) wiedergewonnen.

II. Der Überlagerungsempfänger (heterodyn)
Bei ihm wird die modulierte RF in einem Mischeroszillator in eine oder mehrere ZF-Ebenen frequenzversetzt und dort verstärkt. Danach wird durch einen ZF-Demodulator das Basisband der Modulation wiedergewonnen (Bild 6.23).

Beide Empfängerarten können durch Breitband-RF-Vorverstärker zwischen Eingang und RF-Detektor bzw. Mischer (Bild 6.23) ergänzt werden, so daß Detektor- bzw. Mischverluste vor ihrer Entstehung bereits ausgeglichen werden, so

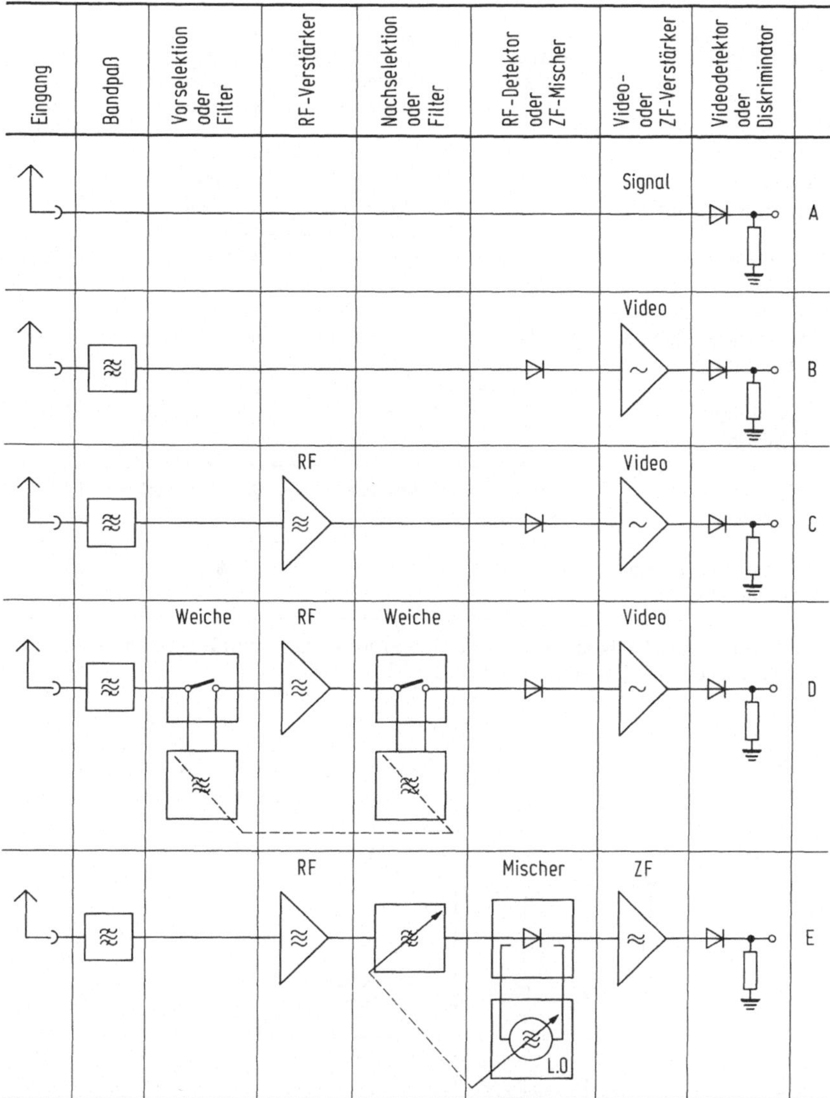

Bild 6.23. Homodyne (A–D) und heterodyne (E) Empfangsprinzipien im MW-Bereich: A: Kristalldetektor, B: Videodetektor, C: RF-Verstärker mit Videodetektor, D: elektronisch durchstimmbarer Geradeausempfänger, z.B. mit elektrisch variabler Induktivität (YIG) oder Kapazität C_d (U), E: Überlagerungsempfänger

daß das Signal-Geräusch-Verhältnis in der folgenden Umsetzerstufe nicht verschlechtert wird. Typische Vertreter solcher Breitbandvorverstärker in Solid-State-Technik sind bis 8 GHz bipolare Transistoren, über 5 GHz GaAs-Schottky-FET's, bis 20 GHz Tunneldiodenverstärker und über 10 GHz parametrische Verstärker. Wesentliche Eigenschaften der in Bild 6.23 gezeigten Empfangsprinzipien werden in Bild 6.24 gegenübergestellt.

Bezeichnung nach Bild 6.23	B Video-detektor	C RF-Verstärker + Video-detektor	D Durch-stimmbarer Geradeaus-empfänger	E Überlagerungs-empfänger (1 MHz-ZF-Bandbreite)
Tangentiale Empfindlichkeit TS	-48 dBm	-70 bis -75 dBm	-80 bis -85 dBm	-95 dBm
RF-Bandbreite	mehrere Oktaven	1 Oktave	1 Oktave	1 Oktave
Dynamikbereich des Eingangssignals	58 dB	$80\ldots85$ dB	$90\ldots95$ dB	~ 50 dB
Selektivität bzw. Auflösung	keine	keine	$20\ldots40$ MHz	1 MHz
Selektive Bandbreite	mehrere Oktaven	1 Oktave	$20\ldots40$ MHz	1 MHz
Frequenzbestimmung, Genauigkeit	$-$	$-$	0,5%	10^{-4}

Bild 6.24. Typische Kennwerte von Detektoren und Empfängern unterschiedlicher Aufbauprinzipien [6.46]. Aufbau nach Bild 6.23

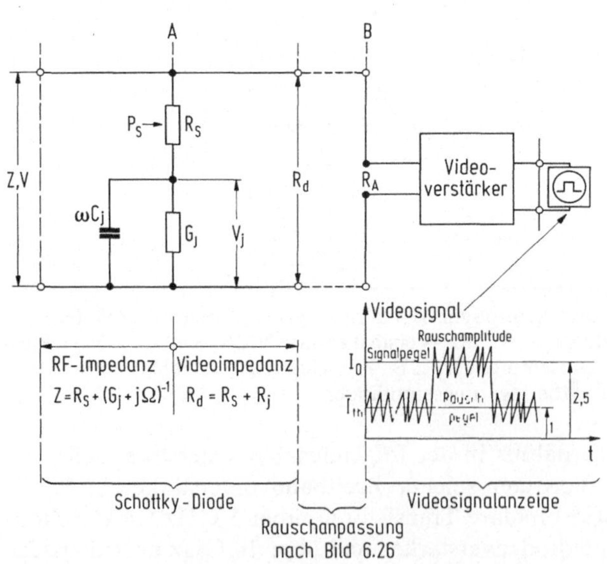

Bild 6.25. Ersatzschaltbild einer Schottky-Detektordiode. Definition der tangentialen Signalempfindlichkeit unter der Rauschanpassung nach Bild 6.26

6.6.1 Die Schottky-Diode als RF-Detektor

Transformationseigenschaften. Beim Detektor muß das Ersatzschaltbild (Bild 6.16) in zwei Frequenzebenen behandelt werden: auf der Frequenz der einlaufenden RF-Welle und auf der Frequenz des Videosignals (Bild 6.25). Dann kann bei Anpassung der RF-Seite die Impedanz Z der Detektordiode

$$Z = \frac{1}{G_j + j\,\Omega} + R_S, \qquad \Omega = \omega\,C_j \tag{6.93}$$

mit einem Spannungsgenerator der Amplitude V versorgt gedacht werden. Dieser Spannungsgenerator liefert eine Amplituden-Wirkleistung P an den Realteil der Diodenadmittanz 1/Z ab. Dabei nimmt man an, daß die Blindkomponente im Außenkreis der Diode verlustlos angepaßt werden kann

$$P = \frac{V^2}{2}\,\mathrm{Re}\left(\frac{1}{Z}\right) = \frac{G_j\,(1 + R_S\,G_j) + R_S\,\Omega^2}{(1 + R_S\,G_j)^2 + R_S^2\,\Omega}. \tag{6.94}$$

Um den Wirkungsgrad der Detektordiode zu bestimmen, benötigt man die Wirkleistung, die an den nichtlinearen Sperrschichtleitwert G_j abgegeben wird. Dazu bildet man nach Bild 6.25 den Leistungsteiler

$$P = P_j + P_S = \frac{I^2}{2}\,(\mathrm{Re}\,(Z_j) + R_S)$$

mit $\tag{6.95}$

$$I^2 = \frac{\mathrm{Re}\,(1/Z_j)}{\mathrm{Re}\,(Z_j)}\,V_j^2,$$

wobei I der vom Spannungsgenerator V erzeugte Strom durch die Diodenimpedanz Z ist und V_j die an der Schichtadmittanz anliegende Amplitude.

Die am Realteil der Schichtadmittanz zur Gleichrichtung zur Verfügung stehende maximale Spannung V_j beträgt nach (6.95)

$$V_j^2 = \frac{V^2}{(1 + R_S\,G_j)^2 + R_S^2\,\Omega^2}, \tag{6.96}$$

(6.96) in (6.94) ergibt

$$P = \frac{1}{2}\,\frac{V_j^2}{R_j}\left(1 + \frac{R_S}{R_j} + R_S\,R_j\,\Omega^2\right). \tag{6.97}$$

Die Spannung V_j liefert an den Realteil der Schichtadmittanz G_j eine Wirkleistung

$$P_j = \frac{V_j^2}{2}\,\mathrm{Re}\left(\frac{1}{Z_j}\right) = \frac{V_j^2}{2}\,G_j\,. \tag{6.98}$$

Aus (6.97) und (6.98) ergibt sich dann

$$\frac{P}{P_j} = 1 + \frac{R_S}{R_j} + R_S\,R_j\,\omega^2\,C_j^2\,. \tag{6.99}$$

Nach (6.96) variiert die am Sperrschichtleitwert G_j zur Verfügung stehende Spannung V_j frequenzabhängig.

Grenzfrequenz. Man definiert deshalb eine (Transformations-)Grenzfrequenz f_c. Sie gibt an, bei welcher Frequenz der frequenzabhängige Term in (6.99) den gleichen Beitrag zur Leistungsteilung P/P_j liefert wie das frequenzunabhängige Glied

$$f_c^2 = \frac{1 + \dfrac{R_S}{R_j}}{(2\,\pi)^2\,R_S\,R_j\,C_j^2},$$

dies eingesetzt in (6.99) ergibt

$$\frac{P}{P_j} = \left(1 + \frac{R_S}{R_j}\right)\left[1 + \left(\frac{f}{f_c}\right)^2\right]. \tag{6.100}$$

Man beachte, daß die Detektordiode nach (6.100) weit über $f = f_c$ hinaus imstande ist, RF-Signale nachzuweisen.

Gleichrichterwirkungsgrad und Diodenkennlinie. Um den Zusammenhang der Aussteuerungsspannung V_j nach (6.96) zum Detektorstrom zu knüpfen, muß nun der Strom-Spannungs-Zusammenhang der Diodencharakteristik eingeführt werden.

Wir verwenden die einfache Kennliniengleichung (6.77) der Schottky-Barriere mit konstantem Sättigungsstrom i_S und dem Idealitätsfaktor $m = 1$. Durch u_0 sei der Arbeitspunkt auf der Diodenkennlinie festgelegt. Durch u_j wird der Augenblickswert einer Kleinsignal-Wechselspannung dargestellt.

$$i = i_S\left[\exp\left(\alpha\,(u_0 + u_j)\right) - 1\right]. \tag{6.101}$$

Die Taylor-Entwicklung von (6.101) ergibt dann mit dem Arbeitspunkt u_0, i_0

$$\exp\left[\alpha\,(u_0 + u_j)\right] = \exp\left(\alpha\,u_0\right)\left[1 + \alpha\,u_j + \frac{\alpha^2}{2}\,u_j^2 + \ldots\right] \tag{6.102}$$

mit
$$i_0 = i_S\left[\exp\left(\alpha\,u_0\right) - 1\right],$$

$$\frac{di_0}{du_0} = \alpha\,(i_0 + i_S) = \frac{1}{R_j}.$$

Bei einer symmetrischen Wechselspannungsaussteuerung u_j um den Arbeitspunkt u_0 wird das lineare Glied in (6.102) im zeitlichen Mittelwert ausgelöscht. Man spricht dann von einer „quadratischen Gleichrichtung". Ist diese symmetrische Aussteuerung sinusförmig, so wird der Mittelwert des Richtstromes I richtig wiedergegeben, wenn u_j den Effektivwert der Wechselspannungsamplitude repräsentiert. Ersetzt man u_j durch den Amplitudenwert V_j der Wechselspannung, so ergibt sich mit (6.101), (6.102)

$$I = i_S\left[\left(1 + \left(\frac{\alpha}{2}\right)^2 V_j^2\right)\exp\left(\alpha\,u_0\right) - 1\right] \quad \text{mit} \quad V_j = 2^{1/2}\,u_j. \tag{6.103}$$

Bei der Detektoranwendung nimmt der quadratische Nullpunktgleichrichter einen bevorzugten Platz ein. Er ermöglicht eine leistungsproportionale Richtstromanzeige aus dem Nullpunkt heraus. Die Nullpunktgleichrichtung ist außerdem diejenige Lösung, die die niedrigsten Rauschquellströme an den Außenkreis abgibt. Sie ist jedoch nicht gekennzeichnet durch höchste Stromempfindlichkeit, denn das exp-Glied in (6.103) geht als Faktor auch in das wechselspannungsabhängige Glied ein. Der Richtstrom I und auch der Sperrschichtwiderstand R_j nach (6.103) ist über exp $(\alpha\, u_0)$ stark vom Arbeitspunkt u_0 abhängig. Als Kompromiß zwischen niedrigstem Rauschen und höchster Empfindlichkeit unter Berücksichtigung eines günstigen Videoimpedanzniveaus werden Schottky-Detektoren häufig mit Vorspannungen u_0 bis zu 100 mV in Flußrichtung betrieben. Das entspricht Vorströmen im Gebiet zwischen 10 und 50 µA, wobei $R_j\,(u_0)$ in das Gebiet um 1 kΩ abgesenkt werden kann. Im Nullpunkt liegt das Impedanzniveau von R_j hingegen relativ hoch. Nach (6.102) ist $R_j\,(0)$ $= 1/\alpha\,i_S$. Nach Bild 6.14 liegen die Sättigungsstromdichten von Si mit üblichen Schottky-Metallen ($\Phi_B \approx 0{,}7$ eV) im Bereich von $\approx 10^{-6}$ A cm^{-2}. Das ergibt $R_j\,(0)$-Werte im Bereich größer 10 kΩ. $R_V = R_S + R_j$ wird als Videoimpedanz oder dynamischer Widerstand bezeichnet.

Wie aus (6.103) ersichtlich, wirkt sich u_0 auch auf das wechselspannungsabhängige Glied nur als Faktor aus. Zur prinzipiellen Darstellung der Detektoreigenschaften genügt es deshalb, daß wir uns auf das Beispiel der quadratischen Nullpunktgleichrichtung hinfort beschränken.

Ausdrücklich sei darauf hingewiesen, daß die quadratische Nullpunktgleichrichtung eine Betriebsart ist, die jeder Detektordiode mit dem Strom-Spannungs-Zusammenhang nach (6.101) zugänglich ist. Schottky-Dioden, die als „Nullpunktdetektoren" (Zero-bias-Schottky-Diode, ZBS-diodes) speziell bezeichnet werden, sind technologische Varianten der „normalen" Schottky-Diode. Bei diesen Varianten wird durch niedrige Potentialwallhöhen in Abstimmung mit der Dotierungsstruktur versucht, niedriges Rauschen mit hoher Empfindlichkeit im Nullpunkt zu vereinen.

Für die Nullpunktgleichrichtung ergibt sich aus (6.103) mit $u_0 = 0$

$$I = \left(\frac{\alpha}{2}\right)^2 i_S\, V_j^2 = \frac{\alpha}{4}\, G_j\,(0)\, V_j^2 \quad \text{mit} \quad G_j\,(0) = \alpha\, i_S\,. \tag{6.104}$$

Dann erhält man aus (6.104) einen maximal möglichen Richtstrom I_0 im Kurzschlußfall

$$I_0 = \frac{\alpha}{4\,(R_j + R_S)}\, V_j^2 \quad \text{mit} \quad U_0 = I_0\, R_S \ll \alpha^{-1}\,. \tag{6.105}$$

Man kann nun die Stromempfindlichkeit I_0/P der Detektordiode ableiten, wenn man (6.105) auf die an den Diodenklemmen zur Verfügung stehende Eingangsleistung P nach (6.100) bezieht:

$$\frac{I_0}{P} = \beta_L = \frac{\alpha}{2}\, \frac{1}{\left(1 + \dfrac{R_S}{R_j}\right)\left(1 + \dfrac{R_S\, R_j\, \omega^2\, C_j^2}{1 + \dfrac{R_S}{R_j}}\right)}\,. \tag{6.106}$$

Der Vergleich von (6.106) mit (6.100) ergibt dann

$$\beta_L = \frac{\alpha}{2} \frac{1}{1 + \dfrac{R_S}{R_j}} \frac{P_j}{P} \approx 19,3 \frac{P_t}{P} .$$

(6.107)

Bei der Anwendung der Schottky-Diode als Detektor kann man annehmen, daß $R_S/R_j \ll 1$ ist. Dann ist für $f \ll f_c$ die Näherung in (6.107) gültig. Zwei Möglichkeiten bestehen, die Frequenzabhängigkeit von β zurückzudrängen: Daß R_S und C_j so klein als möglich gemacht werden. Das gilt auch für R_j unter der Einschränkung, daß $R_j \gg R_S$ bleibt. Nun setzt sich R_S bei kleinsten Flächen aus zwei Anteilen zusammen:

Einem Material- und Kontaktwiderstand R_K, der umgekehrt proportional der Fläche F ist, und einem Ausbreitungswiderstand r (spreading-resistance), der umgekehrt proportional zum Radius der Fläche F ist

$$R_K \sim \frac{1}{F} \sim R_j, \quad C_j \sim F, \quad R_S = R_K + r, r \sim F^{-1/2}.$$

(6.108)

Dann ergibt sich für das RC-Produkt in (6.106)

$$R_S R_j C_j^2 = R_K R_j C_j^2 + r R_j C_j^2 \sim F^{1/2} + \text{const.}$$

(6.109)

Die Optimalisierung der Stromempfindlichkeit einer Detektordiode besteht nach (6.109) aus zwei Aufgaben: Zunächst muß der Kontakt- und Materialwiderstand R_K klein gegenüber dem Ausbreitungswiderstand r gemacht werden. Dann kann durch eine Flächenverkleinerung die unterproportionale Flächenabhängigkeit des Ausbreitungswiderstandes r nach (6.108) zu einer relativen Verbesserung des RC-Produktes (6.109) ausgenutzt werden. Die Grenze der sinnvollen Flächenverkleinerung ist erreicht, wenn der aktive Kontakt elektrisch oder mechanisch durch die zur Verfügung stehende Technologie nicht mehr reproduzierbar beherrscht wird, oder das Impedanzniveau $R_j(0)$ zu groß geworden ist. In der Praxis wird man bei der Realisierung dieses Weges gezwungen, folgende technologische Probleme zu lösen:

Dünnste Epitaxieschichten im Bereich unter 0,5 µm, um den Materialwiderstand abzusenken und an den Ausbreitungswiderstand „heranzukommen". Kleinste aktive Flächen der Schottky-Metallisierung im Bereich von 10^{-6} bis 10^{-8} cm², um die spezielle Radiusabhängigkeit des Ausbreitungswiderstandes auszunutzen. Kontaktierung der aktiven Flächengeometrie durch Spezialverfahren (Abschn. 6.5), um Streureaktanzen, insbesondere Parallelkapazitäten zu C_j zurückzudrängen.

Die Stromempfindlichkeit β_L wurde nach (6.106) auf den Kurzschlußstrom bezogen. Der Eingangswiderstand R_A des Anzeigekreises muß dabei gegenüber der Videoimpedanz R_d des Detektors sehr niedrig sein. Das war bei Galvanometerkreisen relativ leicht erfüllbar. Bei den heute üblichen Videotransistoren ist diese Bedingung nicht mehr ohne weiteres gegeben (z. B. FET).

Der entgegengesetzte Grenzfall zum Kurzschlußbetrieb wäre die Auftrennung des Strompfades an den Videoklemmen der Detektordiode. Dazu greifen wir auf (6.103) zurück und setzen I = 0.

$$1 + \frac{\alpha^2}{4} V_j^2 = \exp\left(-\alpha\, u_0\right). \tag{6.110}$$

Die Wechselspannungsamplitude $|V_j|$ verursacht dann an den Videoklemmen eine Vorspannung $-u_0$, die in Sperrichtung der Diode gepolt ist. Man nennt jetzt u_0 nicht mehr Arbeitspunktspannung, sondern (offene) Klemmenspannung V_0. Die Entwicklung des Exponentialgliedes in (6.110) ergibt dann nach dem Schema von (6.102)

$$\frac{\alpha^2}{4} V_j^2 = -\alpha\, V_0. \tag{6.111}$$

Da V_0 eine gleichgerichtete Spannung repräsentiert, darf das lineare Glied der Reihe nicht wie in (6.103) eliminiert werden. Bei einer Kleinsignalaussteuerung V_j ist im Gegenteil der lineare Term $-\alpha\, V_0$ das bestimmende Glied, gegen das der quadratische Term vernachlässigt werden darf. Dann ergibt sich

$$V_0 = -\alpha \left(\frac{V_j}{2}\right)^2. \tag{6.112}$$

Aus (6.112) ist ersichtlich, daß auch die offene Klemmenspannung V_0 im Kleinsignalbereich eine leistungsproportionale und damit quadratische Gleichrichtung liefert.

Unter Verwendung von (6.97) ergibt sich dann aus (6.112)

$$\gamma_L = \frac{|V_0|}{P} = \frac{\alpha}{2} \frac{1}{G_j\,(1 + R_S\,G_j) + R_S\,\Omega^2}. \tag{6.113}$$

γ_L stellt eine Spannungsempfindlichkeit der Detektordiode im Sinne eines Konversionswirkungsgrades dar.

In der Anwendungstechnik ist es üblich, die Definition für β_L und γ_L im Kleinsignalbetrieb auch auf Arbeitspunkte außerhalb des Nullpunktes zu übertragen. In diesem Fall wird R_j eine Funktion von U_0.

Äquivalenter Rauschwiderstand am Videoausgang. Der äquivalente Rauschfaktor t_e wird nach (6.92) transformationsmäßig beherrscht vom Realteil der Klemmenimpedanz Z. Nach (6.93) gilt für Videofrequenzen

$$\mathrm{Re}\,(Z) = R \approx R_d = R_j + R_S. \tag{6.114}$$

Stellt man $R_d = R$ als Wirkwiderstand dar, so soll die thermische Rauschleistung entsprechend (6.80) sein

$$P_R = \frac{\overline{i_{th}^2}\, R\,(T_R)}{4} = k\,T_R\,\delta f. \tag{6.115}$$

Andererseits wird aus dem Inneren der Diode dem transformierten Klemmenwiderstand $R_d = R$ eine Rauschleistung P_v zur Verfügung gestellt, die folgende Bedingungen erfüllen soll:

a) Nach (6.81) muß der an R tatsächlich transformierte Rauschstrom $\overline{i_R^2}$ (Nyquist-, Schrot-, Funkelrauschen) am Klemmenwiderstand R mit der (wahren) Temperatur T_R die Leistung P_v erbringen. Diese Leistung kann auch dargestellt werden als äquivalentes Nyquist-Rauschen an R mit der (fiktiven) äquivalenten Rauschtemperatur $T_e = t_e \cdot T_R$:

$$P_v = \frac{\overline{i_R^2}\, R\,(T_R)}{4} = t_e\, k\, T_R\, \delta f = k\, T_e\, \delta f\,. \qquad (6.116)$$

b) Die gleiche Leistung P_v soll an R verfügbar sein, wenn ein P_v äquivalenter Nyquist-Rauschstrom i_{th} auf einen (fiktiven) äquivalenten Rauschwiderstand R_{ed} der (wahren) Temperatur T_R arbeitet.

$$P_v = \frac{\overline{i_R^2}\, R_{ed}\,(T_R)}{4} = t_e\, k\, T_R\, \delta f = k\, T_e\, \delta f\,. \qquad (6.117)$$

c) Die gleiche Leistung P_v soll an R verfügbar sein, wenn ein P_v äquivalenter Rauschstrom i_{th} auf den Wirkwiderstand R mit der äquivalenten Rauschtemperatur $T_e = t_e \cdot T_R$ arbeitet.

$$P_v = \frac{\overline{i_{th}^2}\, R\,(T_e)}{4} = t_e\, k\, T_R\, \delta f\,. \qquad (6.118)$$

Dann ergibt sich aus (6.117) und (6.118)

$$R_{ed}\,(T_R) = R\,(T_e)\,. \qquad (6.119)$$

Im Rauschersatzschaltbild ist der (fiktive) äquivalente Rauschwiderstand R_{ed} der „Normaltemperatur" T_R austauschbar mit dem (wahren) Rauschwiderstand R der (fiktiven) äquivalenten Rauschtemperatur T_e. Mit (6.115) und (6.118) ergibt sich

$$t_e = \frac{R\,(T_e)}{R\,(T_R)}\,. \qquad (6.120)$$

Aus (6.119) und (6.120)

$$R_{ed}\,(T_R) = t_e\, R\,(T_R)\,. \qquad (6.121)$$

Nach (6.119) und (6.121) ist der äquivalente Rauschfaktor t_e die Proportionalitätskonstante einerseits zwischen (fiktiven) äquivalenten und (wahren) Rauschwiderständen, andererseits zwischen (fiktiven) äquivalenten und (wahren) Rauschtemperaturen. Nach (6.121) ist R_{ed} derjenige äquivalente Widerstand, der die effektiv zur Verfügung stehende Rauschleistung P_v am transformierten Rauschwiderstand R bei der Temperatur $T = T_R$ als äquivalentes thermisches Rauschen wiedergibt. Aus (6.121) und (6.116) ergibt sich

$$R_{ed} = t_e\, R = \frac{P_v\, R}{k\, T_R\, \delta f}\,, \qquad T = T_R\,. \qquad (6.122)$$

(6.90) eingesetzt in (6.122) ergibt mit $R = R_d = R_j + R_S$ für $T_j = T_R$

$$R_{ed} = t_e\, R = t_{ej}\, R_j + R_S\,. \qquad (6.123)$$

192

Aus (6.82) ist ersichtlich, daß der theoretisch niedrigste Wert von $t_{ej} = 1/2$ in der Nähe des Nullpunktes bei kleinsten Flußströmen liegt. Dann ergibt sich aus (6.123) und (6.114) als minimaler äquivalenter Rauschwiderstand mit $t_{ej} = 1/2$

$$R_{ed} = t_e\, R = \frac{R_j}{2} + R_S = \frac{1}{2}\, \frac{G_j}{G_j^2 + \Omega^2} + R_S\,. \qquad (6.124)$$

Aus (6.124) ist zu erkennen, daß Schottky-Detektoren den Vorzug besitzen, daß der äquivalente Rauschwiderstand R_{ed} kleiner als die Videoimpedanz $R = R_d \approx R_j$ sein kann, wenn $R_j \gg R_S$ ist. Die Praxis zeigt, daß bei tiefen Frequenzen Rauschfaktoren um $t_{ej} = 0{,}6$ erreichbar sind [6.32].

Signal-Rausch-Verhältnis. Mit Hilfe der in (6.106) und (6.113) dargestellten Strom- bzw. Spannungsempfindlichkeit β_L, γ_L kann eine einfache Definition des Signal-Rausch-Verhältnisses eines Videodetektors abgeleitet werden. Wird an die Diodenklemmen ein nicht näher definierter Videoverstärker der Spannungsverstärkung g_v angeschlossen, ergibt sich im Fall der Stromeinprägung die Verstärkerausgangsspannung

$$V_v = g_v\, \beta_L\, P\, R_d = g_v\, V_\alpha\,, \qquad (6.125)$$

$$R_d = R_j + R_S, \qquad R_S \ll R_j, \qquad V_\alpha = \beta_L\, P\, R_d$$

und im Fall der Spannungseinprägung

$$V_v = g_v\, \gamma_L\, P. \qquad (6.126)$$

Der Signalspannung V_v muß in beiden Fällen die verstärkte mittlere Rauschstörspannung V_{th} am Verstärkerausgang als Effektivwert zum Vergleich entgegengesetzt werden

$$V_{th} = (\overline{V_{th}^2})^{1/2} = g_v\, [4\, k\, T\, B\, (R_{ed} + R_{ea})]^{1/2}\,. \qquad (6.127)$$

B ist die effektive Rauschbandbreite des Verstärkers, R_{ed} der in (6.122) definierte äquivalente Rauschwiderstand der Diode. Das Rauschen des Videoverstärkers wird durch einen entsprechenden, auf den Verstärkereingang zurücktransformierten äquivalenten Rauschwiderstand R_{ea} dargestellt. Vergleicht man den Signalpegel (6.125) mit dem Störspannungspegel (6.127), ergibt sich für die Stromeinprägung ein Signal-Rausch-Verhältnis von

$$\left[\frac{S}{N}\right]_i = \frac{V_v}{V_{th}} = \frac{\beta_L\, P\, R_d}{[4\, k\, T\, B\, (R_{ed} + R_{ea})]^{1/2}} \qquad (6.128)$$

und für die Spannungseinprägung

$$\left[\frac{S}{N}\right]_u = \frac{V_v}{V_{th}} = \frac{\gamma_L\, P}{[4\, k\, T\, B\, (R_{ed} + R_{ea})]^{1/2}} \quad \text{mit} \quad R_{ed} = t_e\, R_d,\ R_{ea} = t_{ea}\, R_a\,. \quad (6.129)$$

Das Signal-Rausch-Verhältnis wird also bestimmt von den nach Bild 6.27 in den Videokreis transformierten äquivalenten Rauschwiderständen, sowohl von der Detektorseite als der Verstärkerseite.

Tangentiale Empfindlichkeit. Die heute am häufigsten verwendete Form der Nachweisempfindlichkeit von Detektoranordnungen ist die tangentiale Empfindlichkeit (tangential sensitivity, TS). Sie nimmt Bezug auf die bei RF-Anpassung zur Verfügung stehende Eingangsleistung P gemäß (6.94). Man definiert dann ein puls-amplituden-moduliertes RF-Signal als nachweisbar, wenn die höchsten Amplituden des Rauschsignals pegelgleich sind mit den niedrigsten Amplituden des Nutzsignals (Bild 6.25). Das entspricht einem Signal-Rausch-Verhältnis $2,5:1$ entsprechend etwa 4 dB über der Rauschleistung am Ausgang des Videoverstärkers.

Zur Ableitung der tangentialen Empfindlichkeit ist die Kenntnis der am Verstärkereingang vorhandenen Rauscheinströmung notwendig. Wir nehmen das Schaltbild (Bild 6.25) mit $R_L \gg R_d$ als gegeben an. Als Rauschersatzschaltbild verwenden wir Bild 6.26. Dann ist der Rauschbeitrag des Videoverstärkers selbst

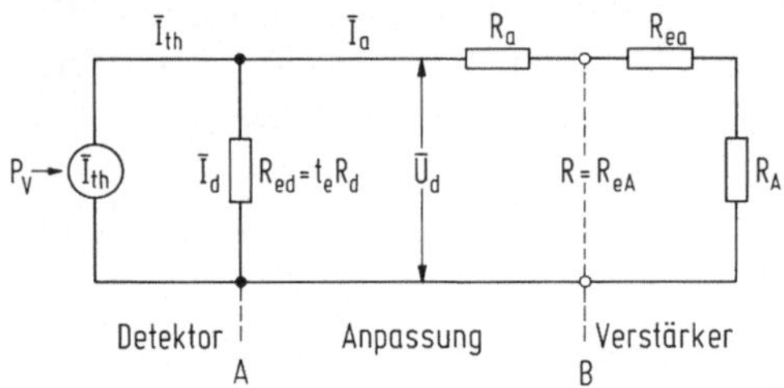

Bild 6.26. Rauschersatzschaltbild der Detektoranordnung zur Definition der tangentialen Empfindlichkeit; mit den Rauscheinströmungen: $\bar{I}=(\overline{i^2})^{1/2}$; $\bar{U}=(\overline{u^2})^{1/2}$ und der Rauschanpassung: $R_a=R_{ea}$; $R_{ed}=R_A$; $R=R_{eA}=R_a+R_{ed}$

darstellbar durch einen vom Verstärkerausgang auf den Verstärkereingang zurücktransformierten äquivalenten Rauschwiderstand R_{ea}. R_{ea} ist meßtechnisch gesehen derjenige Widerstand $R_a=R_{ea}$, der am Eingang des Videoverstärkers nach Bild 6.25 die angezeigte Rauschleistung verdoppelt [6.33]. Er liegt für exzeßstromfreie Verstärker fast unabhängig vom speziellen Typ zwischen $R_a=$ 400 und 1300 Ω. Vielfach wird heute bei besten Videoverstärkern von einem $R_a \approx 500$ Ω ausgegangen. Um die Rauscheinströmung $\bar{I}_a$ zum Verstärkereingang in der Ebene B von Bild 6.26 zu erhalten, muß der Stromteiler in der Ebene A bestimmt werden. Die Detektordiode wirkt dabei als Rauschstromgenerator mit dem Effektivwert $\bar{I}_{th}$ und dem Generatorinnenwiderstand $R_{ed}=t_e R_d$. Mit der Definition

$$\bar{I}=(\overline{i^2})^{1/2}, \qquad \bar{U}=(\overline{u^2})^{1/2} \tag{6.130}$$

ergibt sich aus Bild 6.26

$$\bar{I}_d+\bar{I}_a=\bar{I}_{th}, \qquad \bar{I}_d=\frac{\bar{U}}{R_{ed}}, \qquad \bar{I}_a=\frac{\bar{U}_d}{R_a+R_{ed}}. \tag{6.131}$$

Wenn in der Ebene B eine Rauschanpassung $R=R_{eA}=R_a+R_{ed}$ existiert, ergibt sich aus (6.131) mit $\bar{I}_a^2 R_{eA}=kTB$

$$\bar{I}_a^2=\left(\frac{\bar{I}_{th}}{2}\right)^2\frac{R_{ed}^2}{(R_a+R_{ed})^2}=\frac{kTB}{R_a+R_{ed}}. \tag{6.132}$$

Aus dieser Rauscheinströmung auf den Verstärkereingang (Ebene B) resultiert eine äquivalente Rauschstromtransformation der Widerstände zum Verstärkereingang von

$$\overline{I}_{th}^2 = \frac{4\,k\,T\,B}{R_{ed}}\left(1 + \frac{R_a}{R_{ed}}\right) \approx \frac{4\,k\,T\,B}{R_d}\left(1 + \frac{R_a}{R_d}\right)$$

(6.133)

mit $R_{ed} = t_e\,R_d \approx R_d,\quad R_d = R_j + R_S$.

Im Mikrowellenbereich tendiert t_e bei exzeßstromfreien Dioden gegen 1, dann gilt die Näherung in (6.133). Man sieht, daß mit sinkendem äquivalenten Diodenrauschwiderstand R_{ed} die Rauschströmung am Verstärkerausgang zunimmt. Eine Vorspannung in Flußrichtung, die nach (6.103) und (6.114) zu niedrigeren R_d-Werten (6.107) führt, kann also niemals das Rauschen verbessern, sondern höchstens die Signalempfindlichkeit steigern. Die Rauscheinströmung $\overline{I}_{th}$ zum Videoverstärker nach (6.133) kann nun in Relation gesetzt werden zur Stromempfindlichkeit β_L nach (6.107).

Als tangentiale Empfindlichkeit TS wird diejenige RF-Eingangsleistung P_{TS} definiert, mit der am Videoverstärker der Detektorstrom I_0 um den Faktor $2{,}5:1$ über der Rauscheinströmung $\overline{I}_{th}$ liegt (Bild 6.25)

$$TS = P_{TS} \quad \text{für} \quad I_0 = 2{,}5\,\overline{I}_{th} ,$$

(6.134)

so daß mit (6.106) folgt

$$P_{TS} = 2{,}5\,\frac{\overline{I}_{th}}{\beta_L} = \frac{5\,\overline{I}_{th}}{\alpha}\left(1 + \frac{R_S}{R_j}\right)\left[1 + \left(\frac{f}{f_c}\right)^2\right].$$

(6.135)

Führt man die Rauscheinströmung $\overline{I}_{th}$ nach (6.133) in (6.135) ein, ergibt sich

$$P_{TS} = \frac{5}{\alpha}\,(4\,k\,T)^{1/2}\,\frac{(R_d + R_a)^{1/2}}{R_j}\left[1 + \left(\frac{f}{f_c}\right)^2\right]B^{1/2}.$$

(6.136)

Nun logarithmiert man (6.136) und wählt als Bezugspunkt der tangentialen Empfindlichkeit den RF-Eingangspegel $P_0 = 0$ dBm (1 mW an $R = 50\ \Omega$).
Dann stellt sich (6.136) dar als

$$[TS]_{dBm} = 10\lg\left[\frac{5}{\alpha}\,(4\,k\,T)^{1/2}\right] + \qquad\qquad [TS]_0$$

$$10\lg\left[\frac{(R_d + R_a)^{1/2}}{R_j}\right] + \qquad\qquad [TS]_R$$

$$10\lg\left[1 + \left(\frac{f}{f_c}\right)^2\right] + \qquad\qquad [TS]_\omega$$

$$10\lg\left[B^{1/2}\right] \qquad\qquad\qquad\qquad [TS]_B$$

$$[TS]_{dBm} = [TS]_0 + [TS]_R + [TS]_\omega + [TS]_B .$$

(6.137)

Es ist unschwer zu erkennen, daß der erste Term $[TS]_0$ die tangentiale Empfindlichkeit aufgrund physikalischer Parameter beschreibt. Der zweite Term $[TS]_R$ berücksichtigt die Variation durch das Anpassungsnetzwerk zu beiden Seiten der Detektordiode. Der dritte Term $[TS]_\omega$ repräsentiert die frequenzabhängigen Transformationseigenschaften der Detektordiode. Der vierte Term $[TS]_B$ stellt die Verschlechterung der Empfindlichkeit mit wachsender Rauschbandbreite des Videoverstärkers dar.

Der erste Term ist für eine bestimmte Temperatur und eine bestimmte Detektordiode als Konstante fixiert. Man erkennt, daß sich TS von einer Grundempfindlichkeit für $P = 1\,\text{mW}$ durch Anpassungsprobleme und zusätzliche Rauschquellen im Videokreis, durch frequenzabhängige Leistungsteilung im RF-Kreis und durch zunehmende Rauschbandbreite zu größeren Werten hin verschlechtert.

6.6.2 Empfangsmischer

Ein Empfangsmischer ist ein Frequenzumsetzer spezieller Art. Ein schwaches Eingangssignal f_S wird an einem nichtlinearen Wirkwiderstand in Wechselwirkung gebracht mit einem stärkeren, frequenzstabilen Hilfsträger f_0, der vom Mischeroszillator (LO – local oszillator) geliefert wird.

Frequenzspektrum. Am nichtlinearen Widerstand des Mischers werden aufgrund des Superpositionsprinzips durch additive Überlagerung zahlreiche neue Frequenzen aus den fundamentalen Schwingungen f_0 und f_S erzeugt (Bild 6.27). Zunächst wirkt der nichtlineare Widerstand der Diode als Frequenzverviel-

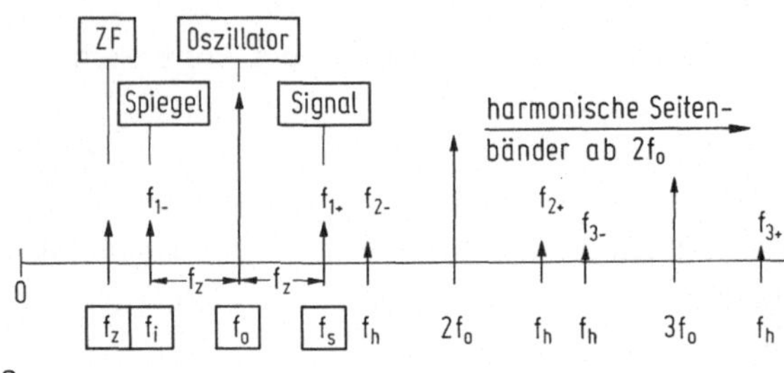

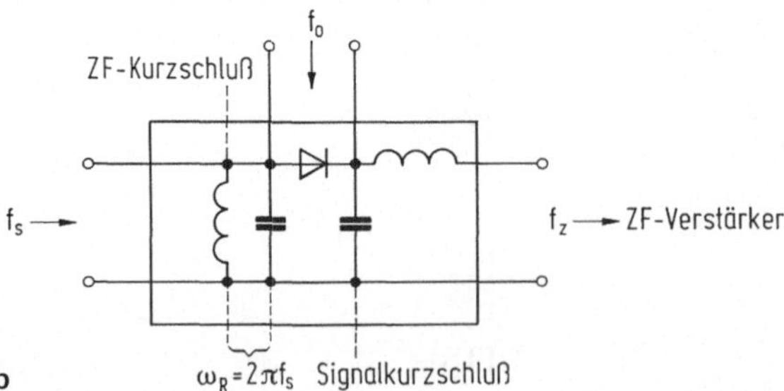

Bild 6.27. a) Frequenzspektrum eines Kleinsignalmischers, **b)** Anschlußnetzwerk eines Mischers (schematisch)

facher gegenüber der Fundamentalschwingung f_0 des Oszillators. Man nennt dieses Spektrum nf_0 die f_0-Harmonischen. Bei den heute üblichen Mischerdioden liegt der Oszillatorpegel am dynamischen Widerstand R_d im mW-Bereich. Deshalb ist es meist statthaft, die Harmonischen nf_S der Signalfrequenz f_S zu vernachlässigen. Man hat also nur die Überlagerungen von f_S mit nf_0 $(n = 1, 2)$ zu betrachten. Dargestellt sei eine der beiden möglichen Frequenzverhältnisse: $f_S > f_0$. Dann wird die Zwischenfrequenz f_Z definiert als

$$f_Z = f_S - f_0 \, . \tag{6.138}$$

Sie ist die Differenz von Signal- und Oszillatorfrequenz und repräsentiert das verwertbare Endprodukt des Überlagerungsvorganges. Unter der Voraussetzung, daß Überlagerungen aus den „schwachen" Signalkomponenten f_S mit f_Z vernachlässigbar kleine Pegel ergeben, erhält man folgendes Frequenzspektrum (Bild 6.27)

$$\begin{aligned}
f_S &= f_0 + f_Z & &\text{Signalfrequenz } f_{1+} \, , \\
f_0 &= f_S - f_Z & &\text{Oszillatorfrequenz,} \\
f_Z &= f_S - f_0 & &\text{Zwischenfrequenz,} \\
f_i &= f_0 - f_Z = 2\,f_0 - f_S & &\text{Spiegelfrequenz} = f_{1-} \, , \\
f_h &= nf_0 \pm f_Z & &\text{harmonische Seitenbänder.}
\end{aligned} \tag{6.139}$$

Der Kleinsignalmischer basiert auf der Verwertung der drei erstgenannten Frequenzen. Die Spiegelfrequenz ist außer der Signalfrequenz das wichtigste harmonische Seitenband, das bei einem Diodenmischer mit in die Netzwerkbetrachtung einbezogen wird.

Die zuletzt erwähnten höheren harmonischen Seitenbänder treten als unvermeidbare Störungen beim Mischer auf, die Mischverlust und Rauschbetrachtungen komplizieren. Man nennt sie deshalb auch die parasitären Linien. Man beachte, daß Signal- und Spiegelfrequenz die fundamentalen parasitären Linien eines Mischers sind.

Eine Faustregel [6.33] besagt, daß der Konversionsverlust der höheren harmonischen Seitenbänder der Oszillatorharmonischen nf_0, mit $(L_M)^{-n}$ zunimmt. Wobei L_M der Konversionsverlust der ersten Mischerharmonischen, d. h. des Signales ist. Das erklärt, warum die Spiegelfrequenz beim Mischer eine dominierende Rolle bezüglich des harmonischen Abschlusses spielt, und andererseits Linien $n > 2$ meist vernachlässigbar sind. Die Spiegelfrequenz f_i hat noch eine andere Besonderheit: Sie ist eine Überlagerung aus der Oszillatorfundamentalen und Zwischenfrequenz einerseits und aus der ersten Harmonischen des Oszillators und der Signalfrequenz andererseits. Der Spiegelfrequenzabschluß wirkt deshalb nicht nur reflektiv, sondern auch über die relativen Phasenbeziehungen des zusammengesetzten Spiegelfrequenzsignals auf Ein- und Ausgang des Mischers zurück.

Aus ähnlichen Gründen ist bei der praktischen Ausführung von Mischern der Oszillator meist schwach an die Mischerdiode angekoppelt (Bild 6.28). Der Oszillator selbst (nicht das Einkopplungsnetzwerk) arbeitet deshalb rückwirkungsfrei. Nur dann, wenn die Oszillatorfrequenz stabil ist, kann die lineare Netzwerktheorie auf einen Mischer angewendet werden [6.3].

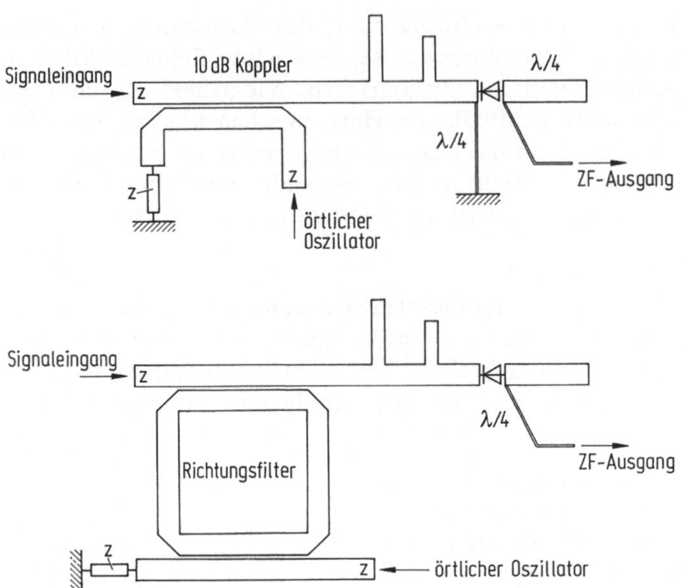

Bild 6.28. Eintaktmischer in MIC-Technik nach Vogel [6.47]; **a)** lokaler Oszillator, angekoppelt über Breitbandrichtkoppler; geeignet für niedrige ZF (Tendenz zur Schmalbandlösung), **b)** lokaler Oszillator, angekoppelt über schmalbandiges Richtungsfilter; geeignet für große ZF-Bandbreiten und hohe Signalfrequenzen (Tendenz zur Breitbandlösung)

Aus ihr ergeben sich die vier wichtigsten Kenngrößen für den Mischer:

Konversionsverlust L_M,

Mischer-Rauschzahl NF,

optimale Quellenkonduktanz g des nichtlinearen Widerstandes für minimales L_M,

optimale Spiegelfrequenzabschlüsse für minimales L_M und N_F.

Beim Spiegelfrequenzabschluß werden [6.33, 6.34] drei Möglichkeiten unterschieden:

konjugiert komplexe Anpassung zur Signalseite,

offener Spiegelfrequenzabschluß,

kurzgeschlossener Spiegelfrequenzabschluß.

Die dem Gesamtgebilde „Mischer" zugeordneten Kennwerte, insbesondere Konversionsverlust und Rauschzahl, sind „effektive" Werte, die sich aus den Diodeneigenschaften und der „Schaltungsumgebung" im Mischer zusammensetzen. Diese effektiven Werte müssen nun zurückgeführt werden auf Eigenschaften, die der Mischerdiode selbst zuzuordnen sind.

Rauschzahl. Der aus der Spezialliteratur über Mischer, z. B. [6.33, 6.34] wohlbekannte Ausdruck für die Rauschzahl eines Kleinsignalmischers mit nachfolgendem ZF-Verstärker lautet

$$N_F = 10 \lg L_M [F_{IF} + t_M - 1]. \tag{6.140}$$

Dabei ist unter Einschluß der Diode:

t_M der effektive äquivalente Rauschfaktor des Mischers,

L_M der effektive Konversionsverlust des Mischers,

F_{IF} die Rauschzahl des ZF-Verstärkers.

Konversionsverlust. Der Konversionsverlust L_M ist der Quotient der am RF-Eingang zur Verfügung gestellten RF-Leistung zu der am ZF-Ausgang zur Verfügung stehenden ZF-Leistung.

L_M setzt sich aus drei Anteilen zusammen [6.35]:

$$[L]_{dB} = [L_1] + [L_2] + [L_3].\tag{6.141}$$

a) L_1 stellt die Anpassungsverluste auf der RF- und ZF-Seite dar:

$$L_1 = 10\,\lg\left[\frac{(S_1+1)^2}{4\,S_1}\right] + 10\,\lg\left[\frac{(S_2+1)^2}{4\,S_2}\right],\tag{6.142}$$

wobei S_1 das Stehwellenverhältnis am RF-Eingang und S_2 dasjenige am ZF-Eingang der Verstärker bedeutet. S_2 ist deshalb von Bedeutung, weil es abhängig ist von der Oszillatoranpassung.

b) L_2 stellt die Transformationsverluste aufgrund der Ersatzbildgrößen der Mischerdiode dar. Diese sind bei der Detektordiode (Abschn. 6.6.1) bereits ausführlich behandelt worden. Nach (6.100) ergibt sich

$$[L_2]_{dB} = 10\,\lg\left[\frac{P}{P_j}\right] = 10\,\lg\left[1 + \frac{R_S}{R_j} + R_S\,R_j\,C_j^2\,\omega^2\right].\tag{6.143}$$

Dabei ist R_j, R_S und C_j im Gegensatz zur Detektordiode nicht mehr gegeben durch den Arbeitspunkt der Diode. Sie sind vielmehr mittlere RF-Impedanzwerte, die durch die Oszillatoraussteuerung der Diode gegeben werden.

c) L_3 ist der eigentliche Konversionsverlust am nichtlinearen Widerstand. Dieser ist eine Funktion des Strom-Spannungs-Verlaufes am nichtlinearen Widerstand der Diode. L_3 ist also sowohl eine Funktion der Diodenkennlinie als auch des zeitlichen Strom-Spannungs-Verlaufes der Oszillatoramplitude.

Letzterer ist abhängig vom Abschluß der Spiegelfrequenz und den Anpassungen auf der Signal- und ZF-Seite [6.33]. Die weitläufigeren Formalismen führen zu einem einfachen Ergebnis [6.36].

Für einen offenen oder kurzgeschlossenen Abschluß der Spiegelfrequenz (z. B. bei einem Schmalbandmischer) ergibt sich theoretisch als minimaler Wert (X gleich Blindabschluß):

$$[L_3]_X = 0\ \text{dB}.\tag{6.144}$$

Bei einem idealen Mischer wird also bei reinem Blindstromfluß auf der Spiegelfrequenz die Signalleistung an der Diodenkennlinie verlustlos in die ZF-Ebene umgesetzt.

Für einen Breitbandmischer mit einer der Signalfrequenz entsprechenden Anpassung auf der Spiegelfrequenz, ergibt sich als minimaler Wert (R gleich reeller Abschluß):

$$[L_3]_R = 3\ \text{dB}.\tag{6.145}$$

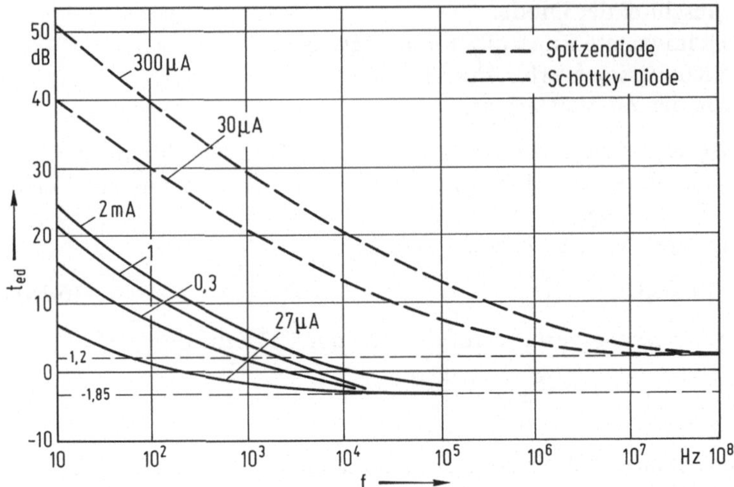

Bild 6.29. Typische äquivalente Rauschtemperaturen t_{ed} von Silizium-Spitzendioden und von Silizium-Schottky-Dioden. Nach Kaposhilin [6.35]. Die 1/f Rauschkomponenten nehmen mit steigender Frequenz ab, so daß über 10 MHz bei Spitzendioden und über 10 kHz bei Schottky-Dioden (stromabhängig) nur noch Nyquist- und Schrotrauschen vorhanden sind. Bei Schottky-Dioden werden Rauschtemperaturwerte $t_{ed} < 1$ erreicht

Beim idealen Mischer findet also bei reflexionsfreier Anpassung der Signal- und Spiegelfrequenz eine Leistungsteilung der ankommenden Signalleistung $1:1$ zwischen Spiegel- und ZF-Ebene statt.

Zusammenhang zwischen äquivalentem Rauschfaktor der Diode und des Mischers. Wie der Konversionsverlust L_M ist auch die Rauschzahl F_{ZF} zur Messung direkt zugänglich. Es bleibt also in (6.140) die Bestimmung des effektiven äquivalenten Rauschfaktors t_M. Es ist sicher, daß t_M auch mit dem äquivalenten Rauschfaktor t_{ed} (siehe Bild 6.29) der Diode nach (6.92) zusammenhängen muß. Auch die Konversionsverluste im Frequenzumsetzer selbst werden Einfluß auf die Rauschtemperatur des Mischers nehmen, da eine Absenkung der verfügbaren

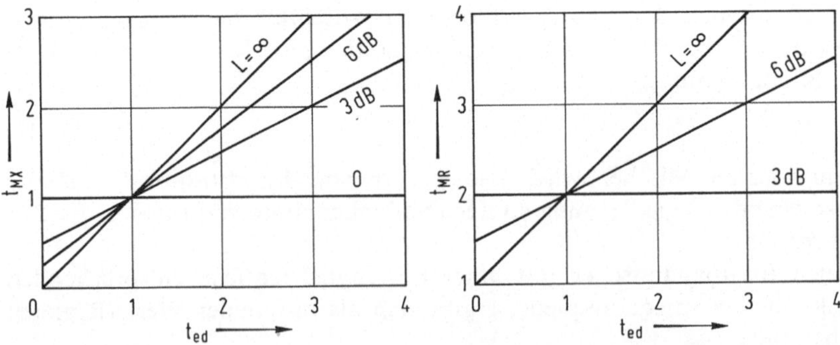

Bild 6.30. Zusammenhang zwischen der äquivalenten Rauschtemperatur der Mischerdiode t_M und der äquivalenten Rauschtemperatur des Mischers t_{ed} [6.37]

Signalleistung eine Annäherung des Signalpegels an die nachfolgenden Rauschquellen in sich birgt. Auch die Spiegelfrequenzverluste spielen eine Rolle.

Nach Pritchard [6.37] wird t_M im Fall des offenen oder kurzgeschlossenen Spiegelfrequenzabschlusses bestimmt durch (Bild 6.30 links):

$$t_{MX} = \frac{1}{L_M} \left[t_{ed} (L_M - 1) + 1 \right]. \tag{6.146}$$

Im Fall des angepaßten Spiegelfrequenzabschlusses ergibt sich (Bild 6.30 rechts):

$$t_{MR} = \frac{2}{L_M} \left[t_{ed} \left(\frac{L_M}{2} - 1 \right) + 1 \right]. \tag{6.147}$$

Mit (6.146) und (6.147) ist das äquivalente Rauschverhalten eines Mischers unter den beschriebenen Anpassungsverhältnissen zurückgeführt auf das äquivalente Rauschverhalten der Mischerdiode.

Bewußt wurde in diesem Abschnitt das integrierte Gesamtverhalten der Schottky-Diode in einem Empfangsumsetzer zusammen mit der Schaltungsumgebung geschildert. Dabei konnte gezeigt werden, daß das physikalische Verhalten der Schottky-Diode über Transformationen direkt in das Verhalten des Mischers übergeht.

Literatur zu Kapitel 6

6.1. Schottky, W.: Z. Phys. 113 (1939) 367; Z. Phys. 118 (1942) 539
Schottky, W.; Spenke, E.: Wiss. Veröff. a. d. Siemens-Werken 18 (1939) 225
6.2. Bardeen, J.: Phys. Rev. 71 (1947) 717
6.3. Cowley, A. M.; Sze, S. M.: J. Appl. Phys. 36 (1961) 3212
6.4. Mead, C. A.; Spitzer, W. G.: Phys. Rev. 134 (1964) A 713
6.5. Crowell, C. R.; Sze, S. M.; Spitzer, W. G.: J. Appl. Phys. 4 (1964) 91
6.6. MacFarlane, G. G.; Melean, T. P.; Quarrington, J. E.; Roberts, V.: Phys. Rev. 108 (1957) 1377
6.7. Allen, F. G.: J. Phys. Chem. Solids 8 (1959) 119
6.8. Bethe, H. A.: MIT Rad. Lab. Rep. 43/12 (1942)
6.9. Sommerfeld, A.: Thermodynamik und Statistik. Wiesbaden: Dietrichsche Verlagsbuchh. 1952
6.10. Barrington, A. E.: High Vacuum Engineering. Englewood Cliffs, N.Y.: Prentice Hall 1963
6.11. Dushman, S.: Rev. Mod. Phys. 2 (1930) 381
6.12. Aigrain, P.; Balkinski, M.: Selected Constants relative to Semiconductors. New York Paris, London: Pergamon Press 1961
6.13. Spenke, E.: Elektronische Halbleiter. Berlin, Göttingen, Heidelberg: Springer 1956 (2. Aufl. 1965)
6.14. Spenke, E.: Z. Phys. 126 (1949) 67
6.15. Schein, L. B.: University of Illinois Urbana, US-Government Rep. R-495, UILU-Eng 70-240 (1970)
6.16. Sze, S. M.; Moll, J. L.; Sugano, T.: Solid State Electron 7 (1964) 509
6.17. Crowell, C. R.; Sze, S. M.: Solid State Electron. 8 (1965) 673
6.18. MacColl, L. A.: Bell Syst. Tech. J. 30 (1951) 888
6.19. Crowell, C. R.; Sze, S. M.: J. Appl. Phys. 7 (1966) 2683
6.20. Büchs, J. D.: Frequenz 26 (1972) 218
6.21. Guggenbühl, W.: Diss. 2515 ETH Zürich 1955

6.22. Sze, S. M.: Physics of Semiconductor Devices. New York: Wiley 1969
6.23. Nicoll, G. R.: Proc. IEE 101 (1954) 317
6.24. Hennings, K. E.; Meyer, H.: NTZ 10 (1968) 611
6.25. Stiles, P. J.; d'Heurle, F.: IBM Tech. Discl. Bull. 11 (1968) 20
6.26. Zschauer, K. H.: Z. Naturforsch. 19 a (1964) 5
6.27. Eger, H.: Private Mitteilung
6.28. Wortmann, A.: Mikrowellen J. 3 (1975) 85
6.29. Bernues, F., et al.: Microwaves 3 (1976) 46
6.30. Zschauer, K. H.: Siemens Laborber. FL 41 Nr. 4-005 (1970)
6.31. Susumu, K.; Hideki, K.; Hiroyuki, I.: NEC Res. Dev. 34 (1974) 62
6.32. Cowley, A. M.; Zettler, R. A.: IEEE Trans. ED-15 (1968) 761
6.33. Torrey, H. C.; Whitmer, C. A.: Crystal Rectifiers. New York: McGraw-Hill 1948
6.34. Pound, R. V.; Durand, E.: Microwave Mixers. New York: McGraw-Hill 1948
6.35. Kaposhilin, G. N.: Electron. Des. 15 (1966) 178
6.36. Barber, M. R.: IEEE Trans. MTT-15 (1967) 629
6.37. Pritchard, W. L.: IRE Trans. MTT-3 (1955) 37
6.38. Lepselter, M. P.; Andrews, J. M.: Fall Meeting, Electrochem. Soc. 1968
6.39. Archer, R. J.; Atalla, M. M.: American Acad. Sci. N.Y. 101 (1963) 697
6.40. Crowell, C. R.; Shore, H. B.; La Bate, E. E.: J. Appl. Phys. 36 (1965) 3843
6.41. Fomenko, V. S.: Handbook of Thermionic Properties. New York: Plenum Press Data Dir. 1966
6.42. Crowell, C. R.: Solid State Electron. 8 (1965) 395
6.43. Crowell, C. R.; Sze, S. M.: Solid State Electron 9 (1966) 1035
6.44. Andrews, J. M.; Lepselter, M. P.: Solid State Electron. 13 (1970) 1011
6.45. Esaki, L.; d'Heurle, F.: IBM Tech. Discl. Bull. 11 (1968) 19
6.46. Scafé, G.: 4. European Microwave Conf. 1974, Session A 2.1
6.47. Vogel, K.: Private Mitteilung

7 Zener- und Lawinen-Diode (Z-Diode)

7.1 Einführung

Bei den bisher behandelten Dioden sind Durchbruchsphänomene im Halbleiter nur als Störung der beabsichtigten physikalischen Wirkung in Erscheinung getreten. In der Familie der majoritätsträgerbestimmten Bauelemente treten jedoch auch Diodenstrukturen auf, die Durchbruchsmechanismen voraussetzen, z. B. Zener-, Lawinen-, IMPATT-, Tunnel-Diode (Bild 1.1).

In diesem Kapitel soll in erster Linie der Einsatzbegriff „Zener-Diode", hinfort Z-Diode genannt, behandelt werden. Das heißt, inwieweit Feldemission- und/oder Lawinenmultiplikations-Vorgänge in der Lage sind, als Grundlage für die spannungsstabilisierende Wirkung der Z-Dioden zu dienen.

7.2 Gleichstromverhalten

Die ideale I-U-Kennlinie einer Z-Diode zur Spannungsstabilisierung sollte aus einem waagerecht verlaufenden Stromast abrupt in einen senkrechten „umkippen". Dieses Idealbild wird in der Praxis nur angenähert. Bild 7.1 zeigt charakteristische Durchbruchskennlinien von Z-Dioden unterschiedlicher Sperrspannung. Man nennt den verrundeten Teil der Durchbruchskennlinie den „Knie"-Bereich der Z-Diode. Bei einer Z-Diode sollte der normale Arbeitspunkt oberhalb des Kniespannungsbereiches liegen. Letzterer ist wegen seines verschliffenen Übergangsverhaltens für Regelaufgaben ungeeignet und liegt in einem Strombereich, der von dem Zustand der Oberfläche stark beeinflußt werden kann.

Man nennt den Arbeitspunkt, der vom Hersteller der Z-Diode empfohlen wird, Zener-Spannung U_Z und Zener-Strom I_Z. Je nach Verlustleistung und U_Z-Bereich der Type kann I_Z zwischen 1 mA und über 1 A liegen. Die meisten Anwendungen umfassen Z-Typen mit Verlustleistungen zwischen 100 mW und 100 W. Der Regelbereich der Z-Diode wird nach oben begrenzt durch einen maximal zulässigen Arbeitsstrom; nach unten durch den Kniespannungsbereich.

Wird die Durchbruchskennlinie Punkt für Punkt im thermischen Gleichgewicht vermessen, so nennt man

$$R_D = \left[\frac{dU}{dI}\right]_{U=U_Z} \tag{7.1}$$

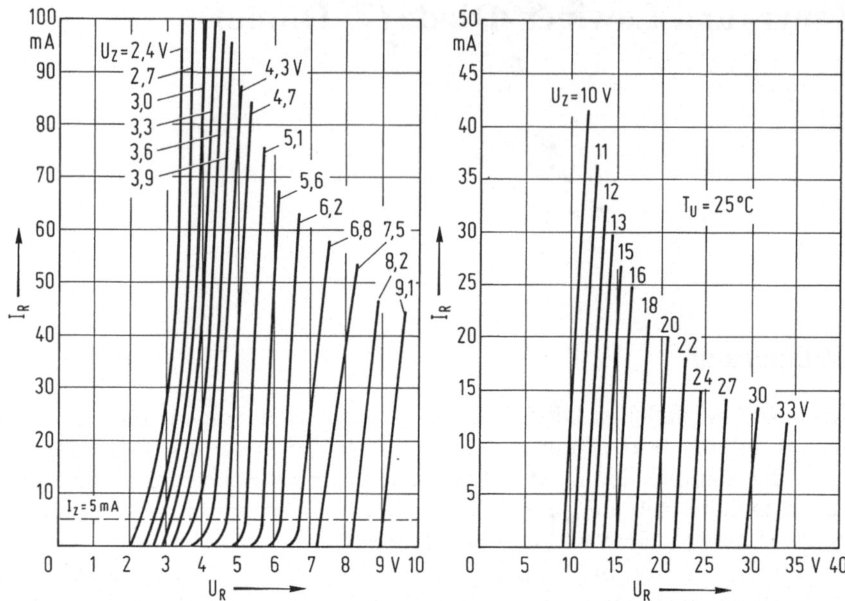

Bild 7.1. Strom-Spannungs-Kennlinien von Z-Dioden unterschiedlicher Nenndurchbruchspannungen U_Z, $T_U = 25\,°C$ [7.11]; Diodentyp: BZX 97

den statischen differentiellen Zener-Widerstand der Z-Diode im Arbeitspunkt. Die Z-Diode erhitzt sich dabei auf eine Sperrschichttemperatur, die gegeben ist durch die dissipierte Gleichstromleistung und den thermischen Ableitwiderstand R_H der Diode zur Wärmesenke.

7.3 Durchbruchsmechanismen

Vorausgesetzt sei, daß sich die Kennlinienverläufe unter Elimination reiner Oberflächeneffekte reproduzieren lassen. Dann kann aus Bild 7.1 geschlossen werden, daß der Volumendurchbruch nach Z-Spannung unterschiedlich abläuft, also von der Dotierung des Halbleiters abhängig ist.

Zur Erklärung des Sperrspannungsdurchbruchs stehen zwei physikalische Mechanismen zur Verfügung: Lawinenmultiplikation (Stoßionisation) und Feldemission (Tunneleffekt) von beweglichen Ladungsträgern. Transportvorgänge (Ionen, Materialwanderung) seien aufgrund der reversiblen Eigenschaften der hier behandelten Durchbruchsphänomene ausgeschlossen.

7.4 Stoßionisation (Lawinendiode)

7.4.1 Lawinendurchbruch

Der Lawinendurchbruch ist gekennzeichnet durch eine Trägervervielfachung aufgrund der Stoßionisation beweglicher Ladungsträger im starken Feld des sperrenden pn-Überganges. Das elektrische Feld sei so hoch, daß zumindest in einem Teil der Sperrschichtweite w Stoßionisation stattfinde. Der Ort sei x. Der dort bereits vorhandene Elektronenstrom sei i_n; der Löcherstrom i_p. Der differentielle Zuwachs des Elektronen- und Löcherstromes ist über die „Paarerzeugung" gekoppelt. Die Kopplungsfaktoren sind gegeben durch die Ionisationskoeffizienten α_n und α_p der Elektronen und Löcher. Dann ergibt sich über die Wegstrecke dx ein differentieller Stromzuwachs von

$$di_n = \alpha_n\, i_n\, dx + \alpha_p\, i_p\, dx,$$

$$di_p = \alpha_p\, i_p\, dx + \alpha_n\, i_n\, dx, \tag{7.2}$$

$$i = i_n + i_p.$$

Die Lösungen von (7.2) stellen sich dar als Ionisationsintegrale der Elektronen und Löcher, die über die Weite w der Sperrschicht zu integrieren sind [7.1]

$$\int_0^w \alpha_n \exp\left[-\int_x^w (\alpha_n - \alpha_p)\, d\xi\right] dx = 1,$$

$$\int_0^w \alpha_p \exp\left[-\int_x^w (\alpha_p - \alpha_n)\, d\xi\right] dx = 1. \tag{7.3}$$

Der Durchbruch in der Sperrschicht findet dann statt, wenn eines der Ionisationsintegrale den Wert 1 erreicht. Man kann (7.3) vereinfachen, indem man $\alpha_n = \alpha_p = \bar{\alpha}$ setzt (wie z. B. in Germanium und GaAs, wo $\alpha_n \approx \alpha_p$ ist, im Gegensatz zu Si mit $\alpha_n \gg \alpha_p$).

$$\int_0^w \bar{\alpha}\,(x)\, dx = 1 \tag{7.4}$$

mit

$$\bar{M} = \frac{1}{1 - \int_0^w \bar{\alpha}\,(x)\, dx} \tag{7.5}$$

als Multiplikationsfaktor $\bar{M}$, der gegen ∞ wächst, wenn (7.4) gegen 1 geht. $\bar{M}$ ist der „Verstärkungsfaktor" des Stoßionisationsprozesses, denn es gilt [7.1]

$$M_n = \frac{i_n\,(w)}{i_n\,(0)}, \qquad M_p = \frac{i_p\,(0)}{i_p\,(w)}. \tag{7.6}$$

Unter Berücksichtigung der Feldverteilung und damit des feldabhängigen Ionisationskoeffizienten ist es möglich, die Durchbruchspannung U_{BR}, definiert nach (7.3) für die verschiedenen Halbleitermaterialien auszurechnen. Bild 7.2 zeigt den Zusammenhang zwischen Durchbruchspannung und Dotierung. Die unterbrochene Linie gibt die Grenzdotierung an, ab der zu erwarten ist, daß der Multiplikationsdurchbruch überholt werden kann vom Feldemissionseffekt, der im nächsten Abschnitt behandelt wird.

Das eigentliche Stoßionisationsgebiet ist eng begrenzt auf die Zone höchster Feldstärke; im Bild 7.3 auf das Gebiet unmittelbar am p^+n-Übergang. Das ef-

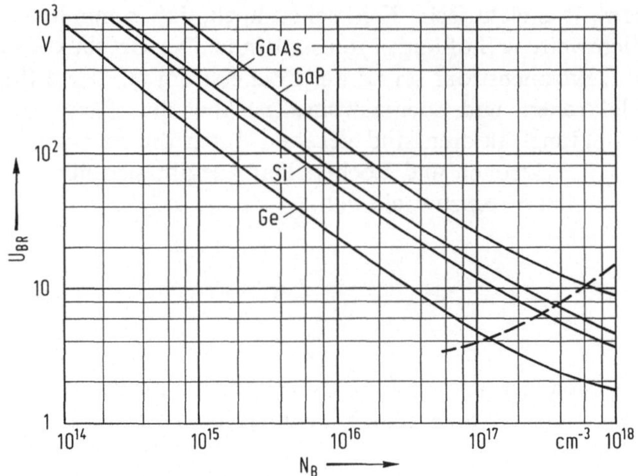

Bild 7.2. Einseitig abrupter pn-Übergang, $T_U = 300$ K: Lawinendurchbruchspannung U_{BR} als Funktion der Dotierungskonzentration N_B in der Basiszone von Ge, Si, GaAs, GaP. Die strichlierte Linie zeigt die jeweilige Konzentration an, ab der Tunnelmechanismen die Lawinenmultiplikation ablösen können [7.1]

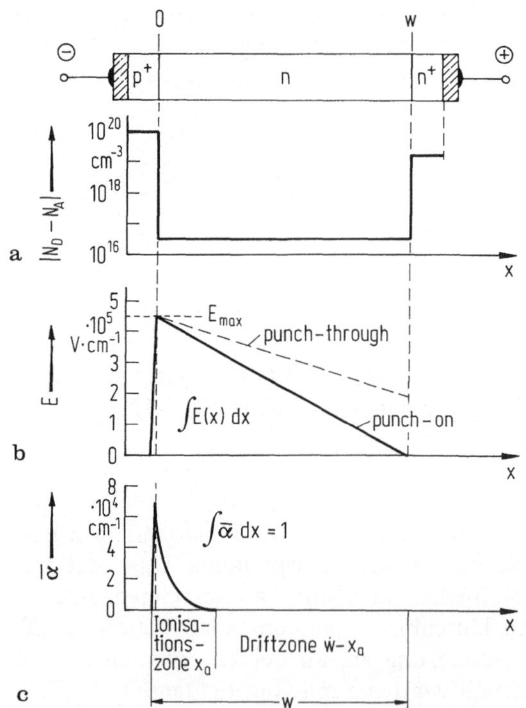

Bild 7.3. p^+nn^+-Struktur. Schematische Darstellung der Punch-on-Konfiguration und dazugehörige Durchbruchsbedingung, Ionisations- und Laufzeitzonen; **a)** Dotierung, **b)** Feld, **c)** Durchbruch

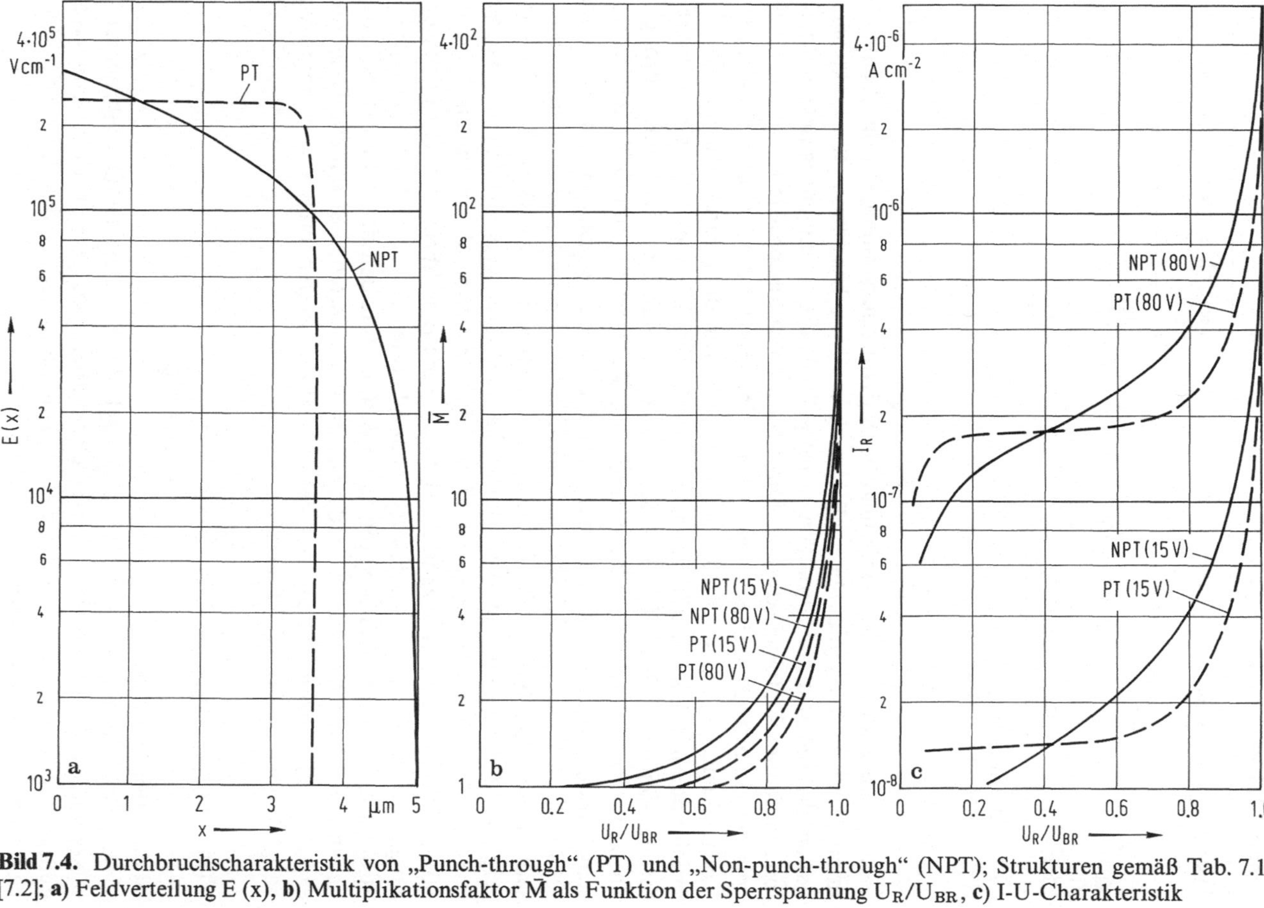

Bild 7.4. Durchbruchscharakteristik von „Punch-through" (PT) und „Non-punch-through" (NPT); Strukturen gemäß Tab. 7.1 [7.2]; **a)** Feldverteilung E (x), **b)** Multiplikationsfaktor $\bar{M}$ als Funktion der Sperrspannung U_R/U_{BR}, **c)** I-U-Charakteristik

Tabelle 7.1. Diodenstrukturen in Bild 7.4 a – c [7.2]

Typ	U_{BR} V	Basisdotierung n_B cm^{-3}	Sperrschichtweite w bei U_{BR} µm
PT	15	10^{15}	0,46
NPT	15	$4,7 \cdot 10^{16}$	0,65
PT	80	10^{15}	3,50
NPT	80	$4,1 \cdot 10^{15}$	5,08

PT = Punch-through
NPT = Non-punch-through

fektive Ionisationsintegral von $\bar{\alpha}$ liegt bei Silizium unsymmetrisch im „Laufzeitraum", weil $\alpha_n \gg \alpha_p$ gilt. Die in Richtung n$^+$-Zone beschleunigten Elektronen halten also die Stoßionisation länger aufrecht als die in entgegengesetzter Richtung laufenden Defektelektronen. Diese Stoßionisationsprofile in Abhängigkeit von der Schichtstruktur spielen bei Lawinenlaufzeitdioden eine wesentliche Rolle. Wenn die Sperrschichtweite w bereits vor dem Erreichen der Durchbruchspannung U_{BR} größer gleich d wird, spricht man von einer Punch-through-Struktur (Bild 7.3b). Bild 7.4a zeigt, daß bei der Punch-through-Struktur die Tendenz zu einem flacheren Feldverlauf innerhalb der Sperrschichtzone vorhanden ist, der jedoch in der Übergangszone nn$^+$ um so steiler abfällt. Man sieht, daß sich die Feldmodifikation bis in das ursprüngliche Ionisationsgebiet der NPT = Non-punch-through-Struktur auswirkt [7.2]. Bild 7.4b zeigt die Auswirkung auf den Multiplikationsfaktor von Si-p$^+$nn$^+$-Strukturen der Tab. 7.1. Man sieht, daß der Multiplikationsfaktor M der Punch-through-Struktur steiler verläuft, was nach Bild 7.4c eine Durchbruchscharakteristik erzeugt, die insbesondere im Kniespannungsbereich zu einer Versteilerung des Stromanstieges führt. Bei höheren Stromdichten münden dann die unterschiedlichen Durchbruchkennlinien wieder in ein- und denselben Strom ein. Denn die exponentielle Stromabhängigkeit des Ionisationskoeffizienten α, die empirisch dargestellt werden kann [7.1] als

$$\alpha\,(x) = a \exp\left[-\left(\frac{b}{m}\right)^m\right] \tag{7.7}$$

ist dann dominierend.

Die Punch-through-Struktur hat sich bzgl. der Steilheit des Durchbruchseinsatzes gegenüber der normalen pn-Struktur überlegen gezeigt. Bevor eine endgültige Beurteilung durchgeführt werden kann, muß jedoch das thermische Verhalten der Strukturen aufgezeigt werden.

7.4.2 Temperaturverhalten

Bild 7.5 zeigt die Variation der Durchbruchspannung U_{BR} als Funktion der Temperatur. Man sieht, daß Punch-through-Dioden (PT) eine kleinere Temperaturvariation aufweisen als pn-Dioden (NPT).

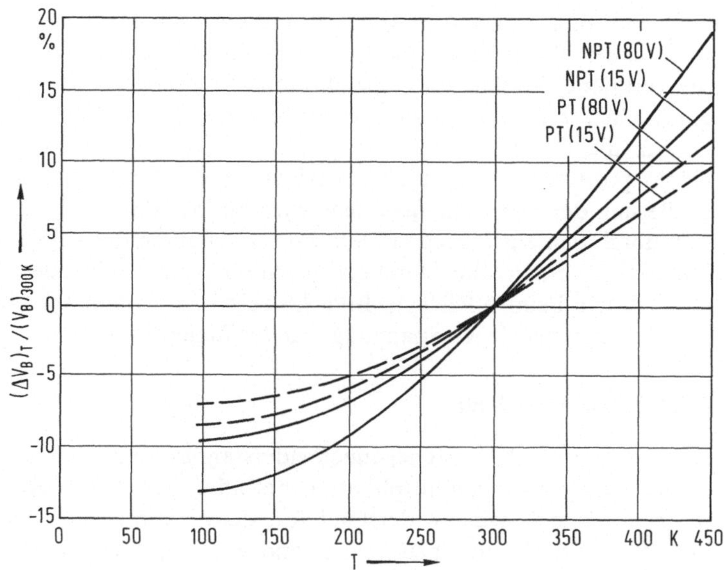

Bild 7.5. Variation der Durchbruchspannung U_{BR} als Funktion der Temperatur. Dioden-strukturen nach Tab. 7.1

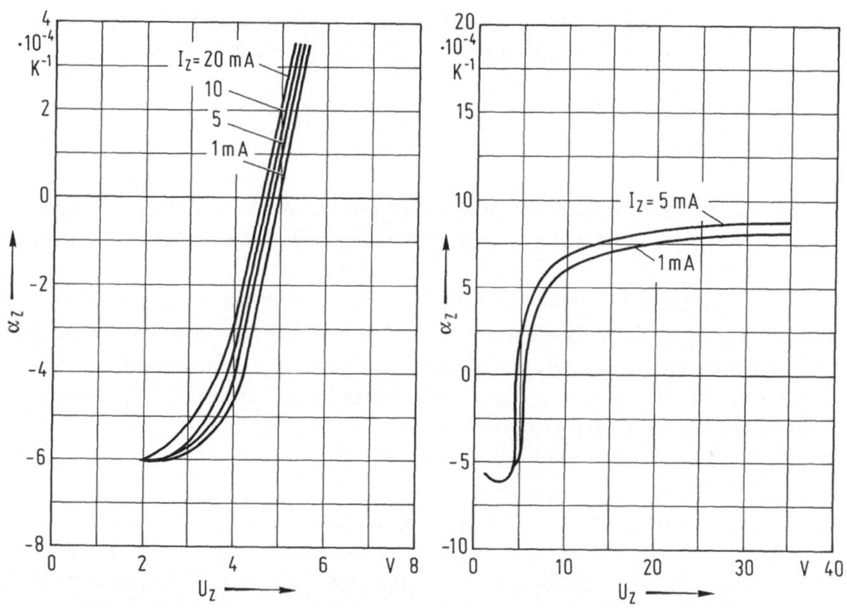

Bild 7.6. Temperaturkoeffizient α_Z der Zener-Spannung als Funktion von U_Z und I_Z [7.11]; **a)** $U_Z < 5$ V, **b)** $U_Z > 5$ V; Diodentyp: BZX 97

Da die thermische Agitation des Gitters und der freien Ladungsträger mit wachsender Temperatur zunimmt, verkürzt sich die freie Stoßlänge. Um über die verkürzte Stoßlänge die gleiche Ionisationsenergie aufzunehmen, bedarf es eines höheren Feldes, so daß bei Stoßionisationsprozessen mit steigender Temperatur die Durchbruchspannung größer wird: Der Lawineneffekt arbeitet mit einem positiven Temperaturkoeffizienten der Durchbruchspannung. Die Vergrößerung der Sperrschichtweite w wird bei der Punch-through-Struktur behindert durch den ansteigenden Dotierungsgradienten des n^+-Substrates: Beim PT-Typ steigt deshalb die Durchbruchspannung mit steigender Temperatur nicht so stark wie beim NPT-Typ. Bild 7.6 zeigt die Abhängigkeit des Temperaturkoeffizienten der Zener-Spannung von der Zener-Spannung.

7.4.3 Innenwiderstände

Der Realteil des Kleinsignal-Innenwiderstandes einer Z-Diode R_Z, die sich im Zustand der Lawinenmultiplikation befindet, setzt sich aus drei Anteilen zusammen: Dem Lawinenwiderstand R_A, dem Raumladungswiderstand R_{SC} und dem elektrisch-thermischen Widerstand R_T [7.3]. Der Serienwiderstand R_S der Zuleitungen wird als bekannte additive Konstante vernachlässigt

$$R_Z = R_A + R_{SC} + R_T \approx R_{SC} + R_T. \tag{7.8}$$

Der Lawinenwiderstand R_A ist dafür verantwortlich, daß die Lawinendiode als IMPATT-Diode ein aktives Bauelement mit negativem Innenwiderstand ist. Er kann bei der Z-Diode im Anwendungsbereich der tiefen Frequenzen im allgemeinen vernachlässigt werden [7.4]. Der Raumladungswiderstand R_{SC} kommt durch die endliche Driftgeschwindigkeit der erzeugten Ladungsträger, die das Generationsgebiet verlassen und die nicht aktive Restweite $w - w_a$ durchqueren müssen, zustande [7.5]

$$R_{SC} = \frac{(w - x_a)^2}{2\,A\,E_H\,v_s}, \tag{7.9}$$

wobei x_a die Weite der Multiplikationszone, w die Weite der Sperrschichtzone und v_s die Sättigungsdriftgeschwindigkeit der ionisierten Ladungsträger ist.

Zu R_{SC} kommt der „elektrische" Thermowiderstand R_T hinzu. R_T entsteht als zusätzlicher positiver Widerstandsanteil, wenn durch den positiven Temperaturkoeffizienten der Lawinendurchbruchsspannung mit steigender Erwärmung (steigender Zener-Strom I_Z) die Durchbruchscharakteristik zu höheren Spannungen verschoben wird [7.6]

$$R_T = R_{th}\,\beta\,U_Z^2, \tag{7.10}$$

wobei R_{th} den oder die thermischen Widerstände in KW^{-1} darstellt, die bei der Ableitung der thermischen Energie aus der Multiplikationszone zur Wärmesenke der Diode auftreten. β ist der relative Temperaturkoeffizient $U_Z^{-1}\,(dU_Z/dT)$ der Zener-Spannung. Erhöht man in (7.10) die Z-Spannung U_Z auf $U_Z + \Delta U_Z$, so nimmt der elektrische Thermowiderstand R_T zu. Steuert man hingegen den Arbeitspunkt U_Z mit einer überlagerten Wechselspannung klein-signalmäßig aus, deren Frequenz größer 1 MHz ist, so sind die thermischen Ableitwiderstände R_{th} nicht mehr in der Lage, die Amplitudenwerte der Temperaturschwankung trägheitslos an die Wärmesenke weiterzugeben. Dann bleibt im Mittelwert die Temperatur T_0 des Arbeitspunktes U_Z erhalten. Mit Hilfe solcher Wechselstrommessungen des dynamischen differentiellen Wechselstromwiderstandes r_d ist es möglich, im Vergleich mit (7.1) und (7.8) den Thermowiderstand R_T zu separieren [7.4]. Der verbleibende Wechselstromwiderstand r_Z stellt dann zu hohen Frequenzen hin den Raumladungswiderstand R_{SC} nach (7.9) dar

$$[r_d]_{f \to \infty} \to r_Z = R_{SC} . \tag{7.11}$$

R_{SC} ist der niedrigste erreichbare dynamische Wechselstromwiderstand r_Z der Zener-Diode. Aus (7.9) ist zu folgern, daß bei der Stabilisierung von Wechselspannungen die Raumladungsweite der Zener-Diode eine wesentliche Rolle spielt. Bei der Stabilisierung von Gleichspannungen kommt zusätzlich der Größe des thermischen Ableitwiderstandes nach (7.10) eine entscheidene Bedeutung zu; sie sollte so klein als möglich gehalten werden, um thermisch bedingte Instabilitäten zu vermeiden. Im allgemeinen wird bei Z-Dioden eine maximale dynamische Impedanz r_Z bei einer mittleren Arbeitsfrequenz angegeben (Bild 7.7).

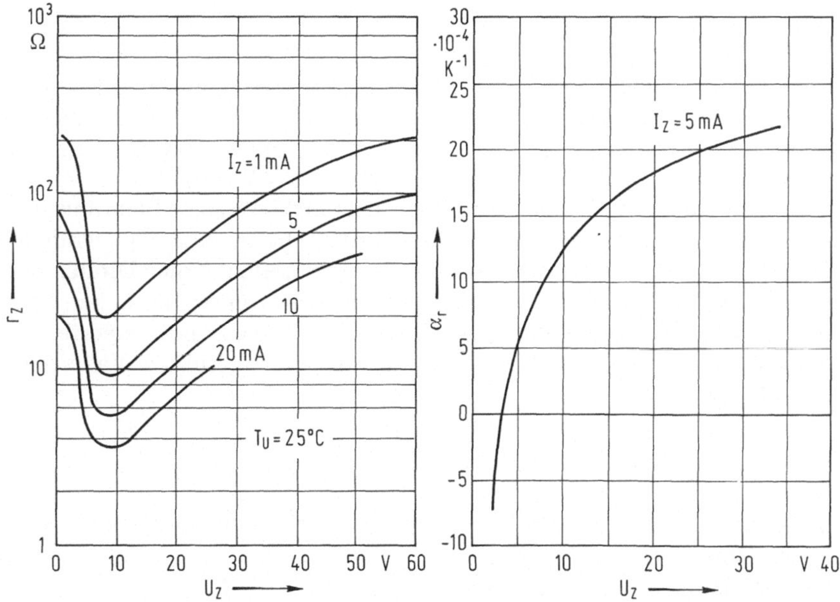

Bild 7.7. a) Dynamischer Z-Widerstand r_Z bei 1 kHz als Funktion von U_Z und I_Z [7.11]; **b)** Temperaturkoeffizient von r_Z bei $I_Z = 5\,mA$ als Funktion von U_Z [7.11]. Diodentyp: BZX 97

7.5 Feldemission (Zener-Diode)

Im Abschn. 7.4 wurde festgestellt, daß die Lawinenmultiplikation gekennzeichnet ist durch einen positiven TK der Zener-Spannung. Nach Bild 7.6 treten bei Z-Dioden aber auch negative TK im Bereich der niedrigsten Durchbruchspannungen auf. Dieser Effekt läßt vermuten, daß auch der alternative Durchbruchmechanismus — die Feldemission — im Z-Diodenspektrum eine Rolle spielen könnte.

7.5.1 Zener-Effekt (Tunneldurchbruch)

Der Zener-Tunneldurchtritt eines Elektrons [7.7] erfolgt unter der Einwirkung eines starken äußeren Feldes, das die Bandkante des höher gelegenen „leeren" Bandes auf das gleiche Energieniveau bringt wie das zum Tunneldurchtritt bereitstehende Elektron im darunterliegenden „gefüllten" Band. In der Verarmungsrandschicht eines Metall-Halbleiter- oder pn-Überganges können diese Feldstärken im Bereich von 10^6 V cm^{-1} erreicht werden. Dazu ist es notwendig, den Potentialwall des Überganges so dünn zu machen (1 bis 10 nm), daß die Tunnelwahrscheinlichkeit einen endlichen Wert erreicht. Das geschieht durch eine entsprechend hohe Dotierung zu seiten des pn-Überganges und kann zusätzlich gesteuert werden durch eine von außen angelegte Sperrspannung. Die Durchtrittswahrscheinlichkeit eines Elektrons durch den Potentialwall eines sperrenden pn-Überganges ist gegeben zu

$$
T_{WKB} = \exp\left[-\frac{\pi\, m^{*\,1/2}\, E_g^{3/2}}{2^{3/2}\, e\, \hbar\, F_0} \right].
\tag{7.12}
$$

T_{WKB} ist die Tunnelwahrscheinlichkeit der *W*entzel-*K*ramer-*B*rillouin Approximation [7.8] bei Anwendung der „Konstantfeld"-Methode. F_0 ist die konstante Feldstärke zu beiden Seiten der parabolischen Potentialbarriere. m^* die reduzierte effektive Masse (Abschn. 6.3) des tunnelnden Elektrons.

(7.12) besagt, daß die Durchtrittwahrscheinlichkeit eines Elektrons durch den Potentialwall unabhängig von der Durchtrittsrichtung eine exponentielle Funktion der Kantenfeldstärke F_0 ist. Bei nichtentarteten Zener-Dioden sei T_{WKB} ein direktes Maß für die Größe des Durchbruchstromes: Bei hohen Sperrspannungen ist das Leitungsband fast vollständig leer, das Valenzband fast vollständig gefüllt. Der Tunneldurchtritt finde also vom gefüllten Valenzband zum leeren Leitungsband statt:

$$
I_Z = k_1\, T_{WKB} = K_1 \exp\left(-\frac{K_2}{F_0} \right)
\tag{7.13}
$$

mit K_1 und K_2 als positiven Konstanten. Da die Kantenfeldstärke F_0 mit wachsender Dotierung und mit wachsender Sperrspannung zunimmt, wird mit beiden Maßnahmen der Feldemissionseffekt gefördert. Bei Z-Dioden ist deshalb anzunehmen, daß der Feldemissionsdurchbruch bei den hochdotierten Z-Dioden mit niedrigen Durchbruchspannungen gegenüber dem Stoßionisationsdurchbruch an Wahrscheinlichkeit gewinnt.

7.5.2 Temperaturabhängigkeit

Unter der Annahme, daß die Kantenfeldstärke F_0 durch eine Temperaturabhängigkeit der DK nicht wesentlich beeinflußt wird, tritt im Exponenten von (7.12) nur die Temperaturabhängigkeit α_g des Bandabstandes E_g in Erscheinung

$$E_g = E_{g0} + \alpha_g \, \varDelta T, \tag{7.14}$$

wobei E_{g0} der Bandabstand bei Raumtemperatur sein soll. Für Si und Ge ist α_g in der Größenordnung $\alpha_g \approx -3 \cdot 10^{-4}$ eV/K.

Mit steigender Temperatur nimmt der Bandabstand ab, weil die kinetische (Gesamt-)Energie des Kristalls gegenüber der potentiellen Energie mit steigender Temperatur wächst: Das bedeutet, daß die Durchtrittswahrscheinlichkeit T_{WKB} mit steigender Temperatur zunimmt. Um die gleiche Zener-Stromdichte zu erreichen, ist also mit steigender Temperatur bei nichtentarteten pn-Übergängen ein geringerer Spannungsbedarf vorhanden: Der Temperaturkoeffizient der Zener-Durchbruchspannung ist deshalb negativ (Bild 7.6).

7.6 Die Z-Diode als hybrides Bauelement zwischen Lawinen- und Zener-Diode

Silizium-Z-Dioden stehen für einen Spannungsbereich zwischen 1 V und mehreren 100 V zur Verfügung. Untersucht man deren Temperaturverhalten, so erkennt man, daß der Temperaturkoeffizient der Z-Spannung (Bild 7.6) zwischen $U_Z = 4$ bis 6 V sein Vorzeichen wechselt. Unterhalb 5 V arbeitet die Z-Diode überwiegend mit Feldemissionsdurchbruch, darüber ist die Lawinenmultiplikation vorherrschend. Das wird auch bestätigt durch die Stromabhängigkeit des TK nach Bild 7.6. Zu höheren I_Z-Werten hin tendiert der TK in Richtung positiver TK's: Bei höheren Durchbruchsströmen wird der Lawinenmechanismus verstärkt in Anspruch genommen. Unterhalb $U_Z = 4$ V geht die Stromabhängigkeit des TK nach Bild 7.6 gegen Null. Die Tunnelwahrscheinlichkeit ist dann so groß, daß die Z-Diode als reine Zener-Diode arbeitet.

7.7 Technologische Designkriterien

Die technologischen Variationsmöglichkeiten bei der Herstellung von Z-Dioden zielen in erster Linie auf einen gleichmäßig über die Fläche verteilten Durchbruchmechanismus hin. Die Kristallperfektion und Homogenität der Dotierung im Grundmaterial ist deshalb von ausschlaggebender Bedeutung. Ist das Grundmaterial inhomogen, tritt beim Zener-Effekt eine Spot-Feldemission auf mit ortsabhängiger Schwankung der Tunnelstromdichte. Bei der Lawinenmultiplikation bilden sich hingegen über die Fläche verteilt Mikroplasmen aus, die den Durchbruch auf einzelne „Entladungsschläuche" begrenzen. Ausscheidungen von Dotierungssubstanzen, z.B. in Form von „Clusterbildung", müssen bei der Grundmaterialherstellung vermieden werden. Im allgemeinen werden Z-Dioden aus hochgereinigtem, zonengezogenem Si-Material hergestellt. Tiegelgezogenes Material kann eingesetzt werden, wenn „striations" (koaxiale Dotierungsschwankungen über den Kristallradius, Band 4) vermieden werden. Die ursprünglich angewandte Legierungstechnik ist heute fast ausschließlich durch Diffusionen ersetzt worden: So können Benetzungslücken bei der Legierung vermieden und die „Einstellung" der Z-Spannung durch die Diffusionstiefe (Störstellengradient) geregelt werden.

Z-Dioden sind im allgemeinen wegen des Kniespannungsbreiches oberflächenpassiviert. Sie werden in Planar- oder Mesatechnik hergestellt. Bei planaren Z-Dioden muß der Krümmungsradius so festgelegt werden, daß Frühdurchbrüche vermieden werden, z.B. durch die in Abschn. 7.4 erwähnte Punchthrough-Struktur. Diese bietet zusätzlich den Vorteil, daß die niedrigst möglichen dynamischen Z-Widerstände r_d erreicht werden (7.11). Die Epitaxietechnik liefert hierfür die technologischen Voraussetzungen. Ein möglicher Nachteil der optimal eingestellten Punch-through-Struktur liegt darin, daß durch die Absenkung der Summenwiderstände auf den nach (7.8) möglichen Minimalwert dynamische Instabilitäten (Schwingungen) auftreten können, die zum „burn out" führen. Es ist plausibel, daß die gleichmäßige räumliche und zeitliche Abführung der Verlustwärme bei Z-Dioden für die Stabilität der Dioden wichtig ist.

7.8 Anwendung von Z-Dioden

Z-Dioden sind bekannt als Spannungsstabilisatoren. In der Meßtechnik kann die Z-Diode zur Nullpunktunterdrückung, Meßbereichbegrenzung und Dehnung eingesetzt werden [7.9]. Sie wird auch als Begrenzer und Klipper verwendet. In der Leistungselektronik dient sie als Schutzdiode. Die Z-Diode wird in Kombination mit Transistoren, Thyristoren zur Triggerung und Gleichspannungskopplung eingesetzt [7.9, 7.10]. Sie ist auch zum Einsatz in logischen Schaltungen geeignet.

Spezielle Kombinationen von Z-Dioden werden als Referenzspannungsquellen verwendet. Damit können Temperaturkoeffizienten der Nennspannung von $5 \cdot 10^{-6} \, K^{-1}$ im 10-V-Gebiet erreicht werden bei einer Langzeitstabilität von 5 PPM/1000 h [7.11]. In Verbindung mit Transistoren kann die Referenzdiode auch zur Erzeugung von Referenzstromeinprägungen dienen. In jüngster Zeit sind auch integrierte Halbleiterschaltungen bekannt geworden, die Z-Diodenähnliches Verhalten ohne Durchbruchsphänomene aufweisen.

Berechnung einer Spannungsstabilisierung mit Z-Dioden

Bild 7.8 zeigt die Schaltung eines spannungsstabilisierten Netzgerätes. Aus der Kennlinie der Z-Diode oder den Datenblattangaben wird der bei U_Z vorhandene Gleichstrom-Zener-Widerstand oder der dynamische Zener-Widerstand bei niedrigen Frequenzen (50 Hz) entnommen. Die stabilisierte Ausgangsspannung U_A schwankt zwischen den Werten (Bild 7.9)

$$U_Z - (I_Z - I_{Z\,min}) \, R_Z \leqq U_A \leqq U_Z + (I_{Z\,max} - I_Z) \, R_Z \, . \tag{7.15}$$

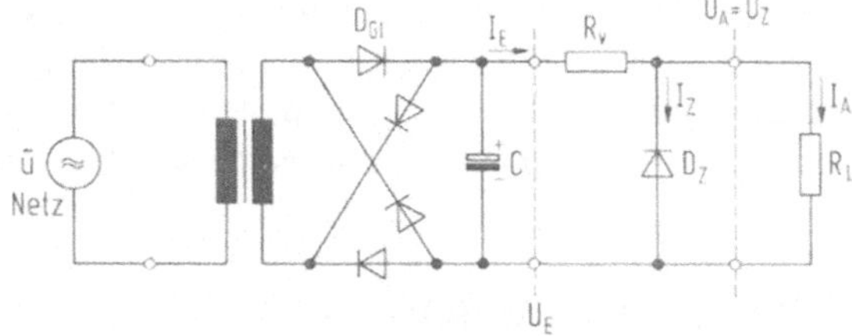

Bild 7.8. Netzgleichrichter mit Z-Diode (D_Z) zur Spannungsstabilisierung

R_Z sollte möglichst klein sein, weil der Regelstrombereich $I_{Z\,max} - I_{Z\,min}$ zur Ausregelung der externen Netzspannungsschwankungen eine endliche Größe bleiben muß. Wenn die Spannungsstabilisierung zwischen den Lastwiderständen

$$R_{L\,max} = \infty, \qquad R_{L\,min} = \frac{U_Z}{I_{L\,max}} \tag{7.16}$$

funktionieren soll, gelten nach Bild 7.9 die Grenzwerte

$$I_{E\,min} = I_{L\,max} + I_{Z\,min}, \qquad I_{E\,max} = I_{Z\,max}. \tag{7.17}$$

Aus Bild 7.9 ist weiterhin zu entnehmen, daß mit (7.17)

$$\frac{I_{E\,max}}{I_{E\,min}} = \frac{U_{E\,max} - U_Z}{U_{E\,min} - U_Z} = \gamma_I \geqq 1, \tag{7.18}$$

wobei $U_{E\,max}$ und $U_{E\,min}$ die Extremalwerte der ausregelbaren Eingangsspannung darstellen

$$\frac{U_{E\,min}}{U_{E\,max}} = \gamma_U \leqq 1. \tag{7.19}$$

Aus (7.18) ergibt sich dann mit (7.19)

$$U_{E\,max} = \frac{\gamma_I - 1}{\gamma_U\,\gamma_I - 1}\,U_Z, \qquad U_{E\,min} = \gamma_U\,U_{E\,max}. \tag{7.20}$$

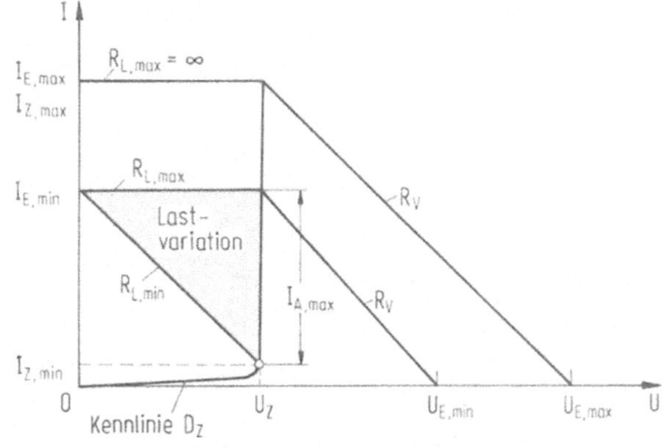

Bild 7.9. Strom- und Spannungsverteilung an der Stabilisierungsschaltung, Bild 7.8, bei Lastvariation $R_{L\,max} \leqq R_L \leqq \infty$ [7.12]

215

Mit (7.20) ist der Regelbereich bei schwankender Eingangsspannung U_E bestimmt. Aus (7.20) ist zu entnehmen, daß $\gamma_U \gamma_I > 1$ sein soll. In [7.12] sind Berechnungsbeispiele zu finden unter Berücksichtigung weiterer Schwankungsgrößen wie Brummspannung und Widerstandstoleranzen.

Literatur zu Kapitel 7

7.1. Sze, S. M.; Gibbons, G.: Appl. Phys. Lett. 8 (1966) 111
7.2. Bhattacharyya, A. B.; Rajendra, K.: IEEE Trans. ED-23 (1976) 1016
7.3. Sze, S. M.; Ryder, R. M.: Proc. IEEE 59 (1971) 1140
.7.4. Haitz, R. H.; Stover, H. L.; Tolar, N.Y.: IEEE Trans. ED-16 (1969) 438
.7.5. Shòckley, W.: Solid State Electron. 2 (1961) 35
7.6. McIntyre, R. J.: J. Appl. Phys. 32 (1961) 983
7.7. Zener, C.: Proc. Roy. Soc. London 145 (1934) 523
7.8. Kane, E. O.: J. Appl. Phys. 32 (1961) 83
7.9. Todd, C. D.: Zener and Avalanche Diodes. New York: Wiley 1970
7.10. Macek, O.: Tech. Mitt. a. d. Bereich Bauelemente der Siemens AG B 1593 (1976)
7.11. Siemens AG, München: Z-Dioden, Referenzdioden, Datenbuch 1975/76
7.12. Seibt, F.; Hirschmann, W.: Frequenz 18 (1964) 292

8 Anhang

8.1 Boltzmann-Gleichgewicht

Die Konzentrationsverteilung $n(x)$ der Elektronen und Löcher wird geregelt durch ein elektrostatisches Potential $V(x)$:

$$n(x) = n_i \exp\left(\frac{eV(x)}{kT}\right), \quad p(x)\, n(x) = n_i^2,$$

$$p(x) = n_i \exp\left(-\frac{eV(x)}{kT}\right). \tag{8.1}$$

n_i ist die intrinsic-Dichte im Halbleiter. Störstellenleitfähigkeit wirkt sich in einer Verschiebung des Potentials $V(x)$ aus. Jede Potentialänderung bewirkt eine Konzentrationsänderung und umgekehrt. Ist die Unstetigkeitsstelle der Konzentrationsverteilung durch eine Metall-n-Halbleiter-Grenzschicht an der Stelle $x = 0$ gegeben, so ist die Randkonzentration n_R an der Stelle $x = 0$ als Boltzmann-Randwert $n_B(0)$ gegeben zu:

$$n_R = n_i \exp\left(\frac{eV(0)}{kT}\right),$$

$$n_H = n_i \exp\left(\frac{eV(w)}{kT}\right), \tag{8.2}$$

$$n_R = n_H \exp\left(\frac{e\,\Delta V}{kT}\right) = n_B(0) \quad \text{mit} \quad V(0) - V(w) = \Delta V = -U_D$$

als Potentialdifferenz (Diffusionsspannung). n_H ist die Elektronenkonzentration im ungestörten Halbleiter.

8.2 Effektive Zustandsdichte

Unter der effektiven oder äquivalenten Zustandsdichte N_L des Leitungsbandes versteht man die dort vorhandene Dichte von Zuständen, integriert über den gesamten Energiebereich des Bandes. Bei einer Boltzmann-Verteilung nach

(8.1) ist N_L gegeben zu

$$N_L = 2 \left(\frac{2\,\pi\,m^*\,kT}{\hbar^2} \right)^{3/2},$$

$$N_L \approx 2{,}5 \cdot 10^{19} \left(\frac{m^*}{m_0} \right)^{3/2} \left(\frac{T}{300\ K} \right)^{3/2}\ cm^{-3}.$$

(8.3)

Die äquivalente Zustandsdichte N_L ist also definiert als die Dichte eines äquivalenten freien Elektronengases der Ruhemasse m_0 mit Boltzmann-Verteilung und der mittleren Energie E_L der Leitungsbandkante. Dieses freie Boltzmann-Gas soll sich so verhalten wie das Kollektiv der im Leitungsband gebundenen Elektronen n_L mit der Zustandsdichteverteilung n_L (E) und der effektiven Masse m^*. Diese äquivalente Approximation ist nur dann gültig, wenn im Halbleiter nicht zu hohe Dotierungen vorhanden sind.

8.3 Boltzmann-Gleichgewicht und effektive Zustandsdichte beim Metall-Halbleiter-Übergang (thermionisches Emissionsmodell)

Analytisch kann man die dotierungsunabhängige Randschichtkonzentration n_R in (8.2) darstellen als Funktion von Φ_B und der äquivalenten Zustandsdichte N_{LM} im (metallischen) Leitungsband

$$n_R = N_{LM}\,exp\left(-\frac{e\,\Phi_B}{kT} \right).$$

(8.4)

(8.4) in (8.2) ergibt

$$n_H = N_{LM}\,exp\left(-\frac{e\,(\Phi_B - U_D)}{kT} \right),$$

(8.5)

wobei $U_D - \Phi_B = v_n$ die Potentialdifferenz zwischen dem metallischen Fermi-Niveau und der Leitungsbandkante im Halbleiter darstellt. Wird $v_n = 0$, geht n_H gegen N_{LM} (Entartungskonzentration) und (8.5) wird ungültig. Deshalb wird bei (8.5) vorausgesetzt, daß

$$n_H \ll N_{LM} \ll n_M,$$

(8.6)

wobei n_M die Elektronenkonzentration im Metall ist.

Die äquivalente Zustandsdichte N_L eines Metalls oder eines Halbleiters, definiert nach (8.3) läßt erkennen, daß die Bedingung (8.6) in der Praxis meist erfüllbar ist. Denn die effektive Masse m^* liegt bei Metallen sehr nahe an der freien Elektronenmasse m_0, während $n_M \approx 10^{22}\ cm^{-3}$ ist. Dann stellt sich Bedingung (8.6) bei Raumtemperatur als erfüllt dar:

$$n_H \ll N_{LM} \approx 2{,}5 \cdot 10^{19} \ll n_M \approx 10^{22}\ cm^{-3}.$$

(8.7)

8.4 Schottky-Approximation

Es ist statthaft, die Sperrschichtweite w eines einseitig abrupten pn-Überganges (Kap. 4) und einer Schottky-Diode (Kap. 6) formal gleich darzustellen.

$$w = \left(\frac{2\,\varepsilon_H}{e\,N_B}\,\Delta V_0 \right)^{1/2}, \tag{8.8}$$

pn-Übergang: $\quad\quad\quad \Delta V_0 = U_0$ (Offsetspannung),
Schottky-Übergang: $\Delta V_0 = U_D$ (Diffusions- bzw. Kontaktspannung).

Diese näherungsweise Berechnung der Sperrschichtweite w nennt man Schottky-Approximation. In ihr ist vorausgesetzt, daß an der Raumladungskante $x = w$ die Konzentration der beweglichen Ladungsträger abrupt von Null auf den Neutralwert (z. B. $n = N_B$) wechselt.

Bei endlichen Temperaturen erfolgt jedoch der Konzentrationswechsel stetig aus der Diffusionszone einer Boltzmann-Verteilung heraus (Abschn. 6.3.3 und Bild 6.9). Man kann deshalb die Schottky-Approximation verbessern, wenn man annimmt, daß die „wahre" Raumladungsweite w erst dann beginnt, wenn die Konzentration der beweglichen Ladungsträger von der Neutralkonzentration mindestens auf den e-ten Teil abgesunken ist. Nach (8.2) bedeutet dies, daß die innere Potentialdifferenz ΔU von (8.8) um kT/e (25,9 mV bei 300 K) größer sein muß, um die durch $Q_{RL} = e\,w\,N_B$ nach (8.8) influenzierte Metalladung $-Q_M = Q_{RL}$ zu kompensieren. Statt (8.8) lautet dann die korrigierte Schottky-Approximation:

$$w_K = \left[\frac{2\,\varepsilon_H}{e\,N_B} \left(\Delta V_0 - \frac{kT}{e} \right) \right]^{1/2} \quad \text{mit} \quad w_K \geqq 0. \tag{8.9}$$

Man nennt $kT/e = U_T$ mit $w_K \geqq 0$ die Temperaturspannung, weil U_T ein Maß für die energetische Breite von Übergangszonen bei Boltzmann-Verteilungen ist.

8.5 Allgemeiner Lösungsansatz für die Großsignalanalyse bei injizierenden Dioden

Dieser Lösungsansatz stellt sich dar als Einschränkung der Maxwell-Gleichungen auf die halbleiterspezifischen Bedürfnisse.

Die Basisgleichungen ergeben sich dann als simultan zu lösendes Differentialgleichungssystem.

a) Kontinuitätsgleichungen:

$$\frac{\partial p}{\partial t} = -\frac{1}{e}\frac{\partial i_p}{\partial x} - R + G,$$

$$\frac{\partial n}{\partial t} = \frac{1}{e}\frac{\partial i_n}{\partial x} - R + G.$$

b) Konvektionsstrom:

$$i_p = - e\, D_p \frac{\partial p}{\partial x} + e\, \mu_p\, p\, E,$$

$$i_n = \quad e\, D_n \frac{\partial n}{\partial x} + e\, \mu_n\, n\, E.$$
(8.10)

c) Gesamtstrom:

$$i = i_p + i_n + \varepsilon \frac{\partial E}{\partial t}.$$

d) Poisson-Gleichung:

$$\frac{\partial E}{\partial x} = \frac{e}{\varepsilon}\, (N_D^+ - N_A^- + p - n).$$

e) Rekombinations-Generations-Gleichung (Shockley-Read):

$$R - G = \frac{pn - n_i^2}{\tau_p\,(n + n_i) + \tau_n\,(p + p_i)}.$$

8.6 Lebensdauer

Wenn nicht besonders darauf hingewiesen wird, handelt es sich bei τ um eine stationäre Lebensdauer τ_p, τ_n die aufgrund einer direkten oder indirekten Rekombination bestimmt wird von der Shockley-Readschen Nettorekombinationsrate

$$U = R - G = \frac{np - n_i^2}{\tau_n\left(n + n_i \exp \dfrac{E_t - E_i}{kT}\right) + \tau_p\left(p + n_i \exp \dfrac{E_i - E_t}{kT}\right)}$$
(8.11)

entsprechend (8.10e) für eine indirekte Rekombination über das Trap-Niveau E_t. Bei einer direkten Rekombination vereinfacht sich (8.11) zu

$$U = R - G = r\,(pn - n_i^2)$$
(8.12)

mit dem Rekombinationskoeffizienten $r \approx \sigma_r\, v_{th}$, wobei σ_r der Einfangsquerschnitt der direkten Rekombination, v_{th} die mittlere thermische Geschwindigkeit des Teilchenkollektivs (6.46) ist.

Die „stationäre" Lebensdauer τ ist dann gegeben zu

$$U = \frac{\Delta n}{\tau_n}.$$
(8.13)

Δn stellt eine stationäre Dichteabweichung vom Gleichgewichtswert n_0 dar. Die Größe von Δn ist nicht beschränkt, solange zugelassen wird, daß die Rekombinationsrate U auch von Δn abhängig ist. Für einen homogenen, fiktiv unendlich ausgedehnten Halbleiter ergibt (8.13) die Volumenlebensdauer (bulk-lifetime).

Man beachte aber, daß z.B. bei einer „kurzen" pin-Struktur (Abschn. 2.1) die stationäre Lebensdauer für die Stromgleichung nicht nur bestimmt wird von der Lebensdauer der Ladungsträger in der i-Zone, sondern auch von derjenigen in den Kontaktgebieten τ_{1n} und τ_{3p}.

Daraus resultiert, daß bei kurzen psn-Strukturen außer den Volumenlebensdauern der Teilstrukturen auch eine aufbau- und geometrieabhängige effektive Lebensdauer τ_{eff} eine bestimmende Rolle bei der Trägerverteilung spielt. Effektiv heißt, nur an der betreffenden Struktur meßbar.

Die Definition einer effektiven Lebensdauer außerhalb des thermodynamischen Gleichgewichtes bringt es mit sich, daß außer der diffusen ungerichteten Bewegung der Teilchen auch eine gerichtete Fortbewegung (Stromfluß) überlagert sein kann. Effektive Lebensdauern können deshalb auch Transitzeiten T der Teilchen durch rekombinationsfreie Teilschichten enthalten. τ_{eff} trägt dann mehr den Aspekt einer Laufzeit als den einer Lebensdauer aufgrund einer Vernichtungsrate. Solch eine mittlere effektive Lebensdauer der Elektronen und Löcher tritt z. B. als flußstromabhängiger Parameter τ_F in (2.87) bei der quasineutralen Ladungsträgerspeicherung auf

$$\tau_F = f\,(\tau_{1n}, \tau_{2n}, \tau_{2p}, \tau_{3p}, T)\,, \tag{8.14}$$

wobei die Indizierung auf die Lebensdauern in den einzelnen Schichten hinweist und T eine stromdichteabhängige Transitzeit durch die Mittelzone darstellt.

Wächst die Lebensdauer τ_{2n}, τ_{2p} in der Mittelzone über alle Grenzen, während diejenige in den Kontaktgebieten gegen Null tendiert (kurze p^+in^+-Struktur mit abruptem Störstellenprofil), so wird die effektive Lebensdauer τ_F der Gesamtstruktur von der mittleren Transitzeit der Ladungsträger durch die Mittelzone bestimmt.

Sachverzeichnis

Halbleiter-Elektronik

Eine aktuelle Buchreihe
für Studierende und Ingenieure

Halbleiter-Bauelemente beherrschen heute einen großen Teil der Elektrotechnik. Dies äußert sich einerseits in der großen Vielfalt neuartiger Bauelemente und andererseits in den enormen Zuwachsraten der Herstellungsstückzahlen. Ihre besonderen physikalischen und funktionellen Eigenschaften haben komplexe elektronische Systeme z. B. in der Datenverarbeitung und der Nachrichtentechnik ermöglicht. Dieser Fortschritt konnte nur durch das Zusammenwirken physikalischer Grundlagenforschung und elektrotechnischer Entwicklung erreicht werden.

Um mit dieser Vielfalt erfolgreich arbeiten zu können und auch zukünftigen Anforderungen gewachsen zu sein, muß nicht nur der Entwickler von Bauelementen, sondern auch der Schaltungstechniker das breite Spektrum von physikalischen Grundlagenkenntnissen bis zu den durch die Anwendung geforderten Funktionscharakteristiken der Bauelemente beherrschen.

Dieser engen Verknüpfung zwischen physikalischer Wirkungsweise und elektrotechnischer Zielsetzung soll die Buchreihe „Halbleiter-Elektronik" Rechnung tragen. Sie beschreibt die Halbleiter-Bauelemente (Dioden, Transistoren, Thyristoren usw.) in ihrer physikalischen Wirkungsweise, in ihrer Herstellung und in ihren elektrotechnischen Daten.

Um der fortschreitenden Entwicklung am ehesten gerecht werden und den Lesern ein für Studium und Berufsarbeit brauchbares Instrument in die Hand geben zu können, wurde diese Buchreihe nach einem „Baukastenprinzip" konzipiert:

Die ersten beiden Bände sind als Einführung gedacht, wobei Band 1 die physikalischen Grundlagen der Halbleiter darbietet und die entsprechenden Begriffe definiert und erklärt. Band 2 behandelt die heute technisch bedeutsamen Halbleiterbauelemente in einfachster Form. Ergänzt werden diese beiden Bände durch die Bände 3 bis 5, die einerseits eine vertiefte Beschreibung der Bänderstruktur und der Transportphänomene in Halbleitern und andererseits eine Einführung in die technologischen Grundverfahren zur Herstellung dieser Halbleiter bieten. Alle diese Bände haben als Grundlage einsemestrige Grund- bzw. Ergänzungsvorlesungen an Technischen Universitäten.

Fortsetzung und Übersicht über die Reihe: 3. Umschlagseite

Über diese Basisbände hinaus sind weitere Einzelbände erschienen bzw. vorgesehen, die den technisch wichtigen Halbleiterbauelementen gewidmet sind. Alle diese von Spezialisten verfaßten Bände sind so aufgebaut, daß sie bei entsprechenden Vorkenntnissen auch einzeln verwendet werden können.

Nachstehendes Schema gibt einen Überblick über die Konzeption der Buchreihe. Wir hoffen, mit diesem „Baukastenprinzip" der auch heute noch fortschreitenden Entwicklung am ehesten gerecht werden zu können und so den Lesern ein für Studium und Berufsarbeit brauchbares Instrument in die Hand zu geben.

Einführung	1 Grundlagen der Halbleiter-Elektronik	2 Bauelemente der Halbleiter-Elektronik
Vertiefung	3 Bänderstruktur und Stromtransport	5 pn-Übergänge
Technologie	4 Halbleiter-Technologie	
Einzelhalbleiter	6 Bipolare Transistoren	7 Feldeffekt-transistoren
	8 Signalverarbeitende Dioden	9 Aktive Mikro-wellendioden
	10 Optoelektronik I: Lumineszenz- und Laserdioden	11 Optoelektronik II: Fotodioden und Solarzellen
	12 Thyristoren	
Integrierte Schaltungen	13 Integrierte Bipolarschaltungen	14 Integrierte MOS-Schaltungen
Sonderthemen	15 Rauschen	

Springer-Verlag Berlin Heidelberg New York